Wolfgang Stegmüller

Probleme und Resultate der Wissenschaftstheorie und Analytischen Philosophie, Band I
Erklärung – Begründung – Kausalität

Studienausgabe, Teil B

Erklärung, Voraussage, Retrodiktion
Diskrete Zustandssysteme und diskretes Analogon zur Quantenmechanik
Das ontologische Problem
Naturgesetze und irreale Konditionalsätze
Naturalistische Auflösung des Goodman-Paradoxons

Zweite, verbesserte und erweiterte Auflage

Springer-Verlag Berlin Heidelberg New York 1983

Professor Dr. Dr. Wolfgang Stegmüller
Hügelstraße 4
D-8032 Gräfelfing

Dieser Band enthält die Kapitel II bis V der unter dem Titel „Probleme und Resultate
der Wissenschaftstheorie und Analytischen Philosophie, Band I,
Erklärung – Begründung – Kausalität" erschienenen gebundenen Gesamtausgabe

ISBN-13: 978-3-540-11807-7   e-ISBN-13: 978-3-642-61769-0
DOI:10.1007/978-3-642-61769-0

CIP-Kurztitelaufnahme der Deutschen Bibliothek
Stegmüller, Wolfgang: Probleme und Resultate der Wissenschaftstheorie und analytischen
Philosophie/Wolfgang Stegmüller. – Studienausg. – Berlin; Heidelberg; New York: Springer
Bd. 1. Erklärung – Begründung – Kausalität.
Teil B: Erklärung, Voraussage, Retrodiktion; Diskrete Zustandssysteme und diskretes Analogon zur
Quantenmechanik; Das ontologische Problem; Naturgesetze und irreale Konditionalsätze; Naturalistische
Auflösung des Goodman-Paradoxons; – 2., verb. u. erw. Aufl. – 1983.

Inhaltsverzeichnis

Kapitel IV. Der Gegenstand wissenschaftlicher Systematisierungen. Zur Frage der ontologischen Interpretation

Kapitel V. Das Problem des Naturgesetzes, der irrealen Konditionalsätze und des hypothetischen Räsonierens

Von der gebundenen Ausgabe des Bandes „Probleme und Resultate der Wissenschaftstheorie und Analytischen Philosophie, Band I, Erklärung – Begründung – Kausalität"
sind folgende weiteren Teilbände erschienen:

Studienausgabe Teil A: Das dritte Dogma des Empirismus. Das ABC der modernen
Logik und Semantik. Der Begriff der Erklärung und seine Spielarten

Studienausgabe Teil C: Historische, psychologische und rationale Erklärung.
Verstehendes Erklären

Studienausgabe Teil D: Kausalitätsprobleme, Determinismus und Indeterminismus.
Ursachen und Inus-Bedingungen. Probabilistische Theorie der Kausalität

Studienausgabe Teil E: Teleologische Erklärung, Funktionalanalyse und Selbst-
regulation. Teleologie: Normativ oder Deskriptiv? STT, Evolutionstheorie und die
Frage Wozu?

Studienausgabe Teil F: Statistische Erklärungen. Deduktiv-nomologische Erklärungen in präzisen Modellsprachen. Offene Probleme

Studienausgabe Teil G: Die pragmatisch-epistemische Wende. Familien von Er-
klärungsbegriffen. Erklärung von Theorien: Intuitiver Vorblick auf das struktura-
listische Theorienkonzept

Kapitel II

Erklärung, Voraussage, Retrodiktion und andere Formen der wissenschaftlichen Systematisierung

1. Die These von der strukturellen Gleichartigkeit von Erklärung und Voraussage

1.a Vorläufige Formulierung der These. Das Hempel-Oppenheimsche Modell der wissenschaftlichen Erklärung hatte zu der prima facie sehr plausiblen Auffassung geführt, daß erklärende und prognostische Argumente in bezug auf ihre logische Struktur gleichartig sind. Der Gedanke des potentiell prognostischen Charakters von Erklärungen hat neben seinem systematischen Aspekt zweifellos eine große wissenschaftsgeschichtliche Bedeutung. Den Pionieren der neuzeitlichen Naturwissenschaften, wie *Galilei, Torricelli, Newton* u. a. erschien die Tatsache, daß diese neuen Wissenschaften sich in so vorzüglicher Weise für Voraussagezwecke eignen, als Realisierung eines bislang unerfüllt gebliebenen Menschheitstraumes: ein Wissen um Künftiges zu erlangen. Zugleich erblickten sie darin das beste Zeugnis für die Überlegenheit der neuen Wissenschaft und der neuen Methode gegenüber der spekulativ vorgehenden Naturphilosophie, die es trotz ihres Anspruchs auf Tiefe und Überlegenheit nicht zu prognostisch verwertbaren Weisheiten gebracht hatte.

Über diese Frage, ob eine solche strukturelle Gleichheit von Erklärung und Voraussage bestehe oder nicht, ob also *die „Strukturelle Gleichheitsthese"* gelte oder nicht, ist es zu ausführlichen Diskussionen gekommen, bei denen einige interessante neue Aspekte des Problemkomplexes „wissenschaftliche Erklärung" zutage getreten sind.

---

ist; eine Voraussage B ist somit stets aus Gesetzen und Randbedingungen, beides zusammengefaßt in A, ableitbar, wenn $A \rightarrow B$ L-wahr ist. (4) Mittels eines einfachen formalen Arguments (S. 280 unten, S. 281 oben wird gezeigt, daß es keine sogenannten "rejectable facts" gibt, deren Existenz von CANFIELD und LEHRER vorausgesetzt wird. Die "rejectable facts" entsprechen im Prinzip dem, was wir oben „störende Bedingungen" nannten. Die Ausführungen von COFFA dürften die bisher präziseste Stellungnahme zum Canfield-Lehrer-Argument beinhalten.

Um diese Diskussion in möglichst übersichtlicher Weise schildern zu
können, vereinfachen wir unsere bisherige Sprechweise sowie unseren
Symbolismus. Zunächst stellen wir uns vor, daß die Antecedensbedingungen durch konjunktive Verknüpfung zu einer einzigen Aussage $A_1 \wedge A_2$
$\wedge \ldots \wedge A_n$ zusammengefaßt werden. Diese Aussage heiße von nun an *die*
Antecedensbedingung A. Analog fassen wir die Gesetzesaussagen zusammen, so daß wir auch hier berechtigt sind, von *dem* in der Erklärung verwendeten Gesetz G zu sprechen. Ferner erweist es sich im gegenwärtigen
Kontext als notwendig, scharf zu unterscheiden zwischen den linguistischen
und den nichtlinguistischen Entitäten. Für die letzteren verwenden wir den
Ausdruck „Ereignis" oder „Sachverhalt". Mit dem ontologischen Status
dieser Entitäten werden wir uns erst im übernächsten Kapitel systematisch
beschäftigen, insbesondere auch mit der Frage, ob es sich bei den Ereignissen um konkrete oder abstrakte Entitäten handle und ob die Rede von den
Sachverhalten als eine bloße „façon de parler" aufzufassen sei. Als Symbole
zur Bezeichnung der relevanten Ereignisse verwenden wir gleichartige
Kleinbuchstaben: a, e und g. Wir haben es also insgesamt mit sechs
Entitäten zu tun, nämlich zunächst mit drei linguistischen Gebilden A,
G und E, die wir das *Antecedensdatum*, die *Gesetzesaussage* und das
Explanandum nennen, sowie mit drei außerlinguistischen Wesenheiten a,
g und e, welche die folgenden Namen erhalten sollen: das *Antecedens-
Ereignis*, der *Gesetzes-Sachverhalt* und das *Explanandum-Ereignis*. Die
Frage, auf Grund von welchen Kriterien wir zwischen einem Gesetzes-
Sachverhalt g und nichtgesetzesartigen oder akzidentellen Ereignissen
a und e unterscheiden — bzw. in „linguistischer" Version: wie gesetzes-
artige Aussagen von nichtgesetzesartigen oder akzidentellen abzugrenzen
sind —, soll hier ebenfalls ausgeklammert werden, da wir uns mit dieser
Frage in V eingehend beschäftigen werden. In den Untersuchungen dieses
Kapitels werden wir uns übrigens explizit nur auf die akzidentellen Sachverhalte a und e, nicht jedoch auf g beziehen müssen.

Unter Benützung dieser Symbolik kann die zur Diskussion stehende
These von der strukturellen Gleichartigkeit von Erklärung und Voraussage so formuliert werden: Falls wir bereits wissen, daß das Ereignis e vorgekommen ist und geeignete Aussagen A und G, die zusammen ein Explanans für E bilden, *im nachhinein* zur Verfügung gestellt werden, so
sprechen wir von einer *Erklärung* des Ereignisses oder Phänomens e. Wenn
hingegen A und G *zunächst gegeben* sind und E daraus abgeleitet wurde,
bevor das durch E beschriebene Ereignis e stattgefunden hat, so sprechen wir
von einer *Voraussage*. Die Struktur des Argumentes sowie die Adäquatheitsbedingungen sind also nach dieser These in beiden Fällen dieselben;
nur die „pragmatischen Umstände" wechseln vom einen Fall zum anderen.
Diese Tatsache macht es auch möglich, daß der Naturforscher die Adäquatheit einer Erklärung mittels eines Gedankenexperimentes überprüfen kann,

indem er sich nämlich überlegt, ob seine Erklärung auch *als Voraussage hätte verwendet werden können*, wenn sie zu einem früheren Zeitpunkt erfolgt wäre.

Die These von der strukturellen Gleichartigkeit kann in zwei Bestandteile zerlegt werden. *1. Teilthese:* Jede adäquate Voraussage von *e* hätte Erklärungscharakter, wenn sie nach dem Eintritt von *e* vorgenommen worden wäre; kürzer formuliert: jede adäquate Voraussage ist eine potentielle Erklärung. *2. Teilthese:* Jede Erklärung eines Ereignisses *e* hätte Voraussagecharakter, wenn sie vor dem Eintritt von *e* vorgenommen worden wäre; anders ausgedrückt: jede adäquate Erklärung ist eine potentielle Voraussage.

Gegen diese These sind neun Argumente vorgebracht worden, die im folgenden behandelt werden sollen. Der Kürze halber geben wir ihnen die folgenden Namen: Aussageargument, Wahrheitswertargument, Mannigfaltigkeitsargument, Ursachenargument, Gesetzesargument, Induktionsargument, Antizipationsargument, Deskriptionsargument, Notwendigkeitsargument.

Wir werden im folgenden die Verfechter gewisser dieser Gegenargumente auch kurz als Vertreter der Gegenthese bezeichnen.

1.b Das Aussageargument. Wir beginnen mit dem *Aussageargument*, welches noch keinen entscheidenden Einwand enthält, sondern lediglich eine vorsichtigere Formulierung der These erzwingt[1]. Den Ausgangspunkt bilde die Feststellung, daß die Wendungen „ist eine Voraussage" und „ist eine Erklärung" Prädikate sind. Wovon kann das erste prädiziert werden? Sicherlich nicht von Sätzen oder Propositionen *in abstracto*. Es hat keinen Sinn zu fragen, ob der Satz „am 31. Mai 1965 regnet es in München" eine Voraussage sei oder nicht. Wer eine solche Frage stellt, dem wird man entgegenhalten: „dies kommt darauf an, wann der betreffende Satz geäußert wurde". Nicht von einem Satz also, sondern nur *von einem zu einer ganz bestimmten Zeit geäußerten Satz* kann man sagen, daß er eine Voraussage sei oder nicht. Äußerungen von Sätzen zu bestimmten Zeitpunkten nennen wir schlechthin *Äußerungen*. Gesprochene Äußerungen mögen *Aussagen* heißen, geschriebene Äußerungen sollen *Inschriften* genannt werden[2]. (In

---

[1] Vgl. I. Scheffler [Prediction], Abschn. 1, und [Anatomy], Teil I, 3 und 4.

[2] Mit dieser Terminologie bleiben wir weitgehend im Einklang mit der vorwissenschaftlichen Verwendung dieser Ausdrücke. Wenn Logiker häufig „Satz" und „Aussage" als gleichwertig gebrauchen (sofern sie nicht „Satz" als Synonym für „Lehrsatz" verwenden), so entfernen sie sich ziemlich stark vom alltäglichen deutschen Sprachgebrauch. Darin wird nämlich in der Regel „Satz" als Bezeichnung für ein Abstraktum, „Aussage" hingegen als Name für eine konkrete Äußerung verwendet. Einerseits spricht man z. B. von *dem deutschen Satz* Soundso, nicht hingegen von der deutschen Aussage Soundso. Andererseits berufen sich Verteidiger oder Staatsanwalt auf *die Aussage des Zeugen* N. N., nicht hingegen auf den Satz des Zeugen N. N.

späteren Kontexten werden dagegen die Ausdrücke „Satz" und „Aussage", wenn nicht ausdrücklich Gegenteiliges behauptet wird, als gleichbedeutend behandelt.)

Wir können nun sagen: *Eine Äußerung* (Aussage oder Inschrift) *ist eine Voraussage, wenn sie eine akzidentelle Aussage ist* (d. h. Äußerung eines nichtgesetzesartigen Satzes), *in welcher explizit etwas über einen Zeitpunkt behauptet wird, der später ist als der Zeitpunkt der Äußerung selbst.* In dieser Formulierung liegt ein schwieriges Problem verborgen. Sie setzt nämlich voraus, daß wir über ein Kriterium dafür verfügen, *worüber* ein Satz spricht (oder zumindest über ein Kriterium dafür, über welchen Zeitpunkt er spricht). Wieso dies ein Problem ist, soll an späterer Stelle deutlich gemacht werden. Im Augenblick wollen wir so tun, als hätten wir ein derartiges Kriterium zur Verfügung. In den meisten Fällen, so etwa auch im obigen Beispiel, können wir ohne Mühe eine intuitive Entscheidung darüber fällen, auf welchen Zeitpunkt oder Zeitraum sich die Äußerung bezieht.

Nur Äußerungen, nicht hingegen Sätze können mit einem Zeitindex versehen werden. Gerade dieser Zeitindex aber ist für Prognosen wesentlich; denn nur von der zeitlichen Relation zwischen dem Äußerungszeitpunkt und dem Zeitpunkt des behaupteten Ereignisses hängt es ab, ob eine Voraussage vorliegt oder nicht. So jedenfalls wird der Ausdruck „Voraussage" gebraucht. Legt man diese übliche Verwendung zugrunde, dann ist die strukturelle Gleichheitsthese leicht widerlegbar. Für das Vorliegen einer Voraussage ist ja *nur das Bestehen dieser zeitlichen Relation* wesentlich; dagegen braucht sie überhaupt nicht auf einem Argument zu beruhen. Tut sie dies *nicht*, so geht sie natürlich bei einer Änderung der pragmatischen Umstände nicht in eine Erklärung über; denn eine Erklärung besteht immer *in einem mehr oder weniger komplexen Argument.* Die Aussage „am 31. Mai 1965 regnet es in München" ist eine Voraussage, wenn sie am 27. Mai 1965 gemacht wurde; sie ist hingegen keine Erklärung, wenn sie am 15. Juni 1965 stattfindet. Im letzteren Fall würden wir nicht von einer erklärenden Äußerung, sondern von einer *historischen Feststellung* sprechen. Änderungen der pragmatischen Zeitumstände transformieren Voraussagen also nicht in Erklärungen, sondern in historische Behauptungen. Hinzu tritt der weitere Unterschied, daß zwar *nur* Äußerungen als Voraussagen bezeichnet werden können, daß man hingegen *sowohl* von Äußerungen *als auch* von abstrakten sprachlichen Gebilden mit Argumentationscharakter „ist eine Erklärung" prädizieren kann.

Einige Leser werden vielleicht den Eindruck gewonnen haben, daß hier mit einem Sophisma operiert worden sei. Ein solcher Eindruck wäre zwar unberechtigt, aber psychologisch verständlich; denn das Aussageargument stützt sich auf eine Divergenz zwischen üblichem vorwissenschaftlichem Sprachgebrauch und dem Sprachgebrauch der Verfechter der strukturellen Gleichheitsthese. Die letzteren fassen nämlich von vornherein nur *rationale*

Voraussagen ins Auge, d. h. solche, für die eine wissenschaftlich befriedigende *Begründung* gegeben worden ist; m. a. W. sie betrachten nicht *isolierte Voraussage-Äußerungen*, sondern *Voraussage-Argumente*. Dies ist zweifellos eine mehr oder weniger künstliche Einengung des alltäglichen, wenn auch nicht notwendig des wissenschaftlichen Sprachgebrauchs. Denn seit Jahrtausenden haben bestimmte Personengruppen wie Propheten, Hellseher, Wahrsager, aber auch politisierende Alltagsmenschen Voraussagen gemacht, die wir nicht als wissenschaftlich zu rechtfertigen betrachten würden. Prognosen können auch eine gänzlich irrationale Basis haben und können dabei sogar — was wir nicht vergessen dürfen — durchaus richtig sein! Es wäre nicht zweckmäßig, den Begriff der Voraussage von vornherein so einzuengen, daß er nur mehr den Fall der rationalen wissenschaftlichen Voraussage einschließt. Denn dann könnten wir z. B. nicht einmal mehr *sagen*, daß wissenschaftliche Prognosen vor nichtwissenschaftlichen Voraussagen durch einen größeren Erfolg ausgezeichnet seien. Um so reden zu können, muß bereits der umfassendere Voraussagebegriff verfügbar sein, der den rationalen Fall ebenso einschließt wie den irrationalen.

Das Prädikat „ist eine Erklärung" kann entweder als Prädikat abstrakter sprachlicher Gebilde oder als Prädikat von konkreten Äußerungen verstanden werden. Es ist also sozusagen kategorial zweideutig. Um es mit dem Prädikat „ist eine Voraussage" überhaupt vergleichen zu können, muß es im letzteren Sinn gedeutet werden. Dann sind die Objekte, auf die es zutrifft, keine einfachen Satzäußerungen, sondern *Argumentäußerungen*. Ein Ereignis erklären bedeutet auch im vorwissenschaftlichen Sprachgebrauch stets die Ursachen für dieses Ereignis angeben. Eine Erklärung ist ihrer Intention nach stets rational. Wenn dennoch gelegentlich von irrationalen Erklärungen gesprochen wird, so liegt etwas prinzipiell Verschiedenes vor als im Fall einer irrationalen Prognose. Eine Voraussage kann in dem Sinn irrational sein, daß sie überhaupt nicht mit der Angabe von Gründen verbunden ist; eine Erklärung hingegen kann sich nur in dem Sinn als irrational erweisen, daß die vorgebrachten Gründe sich als Scheingründe herausstellen, z. B. weil die dabei verwendeten Gesetze oder Theorien nicht nur unhaltbar, sondern darüber hinaus rein mythologischer Natur sind oder nicht einmal einen empirischen Gehalt haben. Läßt man dagegen in einer (tatsächlichen oder vermeintlichen) Erklärungsäußerung das Explanans, d. h. die Explanans-Äußerung, gänzlich fort und behält nur die Explanandum-Äußerung bei, so verwandelt sich die Erklärung keineswegs in eine irrationale Erklärung oder in eine Pseudoerklärung, sondern vielmehr, wie das obige Beispiel zeigte, in eine historische Behauptung.

Daher ist auch der Gegeneinwand von HEMPEL nicht überzeugend, daß der Ausdruck „Erklärung", ebenso wie der Ausdruck „Voraussage", im vorwissenschaftlichen Sinn auf Satzäußerungen angewendet wird, etwa auf

Weil-Sätze[3]. In solchen Weil-Sätzen haben wir es, ebenso wie in singulären Sätzen über bestimmte Ursache-Wirkungs-Zusammenhänge, mit rudimentären Vorformen wissenschaftlicher, also *rationaler* Erklärungen zu tun. Wer einen solchen Weil-Satz formuliert, *intendiert* zumindest, eine Begründung zu geben, wie mangelhaft diese auch immer sein mag. Wer etwas voraussagt, braucht dagegen nicht einmal vorzugeben, daß er etwas begründen wolle; er braucht nichts weiter zu tun als etwas über die Zukunft zu behaupten.

Trotz allem ist das Aussageargument kein entscheidender Einwand. Man kann ihm dadurch entgehen, daß man zwar nicht den Begriff der Voraussage als solchen auf den der rationalen Voraussage einengt, daß man aber die strukturelle Gleichheitsthese nur für das Verhältnis von *rationaler* oder *wissenschaftlicher* Voraussage und *wissenschaftlicher* Erklärung behauptet. Dabei werden sowohl rationale Voraussagen wie Erklärungen nicht als Aussagen, sondern als Argumente verstanden. Die obige Feststellung über die unleugbare Existenz irrationaler Voraussagen ist ja ohne weiteres mit der Konvention vereinbar, bei der Diskussion der strukturellen Gleichheitsthese irrationale Voraussagen gänzlich außer Betracht zu lassen und sich auf Erklärungs- bzw. Voraussage-*Argumente* zu beschränken.

1.c Das Wahrheitswertargument. Im *Wahrheitswertargument* wird der Versuch unternommen, auch die auf *rationale* Erklärungen und Voraussagen eingeschränkte strukturelle Gleichheitsthese durch einen schlagenden Einwand zu widerlegen. Eine Erklärung ist stets *die Erklärung einer Tatsache*. Die Explanandum-Äußerung muß daher immer wahr sein. Denn nur wahre Aussagen beschreiben Tatsachen. Bei Zugrundelegung der ursprünglichen Adäquatheitsbedingungen für wissenschaftliche Erklärungen von HEMPEL und OPPENHEIM ist dies eine unmittelbare Konsequenz der Bedingung B_4, da die aus einem wahren Explanans logisch gefolgerten Aussagen, insbesondere also E, ebenfalls wahr sein müssen. Die beiden Autoren hatten für diese stärkere Forderung, in der die Wahrheit des Explanans verlangt wird, bekanntlich so argumentiert, daß man nur auf diese Weise zu einem zeitunabhängigen Erklärungsbegriff gelange (für die genauere Begründung vgl. I, 2.e). Da nach der Adäquatheitsbedingung B_2 aber im Explanans mindestens eine Gesetzesaussage vorkommen muß, kein Gesetz jedoch verifizierbar ist, so folgt daraus unmittelbar, *daß wir niemals wissen können, ob eine zu einem Zeitpunkt vorgeschlagene Erklärung auch tatsächlich eine Erklärung ist.*

Im Fall einer wissenschaftlichen Prognose stehen wir vor einer ganz anderen Situation: Wir können stets definitiv entscheiden, ob etwas eine wissenschaftliche Voraussage ist oder nicht. Dies beruht darauf, daß wir hier im Gegensatz zum Fall der Erklärung keine Skrupel bezüglich des Wahrheitswertes der Aussage E zu haben brauchen. An dieser Stelle ist es

---

[3] C. G. HEMPEL [Versus], S. 117f.

von besonderer Wichtigkeit, darauf zu achten, daß der Begriff der wissenschaftlichen Voraussage insofern zweideutig ist, als darunter bisweilen die Voraussage-*Äußerung* E, bisweilen hingegen das Voraussage-*Argument*, dessen Conclusio E ist, verstanden wird. Welches von beiden von uns jeweils gemeint ist, ergibt sich meist aus dem Kontext. In Zweifelsfällen sprechen wir ausdrücklich von der Voraussage-Äußerung E bzw. vom Voraussage-Argument. Im augenblicklichen Kontext wird darunter die Aussage und nicht das Argument verstanden. Nicht nur eine irrationale, *auch eine wissenschaftliche Voraussage braucht nicht richtig zu sein.* Wissenschaftlichkeit ist bei Prognosen keine Garantie des Erfolges. Es wäre unsinnig, die strukturelle Gleichheitsthese dadurch retten zu wollen, daß man den Begriff der Voraussage nochmals einengen würde zu dem des rationalen Voraussage-Argumentes mit *wahrer* Conclusio. *Denn dann müßten wir das wichtigste Verfahren zur Überprüfung wissenschaftlicher Hypothesen*, nämlich die Feststellung des Eintreffens oder Nichteintreffens der mittels dieser Hypothesen gewonnenen Voraussagen, *preisgeben.*

Denkt man bei der Anwendung wissenschaftlicher Theorien in erster Linie an Erklärungen, so wird man aus den erwähnten Gründen rasch bereit sein, die Forderung B_4 zu akzeptieren. Denkt man hingegen primär an Voraussagen, so wird man B_4 von vornherein verwerfen. *Die Asymmetrie zwischen erklärenden und prognostischen Argumenten scheint also einfach eine Konsequenz dessen zu sein, daß wir zwar Voraussagen, nicht jedoch Erklärungen zur Überprüfung naturwissenschaftlicher Theorien benützen.* Erklärungen nehmen wir erst dann vor, wenn die dabei benötigte Theorie oder Gesetzeshypothese auf Grund früherer empirischer Tests als hinreichend gesichert erscheint, so daß wir sie längst akzeptierten. Die Akte des Überprüfens und des Akzeptierens liegen in der Vergangenheit. Auch im Fall einer Prognose *kann* es sich so verhalten: Ein heutiger Astronom prognostiziert mit größter Sicherheit künftige Sonnenfinsternisse, da er von der für seine Zwecke zumindest approximativen Richtigkeit der von ihm benützten Prinzipien überzeugt ist. Die von ihm verwendete Theorie ist in Fachkreisen längst akzeptiert. Es *braucht* sich aber nicht so zu verhalten. Wenn es sich um eine neu entworfene Theorie handelt, so wird ihre Annahme *oder Verwerfung* von dem Erfolg oder Mißerfolg der Prognosen abhängen, die durch sie ermöglicht wurden.

HEMPEL hat, um diesem zweiten Einwand zu begegnen, die Bedingung B_4 preisgegeben und den Begriff der *potentiellen Erklärung* eingeführt[4], für den nur die ersten drei Adäquatheitsbedingungen gelten sollen. Diese Verallgemeinerung schien auch dadurch gerechtfertigt zu sein, daß es um eine rationale Rekonstruktion des Begriffs der *korrekten* Erklärung geht, Korrektheit aber ein zweideutiger Ausdruck ist: Es kann darunter die *Wahrheit* oder bloß die *gute induktive Bestätigung* verstanden werden. Das

---

[4] [Versus], S. 102f.

Wahrheitswertargument kann gegen diesen allgemeineren Begriff nicht mehr vorgebracht werden, da den erwähnten Fällen von zwar wissenschaftlichen, aber doch erfolglosen Prognosen nunmehr potentielle, nicht wahre Erklärungen entsprechen.

Gegen HEMPELs Begriff der potentiellen Erklärung läßt sich jedoch sofort der folgende scheinbar einleuchtende Gegeneinwand vorbringen: Offenbar war doch mit diesem allgemeineren Begriff intendiert, außer rationalen Erklärungen auch rationale Erklärungs*versuche* in die Analyse einzubeziehen. Nun kann man jedoch von einer versuchsweisen Erklärung nur dann sprechen, wenn das Explanandum-Ereignis *eine Tatsache* ist. Wir sprechen nicht von der versuchsweisen Erklärung eines Ereignisses, das gar nicht vorgekommen ist, sondern nur *hätte vorkommen können*. Der Begriff der potentiellen Erklärung umfaßt aber auch Fälle der letzteren Art, also ist dieser Begriff zu weit.

Die Situation wird noch deutlicher, wenn man sie unter dem formalen Aspekt betrachtet: Daß eine Erklärung stets Erklärung einer Tatsache zu sein hat, würde sein formales Korrelat in einer Adäquatheitsforderung finden, in der die Wahrheit der Explanandum-Aussage E gefordert wird. Die Hinzufügung dieser Forderung zur ursprünglichen Liste der Adäquatheitsbedingungen war überflüssig, da die Wahrheit des Explanandums aus B_1 und B_4 folgt. Gibt man jedoch die Bedingung B_4, also die Forderung der Wahrheit des Explanans preis, so ist damit auch die Wahrheitsforderung für die Explanandum-Aussage keine Folgerung der akzeptierten Adäquatheitsbedingungen mehr.

Die erste Teilbehauptung der strukturellen Gleichheitsthese scheint somit zu einem unüberbrückbaren Dilemma zu führen: (1) Entweder es wird B_4 fallen gelassen und keine neue Adäquatheitsbedingung hinzugefügt. Dann umfaßt der Begriff der potentiellen Erklärung nicht nur rationale Erklärungsversuche von Tatsachen — sondern *auch Erklärungsversuche von bloß möglichen Ereignissen*. Dieser Begriff scheint aber ein reiner *Kunstbegriff* zu sein. Daß die strukturelle Gleichheitsthese für diesen Begriff gilt, ist, so kann man argumentieren, einfach eine Konsequenz dessen, daß ein dem Begriff der rationalen Voraussage korrespondierender Begriff der potentiellen Erklärung eingeführt wurde, von dem die strukturelle Gleichheitsthese per definitionem gelten muß. Die Geltung dieser These wird damit zu einer trivialen Angelegenheit. Es wird ja nun nicht mehr die Gleichartigkeit bereits bekannter und unabhängig charakterisierbarer wissenschaftlicher Tätigkeiten im nachhinein festgestellt, sondern es werden die beiden Begriffe der Voraussage und der Erklärung, um den beiden Einwendungen begegnen zu können, sukzessive so umgeformt, daß die gewünschte Gleichheit erzeugt wird. (2) Oder aber es wird ein vernünftiger Begriff des rationalen Erklärungsversuchs eingeführt. Dann kann man nicht einfach die Bedingung B_4 preisgeben, *sondern man muß diese Bedingung durch eine schwä-*

chere Bedingung $\mathbf{B}_w$ *ersetzen, in der ausdrücklich die Wahrheit der Explanandum-Aussage verlangt wird.* Geschieht dies jedoch, so läßt sich die strukturelle Gleichheitsthese nicht mehr aufrecht erhalten; denn im Fall einer wissenschaftlichen Voraussage kann man die Wahrheit von E gerade *nicht* fordern. Ein *erfolgloses*, obzwar „rationales", *Voraussageargument* mündet in eine *falsche Conclusio* E; ein *erfolgloses Erklärungsargument* hingegen ist der Versuch, eine *richtige* Conclusio E *mit Hilfe falscher Hypothesen* zu deduzieren.

Wir scheinen also vor der folgenden Alternative zu stehen: entweder die strukturelle Gleichheitsthese preiszugeben oder fortan mit einem ad hoc eingeführten Kunstbegriff der potentiellen Erklärung, der nur B_1 bis B_3 erfüllt, operieren zu müssen. Wir wollen die Diskussion an dieser Stelle nicht weiterführen, sondern sie im nächsten Abschnitt in präziserer Form wieder aufnehmen. Für den Augenblick fahren wir mit der Schilderung der Argumente gegen die Gleichheitsthese fort.

1.d Das Mannigfaltigkeitsargument. Als nächstem wenden wir uns dem Mannigfaltigkeitsargument zu[5]. Dieses geht in eine ganz andere Richtung als die übrigen Argumente gegen die beiden Teilthesen. Es wird darin nicht die strukturelle Gleichheitsthese als solche angegriffen, sondern die dabei benützte Gegenüberstellung „Erklärung — Voraussage". Diese beiden Fälle erschöpfen auch im deduktiv-nomologischen Fall keineswegs alle Möglichkeiten der Anwendung wissenschaftlicher Theorien. Um einen einheitlichen Terminus zu erhalten, übernehmen wir von Hempel den bereits in I gelegentlich benützten Oberbegriff *„wissenschaftliche Systematisierung"*. Darunter sollen alle Arten von wissenschaftlichen Argumenten verstanden werden, in denen auf das Vorkommen eines vergangenen, gegenwärtigen oder künftigen Ereignisses geschlossen wird. Die Vagheit in dieser Charakterisierung ist unvermeidlich, solange noch keine Menge von Adäquatheitsbedingungen als festes Bezugssystem gewählt worden ist. Hat man dagegen einmal ein solches System akzeptiert — sei dies B_1 bis B_4 oder ein anderes —, so kann man unter einer wissenschaftlichen Systematisierung jedes Argument verstehen, welches diese Bedingungen erfüllt. Die eben als Beispiel angeführten vier Bedingungen können natürlich nicht zugrundegelegt werden, um den universellsten Begriff der wissenschaftlichen Systematisierung zu gewinnen. Der letztere müßte ja auch induktive Argumente, insbesondere jene von statistischem Typus, einschließen. Die bisher diskutierten Adäquatheitsbedingungen bezogen sich demgegenüber ausdrücklich nur auf den Fall der *deduktiv-nomologischen* Systematisierung.

Das Mannigfaltigkeitsargument kann nun so formuliert werden: Erklärung und Voraussage stellen keine erschöpfende Alternative dar; vielmehr bilden sie nur zwei besondere Fälle wissenschaftlicher Systematisierungen, zu denen verschiedene andere Arten hinzutreten. Verschaffen wir uns einen Überblick über einige wichtige unter diesen anderen Typen! Wir

---

[5] Vgl. dazu auch I. Scheffler [Anatomy], S. 47 ff.

charakterisieren zunächst den Falltypus schematisch unter Verwendung der oben eingeführten Buchstaben. Diese schematische Beschreibung wird durch ein Diagramm ergänzt, in welchem die horizontale Linie die Zeitachse darstellt; t_0 bedeutet dabei stets den *gegenwärtigen* Zeitpunkt. Schließlich wird dieses Schema jeweils durch ein einfaches Beispiel aus der Astronomie interpretiert. Ein Ausdruck von der Gestalt „$x < y$" bzw. „$x \leqq y$" soll dabei im gegenwärtigen Zusammenhang soviel bedeuten wie „das Ereignis x ist früher als das Ereignis y" bzw. „das Ereignis x ist früher oder gleichzeitig mit dem Ereignis y". Es ist dabei zu beachten, daß auch die Symbole „A", „E" und „G" an der Argumentstelle einer solchen Relationsaussage stehen können, da wir darunter gemäß der oben getroffenen Festsetzung nicht Sätze in abstracto, sondern konkrete Äußerungen verstehen. Äußerungen (Aussagen und Inschriften) sind ja stets mit einem Zeitindex, einem Zeitpunkt oder einer Zeitspanne zu versehen, nämlich dem Zeitpunkt ihrer Erzeugung bzw. bei dauerhaften Inschriften der Zeitspanne ihrer Existenz.

1. Fall: A, G sind gegeben, E wird nachträglich abgeleitet; $a < E$, $e \leqq E$.

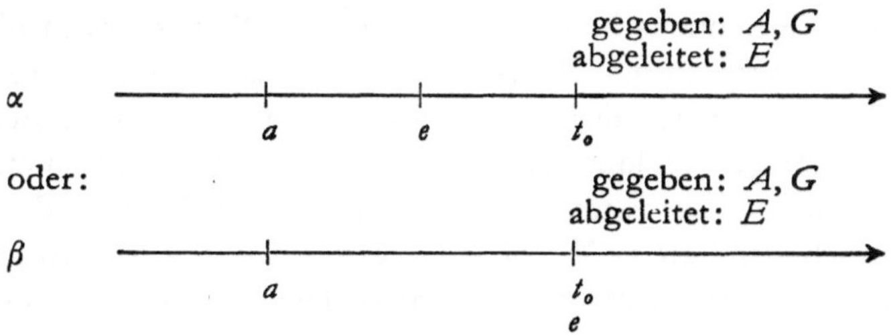

Da hier die Antecedensbedingungen sowie die Gesetze zunächst gegeben sind, das Explanandum dagegen erst durch Ableitung daraus gewonnen wurde, müßte man nach der eingangs gegebenen Charakterisierung in diesem Fall von einer Voraussage sprechen. Das fragliche Ereignis liegt aber nicht in der Zukunft, sondern in der Vergangenheit, wie in (α), oder in der Gegenwart, wie in (β). Deshalb ist dieser Ausdruck hier nicht anwendbar. Beispiel zum Fall (α): Einem Astronomen, der mit den Prinzipien der Himmelsmechanik vertraut ist, wird als Datum die Konstellation des Planetensystems zu einem weit in der Vergangenheit liegenden Zeitpunkt zur Verfügung gestellt, z. B. für einen Tag im Jahr 214 v. Chr. Auf Grund der ihm bekannten Gesetze ist er imstande, einen Schluß auf eine Sonnenfinsternis an gewissen Stellen der Erde zu einem späteren, aber noch immer in der Vergangenheit liegenden Zeitpunkt zu ziehen, etwa für das Jahr 192 v. Chr.[6] Es wäre offenbar nicht sinnvoll zu sagen, daß dieser Astronom

---

[6] Strenggenommen muß hier vorausgesetzt werden, daß ihm auch die Randbedingungen zwischen 214 und 192 v. Chr. bekannt waren bzw. daß das System innerhalb dieses Zeitraums als ein relativ abgeschlossenes System behandelt werden konnte. Analoge Bemerkungen gelten für die folgenden Fälle. Vgl. dazu I, 11.

eine Sonnenfinsternis *vorausgesagt* habe; denn das von ihm erschlossene Ereignis liegt bereits mehr als 2000 Jahre zurück. Trotzdem könnte man von einem *prognostischen Argument* sprechen, da von einem gegebenen Ereignis auf ein späteres geschlossen wurde, mag letzteres auch in der Vergangenheit liegen.

Was ist der Grund für dieses merkwürdige Resultat? In der ursprünglichen Charakterisierung des Unterschiedes von Erklärung und Voraussage war nur von gewissen *pragmatischen Umständen* die Rede: von dem, was vorgegeben ist, und von dem, was abgeleitet wurde. Die zeitlichen Verhältnisse wurden hingegen überhaupt nicht berücksichtigt. Diese dürfen jedoch nicht außer Betracht bleiben, wenn man Voraussagen von anderen Arten wissenschaftlicher Systematisierung unterscheiden will. Wir müssen mindestens eine zweifache Differenzierung vornehmen. Erstens müssen wir *die pragmatischen Umstände des Gegebenseins* (im folgenden auch pragmatische Umstände erster Art genannt) berücksichtigen, d. h. wir müssen eine Unterscheidung vornehmen, je nachdem, ob E vorgegeben oder gesucht ist. Zweitens müssen die *pragmatischen Zeitrelationen* (im folgenden als pragmatische Umstände zweiter Art bezeichnet) berücksichtigt werden, d. h. die zeitliche Relation zwischen dem Systematisierungsargument — als konkrete, zu einem Zeitpunkt stattfindende Äußerung verstanden — einerseits, dem Antecedens-Ereignis a sowie dem Explanandum-Ereignis e andererseits. Ein *prognostisches Argument* führt erst dann zu einer *Prognose*, wenn $E < e$ gilt; im obigen Beispiel galt jedoch: $e \leqq E$.

2. *Fall.* A, G sind gegeben, E wird nachträglich abgeleitet; $e < a, a \leqq E$.

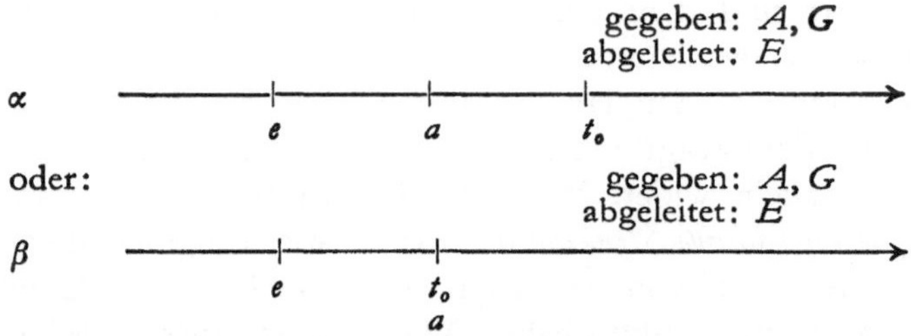

Die erste Art von pragmatischen Umständen ist dieselbe wie im vorigen Fall. Daher müßte man nach der ursprünglich gegebenen Charakterisierung wieder von einer Voraussage sprechen. Da das erschlossene Ereignis e in der Vergangenheit liegt, ist diese Bezeichnungsweise unanwendbar. Wollte man hier von einer Prognose reden, so würde man eine noch größere Absurdität erzeugen als im ersten Fall. Während nämlich das dortige Argument zumindest *prognostische Struktur* hatte — da das Antecedens-Ereignis dem Explanandum-Ereignis zeitlich voranging —, gilt dies jetzt *nicht* mehr. Der Wissenschaftler schließt vielmehr aus ihm bekannten gegenwärtigen oder vergangenen Daten auf ein weiter in der Vergangenheit liegendes

Ereignis zurück. Ein Argument von dieser Art nennen wir *retrodiktives Argument*. Eine wissenschaftliche Systematisierung, welche die obigen Bedingungen erfüllt, heiße *Retrodiktion erster Art*. Beispiel: Ein Astronom schließt aus einer ihm bekannten Konstellation des Planetensystems im Jahre 76 v. Chr. auf eine Sonnenfinsternis im Jahre 192 v. Chr. zurück.

3. Fall. E gegeben, A und G nachträglich zur Verfügung gestellt, E daraus abgeleitet; $e < a$, $a \leqq E$ (und daher erst recht: $e < E$).

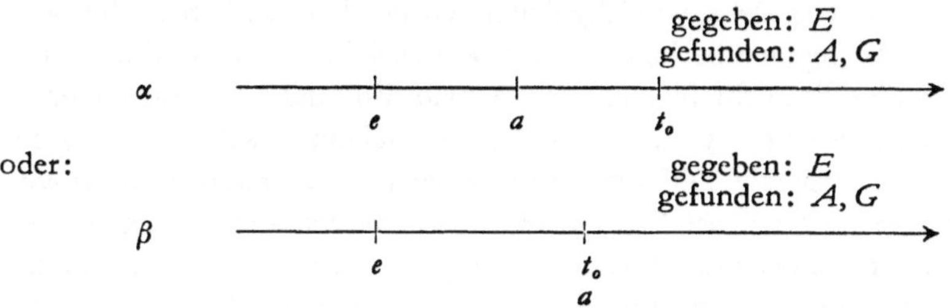

Die zeitlichen Relationen sind hier genau dieselben wie im zweiten Fall. Dagegen sind die pragmatischen Umstände erster Art andere. Wir sprechen von einer *Retrodiktion zweiter Art*. Daß solche Retrodiktionen kaum von praktischer Bedeutung sind — wie sich der Leser leicht anhand des entsprechend modifizierten Astronomiebeispiels überlegt —, ändert nichts an der Tatsache, daß es sich um eine gleichberechtigte theoretische Möglichkeit neben den anderen handelt. In bezug auf die pragmatische Relation des Gegebenseins sind Retrodiktionen zweiter Art den Erklärungen verwandt, während Retrodiktionen erster Art in dieser Hinsicht von den Prognosen ununterscheidbar sind. Der gelegentlich verwendete Ausdruck „Retrodiktion" ist somit zweideutig. Der Unterschied zwischen pragmatischen Umständen erster Art, den HEMPEL und OPPENHEIM im Verhältnis von Erklärung und Voraussage vorfanden, spiegelt sich auch im Bereich der Retrodiktionen allein wider. Was alle Retrodiktionen miteinander verknüpft, ist *die retrodiktive Struktur* des Systematisierungsargumentes. Dies unterscheidet sie sowohl von den Prognosen als auch von den Erklärungen, die *beide* prognostische Struktur haben. Während sich aber die beiden Typen von Retrodiktionen *nur* in bezug auf die pragmatischen Umstände erster Art voneinander unterscheiden, differieren Voraussage und Erklärung in bezug auf *beide* Arten von pragmatischen Umständen.

Bezüglich des Begriffs der Retrodiktion möge bereits hier vor einer möglichen Fehldeutung gewarnt werden: Verleitet durch die Situation in der Astronomie und in anderen physikalischen Bereichen haben Philosophen und Naturforscher immer wieder behauptet, daß im deterministischen Fall eine strenge Symmetrie zwischen Prognose und Retrodiktion bestehe. Wie aber leicht zu zeigen ist, sind in einem streng deterministischen System nur deterministische Prognosen, nicht aber deterministische Retrodiktionen *generell* möglich. Im folgenden Kapitel wird dies an einem einfachen Modell nachgewiesen werden.

Wenn wir auf die Anwendung wissenschaftlicher Theorien zu sprechen kommen, so denken wir viel eher an Prognosen als an die zuletzt behandelten drei Formen von wissenschaftlichen Systematisierungen. Dies hat seinen Grund darin, daß uns Voraussagen sowohl aus *praktischen* wie aus theoretischen Gründen viel wichtiger erscheinen als diese anderen Systematisierungsformen: Da wir die Zukunft, nicht aber die Vergangenheit durch unser Handeln kontrollieren und *beeinflussen* können, sind Prognosen vom Standpunkt der Weltbeherrschung wesentlich interessanter als jene „nach rückwärts" gerichteten Anwendungsarten von Theorien. Die größere *epistemologische Bedeutung* der wissenschaftlichen Voraussagen wiederum liegt darin, daß sie für uns das hauptsächlichste Mittel darstellen, um naturwissenschaftliche Hypothesen auf ihren Wahrheitsgehalt hin zu überprüfen. Daß wir auch Erklärungen für wichtiger halten als Retrodiktionen sowie als Argumente von der Art der unter dem ersten Fall behandelten Formen, dürfte dagegen hauptsächlich darauf beruhen, daß nur durch sie jene intellektuelle Neugierde befriedigt wird, die ihren Niederschlag findet in Erklärung heischenden Warum-Fragen, in denen wir ein Wissen um die Ursachen oder „Realgründe" von Ereignissen zu erlangen trachten.

Die drei angeführten Fälle erschöpfen keineswegs alle Möglichkeiten außerhalb von Erklärungen und Voraussagen. Einige weitere Möglichkeiten seien hier nur kurz angedeutet: Ein Fall wäre der, in dem das Ereignis a gar nicht *einem* bestimmten Zeitpunkt oder zusammenhängenden Zeitraum zugeordnet werden könnte. Wir dürfen nämlich nicht vergessen, daß a das durch A beschriebene Ereignis ist, wobei A durch konjunktive Zusammenfassung *aller* Antecedensbedingungen des Explanans gebildet wurde. Dabei können sich einige dieser Aussagen auf einen Zeitpunkt beziehen, der dem Zeitpunkt des durch E beschriebenen Ereignisses vorangeht, während andere Antecedensbedingungen sich auf einen späteren Zeitpunkt beziehen. Das Ereignis a müßte dann in zwei Teilereignisse a_1 und a_2 aufgesplittert werden, für welches die Relationen gelten würden: $a_1 < e$; $e < a_2$. Wie wir im nächsten Kapitel sehen werden, handelt es sich hierbei nicht nur um eine gedankliche Möglichkeit von rein theoretischem Interesse, sondern um einen wichtigen Typus von wissenschaftlichen Systematisierungen.

Ein anderer, praktisch weniger wichtiger Typus wäre der, in dem alle drei Elemente eines Systematisierungsargumentes: A, G, und E, vorgegeben sind. Man könnte hier von der *Lösung einer deduktiv-nomologischen Systematisierungsaufgabe* sprechen. Daß die Lösung einer derartigen Aufgabe immer dann, wenn gewisse Bereiche der höheren Mathematik zur Anwendung gelangen — ja bereits dann, wenn von der vollen Quantorenlogik Gebrauch gemacht werden muß —, keine Trivialität darstellt, hat seinen Grund darin, daß in diesen Fällen im allgemeinen kein mechanisches

Verfahren existiert, um den deduktiven Zusammenhang zu entdecken (Theorem von A. Church). Man könnte sich z. B. denken, daß derartige Probleme in den Übungen zu einer Astronomievorlesung auftreten oder im Rahmen der Überprüfung einer wissenschaftlichen Hypothese.

Ein letztes Beispiel möge zunächst schematisch charakterisiert werden: E gegeben, A und G nachträglich zur Verfügung gestellt; $a \leqq E$, $E < e$. Die erste Reaktion des Lesers wird vermutlich die sein, daß er einen solchen Fall für ausgeschlossen hält: Wie kann denn E „als wahr gegeben" sein, bevor das durch E beschriebene Ereignis stattgefunden hat? Wenn man den allgemeinen Begriff der Voraussage (und nicht nur den der rationalen Voraussage) zuläßt, so ist diese Situation durchaus denkbar. Man könnte sie als *„nachträgliche Rationalisierung einer irrationalen Voraussage"* charakterisieren. Warum sollte nicht ein Wissenschaftler später auf Grund seiner theoretischen Hilfsmittel zu *demselben* Resultat gelangen, zu dem bereits zu einem viel früheren Zeitpunkt ein Prophet *ohne* diese Hilfsmittel gelangte?

1.e Das Ursachen-, Gesetzes- und Induktionsargument. Diese drei weiteren Argumente sollen zusammen behandelt werden. Wie sich zeigen wird, handelt es sich dabei — mit einer später zu erwähnenden Einschränkung — nur um verschiedene Aspekte eines und desselben Phänomens. HEMPEL und OPPENHEIM hatten ursprünglich gedacht, daß bei Zugrundelegung des Begriffspaares „deduktives Schließen" und „induktives Schließen" alle wissenschaftlichen Systematisierungsargumente in zwei Klassen zerlegt werden könnten: in *nomologische* Systematisierungen, welche ihrer logischen Struktur nach deduktive Argumente bilden, und in *statistische* Systematisierungen, die induktive Argumente darstellen. Wie HEMPEL später feststellte, kann man auch im nichtstatistischen Fall auf Erklärungen stoßen, die den Charakter von *induktiven Argumenten* haben. Wir geben seine Überlegung im folgenden wieder[7].

Ein bestimmtes Objekt c ist zu einer bestimmten Zeit t_0 explodiert. Es ist bekannt, daß die Temperatur der das Objekt c umgebenden Luft im Steigen begriffen war und daß sie im Augenblick der Explosion den Wert von 30° C überstieg. Es wird nach einer Erklärung dieses Ereignisses gesucht. Für die Erklärung wird ein induktives Argument vorgeschlagen. Um es kurz wiedergeben zu können, führen wir einige Prädikatsymbole ein, nämlich: „W" für „weißer Phosphor", „K" für „hat einen knoblauchartigen Geruch", „T" für „löslich in Terpentin", „P" für „löslich in Pflanzenöl", „E" für „löslich in Äther", „H" für „erzeugt bei Berührung Haut-

---

[7] Vgl. C. G. HEMPEL [Dilemma], S. 70f. HEMPEL benützt das Beispiel an dieser Stelle in einem anderen systematischen Zusammenhang, nämlich im Rahmen einer kritischen Diskussion des sogenannten Theorems von W. CRAIG, welches die funktionelle Ersetzbarkeit rein theoretischer Terme behauptet. Unter dem gegenwärtigen Gesichtspunkt wird dieses Beispiel von I. SCHEFFLER in [Anatomy], S. 31ff. erörtert.

brennen", „I" für „hat eine Entzündungstemperatur von 30° C". Ferner benötigen wir zwei zweistellige Relationen: „Cxt" für „Gegenstand x ist zum Zeitpunkt t von Luft umgeben, deren Temperatur mehr als 30° C beträgt"; „Fxt" für „x geht zum Zeitpunkt t in Flammen auf".

Die folgenden Aussagen mögen als empirisch gesichert gelten. Erstens sollen die fünf Eigenschaften K, T, P, E und H voneinander unabhängig sein. Diese Annahme ist für das Folgende zwar nicht wesentlich, erhöht aber den induktiven Plausibilitätsgrad des folgenden induktiven Argumentes. Wir können diese Annahme durch fünf Existenzsätze wiedergeben, wobei in dem Ausdruck innerhalb der Klammern jeweils nur eine Atomformel unnegiert vorkommt:

$$(1) \quad \vee x \, (Kx \wedge \neg \, Tx \wedge \neg \, Px \wedge \neg \, Ex \wedge \neg \, Hx)$$

$$\vdots$$

$$(5) \quad \vee x \, (\neg \, Kx \wedge \neg \, Tx \wedge \neg \, Px \wedge \neg \, Ex \wedge Hx)$$

In diesen fünf Aussagen wird also jeweils die Existenz eines Objektes mit einer der fünf genannten Eigenschaften verlangt, auf welches jedoch die anderen vier Eigenschaften nicht zutreffen. Dies gerade besagt die Unabhängigkeitsforderung.

Es möge zweitens eine für gesichert angesehene und daher akzeptierte Theorie zur Verfügung stehen, auf Grund deren weißer Phosphor alle die genannten Eigenschaften besitzt; d. h. es sollen die folgenden weiteren fünf Sätze gelten:

$$(6) \quad \wedge x \, (Wx \rightarrow Kx)$$
$$(7) \quad \wedge x \, (Wx \rightarrow Tx)$$
$$(8) \quad \wedge x \, (Wx \rightarrow Px)$$
$$(9) \quad \wedge x \, (Wx \rightarrow Ex)$$
$$(10) \quad \wedge x \, (Wx \rightarrow Hx).$$

Weiter mögen die folgenden beiden Gesetze gelten:

$$(11) \quad \wedge x \, (Wx \rightarrow Ix)$$
$$(12) \quad \wedge x \wedge t \, (Ix \wedge Cxt \rightarrow Fxt)$$

Diese beiden Gesetze können alltagssprachlich so wiedergegeben werden: „weißer Phosphor hat eine Entzündungstemperatur von 30° C", und: „wenn immer ein Gegenstand mit dieser Entzündungstemperatur von Luft umgeben ist, die eine Temperatur von mehr als 30° C aufweist, so geht er in Flammen auf". Satz (12) ist eine etwas vereinfachte schematisierte Formulierung des fraglichen Gesetzes, das strenggenommen nur dann gilt, wenn keine störenden Bedingungen das Eintreten des Konsequens-Ereignisses verhindern.

Ferner soll der empirische Befund vorliegen, daß der Gegenstand c die fünf erwähnten Eigenschaften besitzt. Es gelten also von c die folgenden Sätze:

(13) Kc

(14) Tc

(15) Pc

(16) Ec

(17) Hc

(18) Cct_0

Die angeführten achtzehn Sätze werden als Explanans für

(19) Fct_0

vorgeschlagen, also dafür, daß dieses Objekt zum Zeitpunkt t_0 brannte. Die ersten 12 Sätze bilden dabei die Gesetzeshypothesen und die Sätze (13) bis (18) die Antecedensbedingungen des Explanans. Eine logische Ableitung von Fct_0 aus den 18 Sätzen des Explanans ist ausgeschlossen. Das Argument ist also nur ein *induktives*, obwohl darin *keine probabilistischen Hypothesen* vorkommen. Werden „W" und „I" so wie bei HEMPEL als theoretische Terme interpretiert, die anderen Prädikate hingegen als Beobachtungsterme, so haben wir es hier zugleich mit einem einfachen Fall einer *theoretischen Erklärung* zu tun.

Die Begründung dafür, (1) bis (18) als Explanans für (19) vorzuschlagen, könnte etwa so lauten: Die Tatsache, daß das Objekt c die fünf genannten Eigenschaften besitzt (Sätze [13] bis [17]), daß diese Eigenschaften voneinander unabhängig sind (Sätze [1] bis [5]) und daß sie außerdem alle notwendige Bedingungen für das Vorliegen von weißem Phosphor darstellen (Sätze [6] bis [10]), bestätigt in hohem Grade die Vermutung, daß das Objekt c aus weißem Phosphor besteht, daß also die Aussage Wc gilt. Mittels (11) kann somit auf Ic geschlossen werden. Daraus und aus (18) erhält man mittels (12) durch ein einfaches deduktives Argument (Allspezialisierung und modus ponens) die gewünschte Aussage (19). Wenn man dieses Argument als ein erklärendes Argument akzeptiert, so müßte man es ein *nichtstatistisches induktives Argument* nennen. Die induktive Komponente liegt im geschilderten Übergang von 15 „Prämissen" zu der Aussage Wc, die daraus nicht rein deduktiv gewonnen werden kann, jedoch für die folgenden Ableitungsschritte benötigt wird.

Läßt man erklärende Argumente von dieser Art überhaupt zu, so muß die frühere Alternative „entweder deduktiv-nomologische oder statistische Erklärung" fallengelassen werden; denn die Forderung der strengen Deduzierbarkeit wird jetzt nicht nur im statistischen Fall preisgegeben.

Man müßte überdies wieder eine zeitliche Relativierung des Erklärungsbegriffs in Kauf nehmen, da die hier verwendete Bestätigungsrelation im pragmatischen Sinn zu verstehen ist, um sie auf eine konkrete Wissenssituation wie die geschilderte anwenden zu können. Was zu *einer* Zeit gut bestätigt ist, braucht ja nicht auch zu einer *anderen* Zeit gut bestätigt zu sein.

Falls einem die induktive Basis für den geschilderten Schluß auf Cct_0 als zu schwach erscheinen sollte, so könnte diese Basis durch weitere Gesetzmäßigkeiten und Beobachtungsresultate verstärkt werden, etwa durch solche von der folgenden Art: Es mögen genau zwei weitere Eigenschaften Q_1 und Q_2 bekannt sein, die sowohl miteinander wie mit der Eigenschaft, weißer Phosphor zu sein, unverträglich sind. Ferner mögen die Analoga zu den für W geltenden fünf Gesetzmäßigkeiten (6) bis (10) auch für sie Gültigkeit besitzen. Wäre nichts weiter bekannt, so würde dies den obigen Schluß auf Wc als fraglich erscheinen lassen. Denn aus den Beobachtungsresultaten (13) bis (17) könnte man mit demselben Recht auf Q_1c oder auf Q_2c schließen (aber nicht beides); in keinem dieser zwei Fälle könnte dann das Merkmal W vorliegen. Wenn jedoch weiterhin bekannt ist, daß die Eigenschaften Q_i mit bestimmten anderen beobachtbaren Merkmalen, z. B. L und N, gesetzmäßig verknüpft sind, die an c nicht anzutreffen sind, so ist diese Alternativinterpretation der Beobachtungsergebnisse (13) bis (17) ausgeschlossen, und die Annahme, daß c tatsächlich aus weißem Phosphor besteht, hätte einen hohen Grad an Wahrscheinlichkeit. Zu der obigen Liste der induktiven Prämissen (1) bis (18) würden also die folgenden weiteren Sätze hinzutreten[8].

(20) $\quad \wedge x\,(Q_1 x \rightarrow \neg\, Wx \wedge \neg Q_2 x)$

(21) $\quad \wedge x\,(Wx \rightarrow \neg Q_2 x)$

(22) $\quad \wedge x\,(Q_1 x \vee Q_2 x \rightarrow [Kx \wedge Tx \wedge Px \wedge Ex \wedge Hx])$

(23) $\quad \wedge x\,(Q_1 x \rightarrow Lx)$

(24) $\quad \wedge x\,(Q_2 x \rightarrow Nx)$

(25) $\quad \neg\, Lc$

(26) $\quad \neg\, Nc$

(20) und (21) drücken die wechselseitige Unabhängigkeit der drei Prädikate aus. (22) besagt, daß die beiden neuen Merkmale dieselben gesetzmäßigen Merkmalsverknüpfungen aufweisen wie das Prädikat „W", also auf Grund der früheren Beobachtungsresultate als potentielle Konkurrenten von „W" in Frage kommen. (23) bis (26) schließen jedoch diese Möglichkeit aus. Die Annahme, daß keine weiteren mit „W" konkurrierenden Prädikate bekannt sind, wurde hier nicht formalisiert. Wir nennen das Argument, welches von (1) bis (18) und (20) bis (26) zu (19) führt, das Argument (J_1).

---

[8] „Q_1" und „Q_2" brauchen keine beobachtbaren Prädikate zu sein; dagegen muß die Beobachtbarkeit von den beiden Prädikaten „L" und „N" verlangt werden.

Für das geschilderte komplexe Argument ist es wesentlich, daß darin zwei völlig heterogene Formen des Räsonierens zur Anwendung gelangen, nämlich erstens *induktive* Schlüsse, die zur Annahme von Wc führen, und zweitens sich daran knüpfende *deduktive* Schlüsse, die als endgültige Conclusio das Explanandum Fct_0 haben. Angenommen, es stehe uns ein induktiver Bestätigungsbegriff zur Verfügung, wie wir ihn für das vorliegende Argument bereits vorausgesetzt haben. Ist es dann überhaupt notwendig, daß unter den Prämissen eines solchen Argumentes Gesetzeshypothesen vorkommen? Im allgemeinen Fall sicherlich nicht. Wenn wir annehmen, daß der verfügbare Bestätigungsbegriff es gestattet, von der positiven Bestätigung von Gesetzesaussagen zu sprechen[9], so können wir sogar eine *generelle Regel* dafür aufstellen, wie ein deduktiv-nomologisches Systematisierungsargument in ein induktives Argument mit derselben Conclusio umgeformt werden kann, in dem überhaupt keine Gesetzeshypothesen mehr vorkommen: Dazu ersetze man einfach alle im Explanans vorkommenden Gesetze durch endliche Klassen von Beobachtungssätzen, die eine positive induktive Bestätigungsbasis für jene Gesetzeshypothesen bilden.

Auf diese Weise gelangen wir zu der folgenden Klassifikation von Systematisierungsargumenten:

A. Deduktiv-nomologische Systematisierungen.

B. Induktive Systematisierungen.

    B. 1 Statistische Systematisierungen (mindestens ein probabilistisches Gesetz kommt unter den Prämissen wesentlich vor).

    B. 2 Nichtstatistische induktive Systematisierungen.

        B. 2.1 Systematisierungen, die unter den Prämissen mindestens ein Gesetz wesentlich enthalten.

        B. 2.2 Systematisierungen ohne Gesetzesprämissen.

Die früher diskutierten Adäquatheitsbedingungen beziehen sich nur auf A. Wegen des Vorkommens von $B.2.2$ müßte für die induktiven Systematisierungen nicht nur auf die Bedingung B_1, sondern auch auf die Bedingung B_2 verzichtet werden.

Doch kehren wir nun zur Diskussion der strukturellen Gleichheitsthese zurück. Die bisherigen Ausführungen scheinen ja nur die Konsequenz zu haben, daß wir im einen wie im anderen Fall — ob wir die These annehmen oder verwerfen — zu einer Verallgemeinerung gezwungen sind, daß also sowohl Erklärungs- wie Voraussage-Argumente den Charakter nichtstatistischer induktiver Schlüsse haben können. Dagegen lassen sich jedoch Einwendungen vorbringen.

---

[9] Dies ist keine Selbstverständlichkeit. In der Theorie von R. CARNAP haben für eine weite Klasse von Bestätigungsbegriffen — nämlich für alle, die zum sogenannten λ-System gehören — Gesetze stets den Bestätigungsgrad 0, unabhängig davon, welche Erfahrungsdaten zur Verfügung stehen.

Wir nehmen unseren Ausgangspunkt von der früheren Feststellung, daß wissenschaftliche Erklärungen im allgemeinen Antworten auf Warum-Fragen sind, sowie von der zu Beginn von I, 2 hinzugefügten Qualifikation, wonach zwischen Erklärung heischenden und epistemischen Warum-Fragen zu unterscheiden sei. Diese Doppeldeutigkeit im Begriff der Warum-Frage läßt sich am besten verdeutlichen, wenn wir den Erklärungskontext verlassen und statt dessen rationale Prognosen betrachten. Eine Person X behauptet zum Zeitpunkt t_0, daß zu einem *späteren* Zeitpunkt t_1 das Ereignis z stattfinden werde. Man kann X herausfordern, für diese Behauptung eine Rechtfertigung zu geben. Zwei Arten solcher Herausforderungen sind zu unterscheiden; beide können durch ein „Warum" eingeleitet werden. Man kann nämlich einerseits fragen: „warum *wird* z zu t_1 stattfinden?" (a), andererseits aber auch: „warum *glaubst du*, daß z zu t_1 stattfinden wird?" (b). Jede rational befriedigende Antwort auf die Frage (a) ist auch eine auf die Frage (b), aber nicht vice versa. Wenn wir die Herausforderung im ersten Sinn verstehen, so verlangen wir von der Person X, daß sie uns „*Ursachen*" („*Seinsgründe*", „*Realgründe*") von z angibt, von denen bereits bekannt ist, daß sie eingetreten sind. Dies sind solche Ereignisse, die auf Grund der im Explanans (ausdrücklich oder unausdrücklich) angeführten Gesetzmäßigkeiten das vorausgesagte Ereignis *tatsächlich hervorrufen*. Jede Angabe solcher Ursachen ist auch eine befriedigende Reaktion auf die Frage (b). Dagegen werden beliebige andere „*Vernunftgründe*" („*Erkenntnisgründe*", „*induktive Gründe*") ebenso als befriedigende Beantwortung von (b) angesehen. Um die Behauptung zu rechtfertigen, daß man glaube, es werde etwas eintreten, genügt es, Daten anzuführen, *auf Grund derer es vernünftig ist, das Vorausgesagte anzunehmen*. Dies brauchen keineswegs Ursachen des fraglichen Ereignisses zu sein.

Ein Typus von Vernunftgründen, die keine Ursachen sind, ist dann gegeben, wenn sich der fragliche Schluß auf *Symptome* des zu erklärenden Phänomens stützt. Wir werden zur Erläuterung dafür weiter unten ein Beispiel anführen. Ein noch drastischerer Fall von Vernunftgründen, die keine Realgründe bilden, liegt dann vor, wenn man sich zur Rechtfertigung von Voraussagen *auf zuverlässige Mitteilungen kompetenter Personen* stützt. So ist es durchaus sinnvoll, sich für die Voraussage einer Sonnenfinsternis auf die Information von Fachastronomen zu stützen. Es liegt dann zwar nur ein „Glaube aus zweiter Hand" vor, der jedoch durchaus kein irrationaler Glaube ist. Wohin würde es uns auch führen, wenn wir uns im praktischen Alltag für alle Zukunftserwartungen auf *eigenes* Wissen um kausale Zusammenhänge stützen müßten, wenn unser Verhalten nicht gänzlich irrational und unvernünftig sein sollte! Der Soziologe M. WEBER hat darauf hingewiesen, daß die *Rationalität* unseres Zeitalters nicht auf einer besseren Naturerkenntnis und Naturbeherrschung durch alle Mitglieder der Gesellschaft beruhe, sondern auf den Kenntnissen und den Fähigkeiten bestimmter

Fachleute, *von denen man weiß, daß sie eine kompetente Auskunft geben könnten*[10]. Wer in eine Straßenbahn einsteigt, erwartet, daß sie ihn ans gewünschte Ziel bringen wird. Diese Zukunftserwartung ist vernünftig, obwohl kaum einer der Fahrgäste — wenn er nicht gerade ein Physiker oder Techniker ist — weiß, „wie die Straßenbahn das denn macht", sich fortzubewegen. Und wer mit gefüllter Brieftasche in einen Laden kommt, erwartet, die gewünschte Ware gegen Bezahlung zu erhalten, obwohl auch er als nicht geschulter Nationalökonom in der Regel keine Ahnung davon hat, „wie das Geld es macht", daß man etwas dafür bekommt.

Rationale Voraussage-Argumente können sich also auf *Seinsgründe* wie auf *Vernunftgründe*, die keine Seinsgründe sind, stützen. Daher genügt in diesem Fall auch eine induktive Basis für diesen Schluß; denn daß es sich um eine induktive Basis handle, besagt ja nichts anderes, als daß es vernünftig sei, auf Grund der verfügbaren Daten an das fragliche Ereignis zu glauben. Ganz anders verhält es sich bei erklärenden Argumenten. Hier verlangen wir in jedem Fall die Angabe von Ursachen oder von Seinsgründen. Dies läßt sich wieder am Beispiel zweier zu den Aussagen (a) und (b) analoger Fälle illustrieren. Hierzu stellen wir uns vor, daß die Zeit t_1 nicht in der *Zukunft*, sondern in der *Vergangenheit* liegt. An die Stelle der beiden Fragen (a) und (b) treten dann die dazu analogen Fragen: „warum hat das Ereignis z zur Zeit t_1 stattgefunden?" (a') und: „warum glaubst du, daß z zur Zeit t_1 stattgefunden hat?" (b'). Eine rationale Antwort auf (a') liefert eine Erklärung, eine rationale Antwort auf (b') dagegen in der Regel nicht. Die Beantwortung von (b') würden wir in den meisten Fällen vielmehr *als Begründung für eine historische Behauptung* bezeichnen, d. h. genauer als Begründung für die Behauptung, daß eine bestimmte historische Annahme richtig sei. Damit scheint deutlich geworden zu sein, daß rationale Voraussage-Argumente wesentlich mehr Fälle umfassen als rationale Erklärungsargumente: Wissenschaftliche Voraussagen, in denen wir uns auf die Angabe von Seinsgründen (Ursachen) stützen, könnten auch als erklärende Argumente benützt werden, wenn die pragmatischen Zeitumstände entsprechend geändert würden. Wissenschaftliche oder sonstige rationale Voraussagen hingegen, bei denen wir uns auf Vernunftargumente stützen, die keine Angabe von Ursachen liefern, würden sich bei entsprechender Änderung der pragmatischen Zeitumstände nicht in Erklärungen, sondern in Begründungen von historischen Beschreibungen verwandeln.

Aus diesem Grunde stellt I. Scheffler die Forderung auf, daß wissenschaftliche Erklärungen stets Gesetze enthalten müssen und daß nur im statistischen Fall induktive Argumente als *erklärende* Systematisierungen zugelassen werden können, daß hingegen im nichtstatistischen Fall nur deduktiv-nomologische Argumente für Erklärungen brauchbar sind. Denn

---

[10] Vgl. z. B. [Soziologie], S. 317.

allein in einer streng deduktiv-nomologischen Erklärung haben wir die Gewähr dafür, daß die angegebenen Gründe wirklich Seinsgründe für das zu erklärende Ereignis darstellen: nur in diesem Fall ist ja das Explanandum-Ereignis eine gesetzmäßige Folge der Antecedens-Ereignisse.

Wie steht es nun mit dem oben gebrachten Beispiel der Aussagen (1) bis (26)? *Sicherlich könnte ein solches Argument als rationales Voraussage-Argument Verwendung finden*: Die Prämissen liefern ja eine vernünftige induktive Basis für den Schluß auf Fct_0. Akzeptiert man hingegen die These, daß Erklärungen erst dann als adäquat zu betrachten sind, wenn darin Ursachen oder Seinsgründe angegeben werden, so kann das obige Argument *nicht* als erklärendes Argument Verwendung finden. Dies bedeutet aber nun keineswegs, daß dieses Argument im Erklärungskontext als unbrauchbar verworfen werden müßte. *Man kann es vielmehr als deduktiv-nomologisches Argument rekonstruieren.* Es wird dadurch sogar wesentlich vereinfacht; denn die Zahl der Prämissen reduziert sich von 24 auf 4. Das Argument würde jetzt nämlich so aussehen:

$$
\begin{array}{lll}
& (11) & \wedge x\,(Wx \rightarrow Ix) \\
& (12) & \wedge x \wedge t\,(Ix \wedge Cxt \rightarrow Fxt) \\
(J_2) & (18) & Cct_0 \\
& (27) & Wc \\
\hline
& (19) & Fct_0
\end{array}
$$

Die Ableitung ist eine streng deduktive. Das Explanans enthält die beiden Gesetzeshypothesen (11) und (12). Zu der Antecedensbedingung (18) ist die *neue* Bedingung (27) hinzugetreten. Diese bildete im ursprünglichen komplexeren Argument ein bloßes Zwischenresultat, das aus den 22 Prämissen (1) bis (10), (13) bis (17) und (20) bis (26) induktiv erschlossen worden war. Dieses induktive Verfahren wird nun von der eigentlichen Erklärung losgelöst und sozusagen in die „Vorgeschichte" des erklärenden Argumentes verlegt: *Die angeführten zwei Sätze bilden keine Bestandteile der Erklärung selbst, sondern induktive Gründe für die Annahme einer der Prämissen des erklärenden Argumentes,* nämlich der Prämisse Wc.

Durch diese methodische Aufsplitterung in induktive Gründe für die Annahme des Explanans und in die eigentliche Erklärung kann einerseits das Schema der deduktiv-nomologischen Erklärung auch in einem Fall wie dem vorliegenden gerettet werden; andererseits kann man auf diese Weise dem obigen Einwand begegnen, daß ein induktives Argument wie das geschilderte für Erklärungszwecke unbrauchbar sei.

Statt die induktiven Gründe als Bestandteil des Explanans aufzufassen, werden sie also nach dem neuen Vorschlag als etwas gedeutet, *was den Glauben an das Explanans rechtfertigt.* Da es, wie wir früher gesehen haben, auch eine Verwendung von „Erklärung" gibt, die mit „Rechtfertigung" synonym ist, könnte man in diesem ganz anderen Sinn von Erklärung sprechen. Zwei kategorial verschiedene Typen von Erklärungen wären dann hintereinandergeschaltet: eine Erklärung im Sinn einer induktiven Rechtfertigung des Explanans und eine sich daran knüpfende Erklärung im Hempel-Oppenheim-Sinn.

Der Einwand gegen die erste Teilthese ist damit aber keineswegs entkräftet. Der geschilderte Trick der Überführung des Argumentes (J_1) in das Argument (J_2) durch methodische Abtrennung der induktiven Gründe für das in (J_2) benötigte Explanans vom Systematisierungsargument selbst war wesentlich, um das Argument *als erklärendes Argument* rekonstruieren zu können. Denn nur vom Argument (J_2), nicht aber vom Argument (J_1), können wir sagen, daß es die Ursachen des zu erklärenden Phänomens angebe und somit eine Erklärung heischende Warum-Frage beantworte. *Für ein analoges Voraussage-Argument braucht eine entsprechende Umdeutung nicht zu erfolgen.* Hier genügt es ja, eine befriedigende induktive Basis für das vorausgesagte Ereignis zu liefern. Und dies wird bereits durch das Argument (J_1) bewerkstelligt.

An der früheren Feststellung, daß rationale Voraussagen mehr Fälle umfassen als rationale Erklärungen (nämlich auch Gegenstücke zu Begründungen für historische Behauptungen), ändert sich auf Grund dieser Überlegungen nichts. Doch dürfte jetzt klar geworden sein, inwiefern drei weitere Argumente gegen die erste Teilthese der strukturellen Gleichheitsbehauptung eigentlich *nur verschiedene Aspekte eines und desselben Argumentes* sind: Im *Ursachen-Argument* wird behauptet, daß Erklärungen Realgründe zu liefern haben, während für Voraussagen auch Vernunftgründe genügen. Im *Gesetzes-Argument* wird verlangt, daß eine rationale Erklärung, nicht dagegen eine rationale Voraussage, unbedingt eine Gesetzeshypothese im Explanans wesentlich enthalten müsse. Im *Induktionsargument* wird darauf hingewiesen, daß nur im Fall rationaler Voraussagen induktive Argumente auch dann benützt werden dürfen, wenn an keine statistischen Gesetzmäßigkeiten appelliert wird. Aus der Diskussion des obigen Beispiels war bereits zu ersehen, wie diese Argumente untereinander zusammenhängen. In kurzer Zusammenfassung kann dieser Zusammenhang so charakterisiert werden: Eine rationale Erklärung darf im Gegensatz zu einer rationalen Voraussage keine bloßen Vernunftgründe liefern (Ursachen-Argument). Induktive Argumente, in denen keine Gesetzeshypothesen verwendet werden, können jedoch nicht *mehr* geben als Vernunftgründe (Induktionsargument). Andererseits kann man von Ursachen nur sprechen relativ auf bestimmte allgemeine Gesetzmäßigkeiten; daher muß ein erklärendes Argument Gesetze enthalten (Gesetzes-Argument).

Später wird sich allerdings zeigen, daß zwischen diesen drei Argumenten keine vollkommene Äquivalenz besteht, sondern daß das Ursachen-Argument stärker ist als die beiden anderen Argumente. Man kann nämlich Fälle von deduktiv-nomologischen Systematisierungen konstruieren — also von Systematisierungen, die sowohl im Einklang mit dem Gesetzes-Argument stehen wie mit dem Induktionsargument —, in denen aber trotzdem keine Ursachen geliefert werden, so daß wir bei ihnen daher zögern würden, von Erklärungen eines Ereignisses zu sprechen.

Zum Abschluß soll noch ein Beispiel aus dem naturwissenschaftlichen Alltag, nämlich der *ärztlichen Praxis* gebracht werden, für das sich die Unterscheidung zwischen *Ursachen* und *Symptomen* als bedeutsam erweist. Schlüsse, die wir aus Symptomen für etwas ziehen, rechtfertigen unseren Glauben an das Vorliegen oder Eintreten des Phänomens, für das wir Symptome gefunden haben, geben jedoch keine Ursachen für dieses Phänomen an. Daher eignen sich solche Argumente auch für Voraussagen, nicht jedoch für Erklärungen.

Ein Arzt wird zu einem Patienten geholt und stellt bei diesem fünf Merkmale fest: einen erhöhten Puls, eine veränderte Pupillenreaktion, eine belegte Zunge, einen erhöhten Blutdruck und Schmerzen bestimmter Art. Der Arzt *sagt voraus*, daß der Patient in wenigen Stunden hohes Fieber bekommen werde. Im normalen Fall wird man eine derartige Voraussage als *rational* bezeichnen. Ein solcher Normalfall liegt z. B. dann vor, wenn die angeführten Merkmale Symptome für den Anfangszustand einer bestimmten Krankheit sind, die wenige Stunden nach Ausbrechen von hohem Fieber begleitet ist. Wie sieht das Voraussage-Argument aus? Die fünf Symptome mögen abgekürzt durch P, R, Z, B und S wiedergegeben werden. Daß bei einer Person x die fragliche Krankheit am Ausbrechen ist, werde durch „Kx" ausgedrückt, und daß x Fieber bekommen wird, durch „Fx". Unser Patient heiße „a". Das Räsonieren des Arztes kann dann in der folgenden Weise rekonstruiert werden:

$$
\begin{array}{ll}
(1) & \wedge x\,(Kx \rightarrow Px) \\
(2) & \wedge x\,(Kx \rightarrow Rx) \\
(3) & \wedge x\,(Kx \rightarrow Zx) \\
(4) & \wedge x\,(Kx \rightarrow Bx) \\
(5) & \wedge x\,(Kx \rightarrow Sx) \\
(6) & Pa \\
(7) & Ra \\
(8) & Za \\
(9) & Ba \\
(10) & Sa \\
(11) & \wedge x\,(Kx \rightarrow Fx) \\
\hline
 & Fa
\end{array}
$$

Die ersten fünf Aussagen beinhalten die Gesetze, in denen die Krankheit mit den Symptomen verbunden wird. Die letzte Prämisse beschreibt den gesetzmäßigen Zusammenhang zwischen dem Ausbrechen dieser Krankheit und dem späteren Auftreten des Fiebers. Die fünf singulären Prämissen halten das Ergebnis der ärztlichen Untersuchung fest, wonach beim Patienten die fünf Symptome angetroffen werden. Die Conclusio drückt die Prognose des Arztes aus. Es handelt sich dabei um keinen logischen Schluß aus den „Prämissen", sondern um ein induktives Argument. Das deduktiv nicht zu rechtfertigende induktive Zwischenglied ist der Übergang von den fünf singulären Prämissen (6) bis (10) sowie den Gesetzesaussagen (1) bis (5) zu der Aussage Ka, also zu der Annahme, daß der Patient von der Krankheit befallen sei.

Diese rationale Voraussage verwandelt sich *nicht* in eine rationale Erklärung, wenn wir uns die pragmatischen Zeitumstände so geändert denken, daß zum Zeitpunkt des Argumentes das Eintreten des Fiebers beim Patienten a bereits in der Vergangenheit liegt. Würden wir das Argument als Erklärungsargument akzeptieren, so müßten wir uns zu der Behauptung bekennen, daß a deshalb hohes Fieber bekommen habe, weil zu einem früheren Zeitpunkt an ihm die fünf genannten Merkmale zu beobachten waren, also ein beschleunigter Pulsschlag, bestimmte Arten von Schmerzen etc. Der Arzt hat sich für seine Voraussage auf diese fünf Symptome gestützt, und dies war ein durchaus vernünftiges Vorgehen. Es wäre jedoch unvernünftig, diese fünf Symptome im nachhinein als Ursachen des Fiebers hinzustellen. Um zu Ursachen zu gelangen, müßte man das gegebene Argument durch ein deduktiv-nomologisches Erklärungsschema zu ersetzen versuchen. Dies könnte in trivialer Weise durch Hinzufügung der Prämisse Ka geschehen. Die Aussagen (1) bis (10) würden dann keine Bestandteile der Erklärung darstellen, sondern *Rechtfertigungsgründe für die Annahme dieser singulären Prämisse des Explanans.*

1.f Einwendungen gegen die zweite Teilthese: Das Antizipations-, das Deskriptions- und das Notwendigkeitsargument. Abgesehen vom Mannigfaltigkeitsargument, in welchem auf die Vielfalt der Anwendungsmöglichkeiten wissenschaftlicher Theorien außer für erklärende oder für prognostische Zwecke hingewiesen wurde, bildeten die bisherigen Argumente ausschließlich Versuche, die erste Teilbehauptung der strukturellen Gleichheitsthese zu entkräften. Sofern auch nur einigen dieser Einwendungen recht gegeben wird, reichen prognostische Argumente über den Bereich erklärender Argumente hinaus. Darin scheint sich nur die Tatsache widerzuspiegeln, daß zwar alle Seins- oder Realgründe auch als Erkenntnisgründe oder Vernunftgründe verwertbar sind, daß es aber umgekehrt Vernunftgründe gibt, die keine Seinsgründe darstellen. Denn für rationale Erklärungen werden Realgründe benötigt, während für rationale Prognosen Erkenntnisgründe hinreichen. Unter Abstraktion vom Begriffspaar „Erklärung — Voraussage" kann man den Sachverhalt mit HEMPEL so darstellen[11]: *Jede*

---

[11] [Aspects], S. 368.

adäquate Antwort auf eine Erklärung heischende Warum-Frage ist auch eine potentielle Antwort auf eine entsprechende epistemische Warum-Frage, während die Umkehrung nicht gilt. Akzeptiert man den eben formulierten Zusammenhang von rationalen Erklärungen und Realgründen einerseits, rationalen Prognosen und Vernunftgründen andererseits, so besitzt die Gegenthese zur ersten Teilthese schon ganz unabhängig von den in den letzten Unterabschnitten behandelten Einwendungen eine gewisse Apriori-Plausibilität.

Aus demselben Grunde aber scheint die zweite Teilthese nicht anfechtbar zu sein. Dieser erste Eindruck täuscht jedoch. Auch gegen diese Teilbehauptung wurden nicht weniger als drei Einwendungen vorgebracht, über die hier kurz referiert werden soll. Den ersten Einwand nennen wir das *Antizipationsargument.* M. SCRIVEN hat darauf hingewiesen[12], daß in gewissen Fällen der *einzige* Grund dafür, eine zum Explanans gehörende Aussage zu akzeptieren, die ein Antecedensdatum beschreibt, *im Wissen darum* liegen kann, *daß das Explanandum-Ereignis stattfand.* In solchen Fällen ist das erklärende Argument aber offenbar nicht potentiell prognostisch: In einem Voraussage-Argument stützt sich das Wissen um ein künftiges Ereignis zur Gänze auf das Argument selbst; es kann daher die Kenntnis des noch unbekannten künftigen Vorkommnisses nicht eine Voraussetzung des Wissens um die in dem Argument benützten Antecedensdaten bilden. SCRIVEN bringt das folgende Beispiel: Angenommen, ein Mann habe seine Frau getötet, nachdem er erfahren hatte, daß sie ihm untreu gewesen sei. Die Handlung des Mannes wird mit seiner heftigen Eifersucht erklärt. Nun mag es zwar der Fall sein, daß für seine Neigung zur Eifersucht unabhängige und bereits vor der Tat zu gewinnende bestätigende Daten existieren. Um aber diese Tat damit zu erklären, muß man zusätzlich erkannt haben, daß die Eifersucht stark genug war, um den Mann zum Mörder zu machen. Dieses Wissen erlangt man erst, nachdem die Tat begangen worden ist. Das Wissen um das Explanandum-Ereignis bildet hier somit den einzigen Grund, um eine entscheidende Aussage des Explanans als gerechtfertigte Behauptung aufstellen zu können. In einem zweiten Beispiel[13] betrachtet er eine Situation, wo mehrere Alternativmöglichkeiten für die Erklärung offenstehen, jedoch bis auf eine eliminiert werden und zwar nur auf Grund der Information, daß das zu erklärende Ereignis stattfand: Es wird nach den Ursachen für den Einsturz einer Brücke gesucht. Mögliche Ursachen sind: übermäßige Belastung, äußere Beschädigung und Ermüdungserscheinungen des Metalls, aus dem sie besteht. Eine empirische Untersuchung stellt fest, daß die ersten zwei Faktoren nicht vorliegen, daß jedoch der dritte Faktor gegeben war. Wenn nun *die zusätzliche Information* hinzutritt, *daß die Brücke tatsächlich einstürzte,* so haben wir insgesamt die Erkenntnis gewonnen, daß die Katastrophe

---

[12] [Truisms], S. 468 ff.
[13] [Predictions], S. 181 ff.

mittels der Metallermüdung zu erklären ist, daß diese also die Ursache für den Einsturz bildete.

Wir bezeichneten dieses Argument gegen die zweite Teilthese als das Antizipationsargument; denn es besagt ja folgendes: Um erklärende Argumente von dieser Art für Voraussagezwecke verwenden zu können, müßten wir imstande sein, das zu prognostizierende künftige Ereignis *als mit Sicherheit eintretendes zu antizipieren*. Denn auf eine andere Weise gelangen wir nicht zu einer hinlänglichen Stützung der Antecedensdaten, so daß wir diese als Prämisse des Argumentes verwenden können. Eine solche Antizipation aber ist natürlich ausgeschlossen.

Ein anderes Argument gegen die zweite Teilthese geht auf S. TOULMIN und S. F. BARKER zurück[14]. Es läßt sich am plausibelsten anhand des Toulminschen Beispiels der Darwinschen Theorie demonstrieren. Die Entstehung der Tier- und Pflanzenspecies wird hier durch Mutation und natürliche Selektion erklärt. Während der Darwinschen Theorie somit vom Wissenschaftler die Fähigkeit, Erklärungen zu liefern, zugesprochen wird, ist sie noch niemals dazu benützt worden, um die Entstehung ganz bestimmter neuartiger organischer Wesen vorauszusagen. Die kompetenten Fachleute würden auch jeden derartigen Versuch als von vornherein zum Scheitern verurteilt betrachten. Wir nennen dieses Argument *Deskriptionsargument*. Der Grund dafür wird aus der kritischen Diskussion ersichtlich werden.

Unter dem *Notwendigkeitsargument* soll ein wieder auf SCRIVEN zurückgehender Einwand verstanden werden[15]. Nach seiner Auffassung finden adäquate Erklärungen häufig ihren Niederschlag in Wendungen von der Gestalt „die *einzige Ursache* des Ereignisses *e* ist X", also z. B. „Syphilis ist die einzige Ursache der progressiven Paralyse". Erfahren wir, daß ein bestimmter Patient progressive Paralyse hat, so können wir dafür unter Berufung auf diese zutreffende Proposition die Erklärung geben, daß dies so sei, weil er vorher unter Syphilis gelitten habe. Da jedoch nur ein sehr kleiner Prozentsatz von Personen, die an Syphilis erkranken, später progressive Paralyse bekommen, könnten wir unter Verwendung des Erfahrungsdatums, daß N. N. an Syphilis erkrankt sei, nicht in analoger Weise voraussagen, daß N. N. in der Zukunft progressive Paralyse entwickeln werde. (Unter Benützung der Terminologie des folgenden Kapitels müßten wir im vorliegenden Fall sogar sagen, daß wir die stark probabilistische Prognose aufstellen könnten, er werde *nicht* progressive Paralyse bekommen.)

---

[14] S. TOULMIN [Forsight], S. 24f. und S. F. BARKER [Simplicity].
[15] [Predictions].

2. Kritische Diskussion der strukturellen Gleichheitsthese

2.a Elimination unproblematischer Fälle und Zurückweisung der Einwendungen gegen die zweite Teilthese. In diesem Abschnitt sollen die Argumente für und gegen die strukturelle Gleichheitsthese einer Kritik unterzogen werden. Zwei Argumente akzeptieren wir von vornherein: das Aussageargument sowie das Mannigfaltigkeitsargument. Denn sicherlich müssen wir uns auf den Vergleich *rationaler* Voraussagen und Erklärungen, also auf den Vergleich prognostischer und erklärender *Argumente* beschränken. Und daß es die in 1.d geschilderten zahlreichen Arten von Systematisierungsargumenten außer Erklärungen und Voraussagen gibt, ist nicht zu bestreiten. Über die Frage des Verhältnisses von rationaler Voraussage und wissenschaftlicher Erklärung ist damit aber noch nichts entschieden.

Von den drei Argumenten gegen die zweite Teilthese können wir allerdings leicht feststellen, daß sie nicht stichhaltig sind[16]. Was das *Notwendigkeitsargument* betrifft, so wird darin behauptet, daß eine naturgesetzlich notwendige Bedingung ein Vorkommnis zu erklären vermöge, wenn es auch für dessen Voraussage nicht hinreiche. Die erste Annahme ist jedoch nur scheinbar zutreffend. Sie stützt sich auf den vagen alltäglichen Gebrauch von „Ursache", gemäß welchem eine irgendwie pragmatisch ausgezeichnete Antecedensbedingung mit diesem Namen belegt wird, ohne daß sich dafür eine logische Rechtfertigung geben ließe. Würde man, wie dies von SCRIVEN offenbar intendiert ist, generell von Bedingungen, die für ein Ereignis naturgesetzlich notwendig sind, sagen können, daß sie dieses Ereignis erklären, so würde man unvermeidlich zu Absurditäten gelangen. Wenn sich z. B. in einer Spielbank, in welcher für Herren Frackzwang besteht, der seltene Fall ereignet, daß ein Mann die Bank sprengt, so dürften wir gemäß dieser Konvention behaupten, daß sich das Ereignis damit erklären lasse, daß der Betreffende einen Frack an hatte; denn nur ein Mann im Frack wird überhaupt zum Spiel zugelassen und kann u. U. die Bank sprengen.

Was das *Deskriptionsargument* von TOULMIN betrifft, so weist HEMPEL darauf hin[17], daß dieses seine scheinbare Plausibilität auf zwei fehlerhafte Tendenzen stützt, nämlich erstens auf die Neigung, die rein beschreibende *Geschichte* der Evolution mit der *Theorie* der Evolution zu verwechseln, welche die dieser Geschichte zugrundeliegenden Prozesse zu erklären gestatte; und zweitens auf die Neigung, die *Leistungsfähigkeit* der Theorie der Mutation und der natürlichen Auswahl für die Erklärung von Einzelheiten aus dieser Geschichte *zu überschätzen*. Die Evolutions*geschichte* erklärt natürlich in keiner Weise, warum z. B. in Trias und Jura die verschiedenen Arten von Dinosauriern entstanden und zu einer viel späteren Zeit wieder ausstarben. Wir haben dieses Argument — sozusagen die Polemik dagegen

---

[16] Vgl. dazu auch HEMPEL [Aspects], S. 369 ff.
[17] a. a. O., S. 170.

vorwegnehmend — als Deskriptionsargument bezeichnet. In Ergänzung zu diesen Hempelschen Bemerkungen muß man allerdings feststellen, daß ohne Zweifel die Evolutionstheoretiker wichtige Erklärungsansätze für Vorgänge liefern, über die in der Evolutionsgeschichte berichtet wird. Allerdings handelt es sich dabei fast ausschließlich entweder um bloß partielle Erklärungen bzw. um andere Formen unvollkommener Erklärungen oder um empirisch fundierte Erklärbarkeitsbehauptungen (vgl. I,5, insbesondere I,5.d, sowie I,8). Eine solche partielle Erklärung liegt, um nur ein Beispiel herauszugreifen, vor, wenn die Verbreitung der Gefäßpflanzen über das Festland durch Bezugnahme auf zwei histologische Produkte: Leitbündel und Spaltöffnung, sowie auf zwei biochemische „Erfindungen" der Pflanzen, des Lignins und des Cutins, erklärt wird[18]. Hier werden gewisse äußerst wichtige notwendige Bedingungen für den Eroberungszug der Gefäßpflanzen über das Festland angeführt. Trotz dieser Einschränkung der Hempelschen Erwiderung auf das konkrete Beispiel bleibt die Kritik am Deskriptionsargument im Prinzip erhalten. Nur wird man in bezug auf gewisse Kontexte eher sagen müssen, daß es die Unvollständigkeit bzw. der bloß existentiale Charakter einer Erklärbarkeitsbehauptung ist, die diese scheinbare Divergenz erzeugen. Denn wie wir schon früher feststellten, lassen sich alle Spielarten der unvollkommenen Erklärung ebensowenig wie bloße Erklärbarkeitsbehauptungen für prognostische Zwecke verwerten. Man kann natürlich die Gegenthese zur zweiten Teilthese durch eine Festsetzung in eine trivial richtige Aussage verwandeln, nämlich durch die Festsetzung, entweder unvollkommene Erklärungen oder Erklärbarkeitsbehauptungen oder beides in den strengen Begriff der wissenschaftlichen Erklärung mit einzubeziehen.

Was schließlich das *Antizipationsargument* anbelangt, so wird hier eine gewisse Verwirrung dadurch gestiftet, daß zwei Arten von Zusammenhängen vermengt werden, die methodisch scharf auseiandergehalten werden sollten: der *Erklärungszusammenhang* und der *Bestätigungszusammenhang*. SCRIVEN macht in dem Argument die zweifellos interessante Beobachtung, daß in gewissen Fällen das Explanandum eine so starke induktive Stütze für bestimmte zum Explanans gehörende Sätze bildet, daß es ohne diese Stützung nicht dazu gekommen wäre, das Explanans in seiner Gänze zu akzeptieren. *Dies bedeutet aber keineswegs, daß das vorliegende erklärende Argument nicht prognostisch verwertbar gewesen wäre.* Für eine derartige Verwertbarkeit genügt die Richtigkeit der irrealen Konditionalaussage, daß das erklärende Argument für die Voraussage des Explanandums verwendet werden könnte (oder hätte verwendet werden können), *falls* die im Explanans enthaltene Information zur Verfügung stünde (gestanden hätte). Tatsächlich beinhaltet diese irreale Konditionalaussage nichts anderes als eine Neuformulierung der zweiten Teilthese. Diese steht somit in keinem Widerspruch zu der von

---

[18] Vgl. K. MÄGDEFRAU [Paläobiologie] und R. DEHM [Vorzeit].

Scriven gemachten Beobachtung; denn die letztere besagt ja nur, daß die Bedingung jenes Wenn-Satzes in gewissen Fällen nicht erfüllt ist. Davon, wie die fragliche Information zu erhalten sei, ist in der zur Diskussion stehenden Teilthese aber überhaupt nicht die Rede. In einigen Fällen mag es wohl so sein, daß man dafür *in der augenblicklichen Wissenssituation* auf das Explanandum zurückgreifen muß. Auch dann aber *hätte* stets die Information *auf andere Weise* und *unabhängig vom Explanandum* gewonnen werden können. Und dies ist hinreichend, um mit Recht sagen zu können, daß jede adäquate deduktiv-nomologische Erklärung ein potentielles Voraussageargument bildet[19].

Es wäre auf der anderen Seite ein zu weitgehender Gegeneinwand gegen das von Scriven vorgebrachte Argument, wollte man behaupten, daß Erklärungen, in denen ein zum Explanans gehörender Satz A_1 nur auf Grund der durch das Explanandum E erlangten Stützung akzeptiert wird, zirkulär sind. Auch dieser potentielle Gegeneinwand würde auf einer Verwechslung von Erklärungs- und Bestätigungszusammenhang beruhen. Denn nur als Antwort auf die im Bestätigungskontext auftretende Frage: „welche Gründe sprechen dafür, die zum Explanans gehörenden Aussagen als richtig zu akzeptieren?" würde u. a. auf das Explanandum E als Rechtfertigungsinstanz Bezug genommen werden. Dagegen tritt die Behauptung, daß das Explanandum-Ereignis stattfand, nicht *als Bestandteil* des Explanans auf, so daß von einem Erklärungszirkel nicht die Rede sein kann.

Hempel weist darauf hin[20], daß die Bestätigung von Explanans-Aussagen durch das Explanandum nicht nur in Fällen von der Art der Scrivenschen Beispiele auftritt, in denen die entscheidende „erklärende Hypothese" besagt, daß ein bestimmter relevanter Faktor stark genug war, um das Explanandum-Ereignis hervorzurufen. Als einen Fall von anderer Art führt Hempel das folgende interessante Beispiel an: Es wird ein Absorptionsspektrum eines bestimmten Fixsternes untersucht. In diesem Spektrum treten bei gewissen Wellenlängen dunkle Linien oder Streifen auf. Dieses Phänomen gilt es zu erklären. Die entscheidende Hypothese für die Erklärung bildet die Annahme, daß die Atmosphäre jenes Sternes gewisse Stoffe (Wasserstoff, Helium etc.) enthält, deren Atome Licht von bestimmter Wellenlänge absorbieren, also nicht durchlassen, so daß das an sich kontinuierliche Spektrum von dunklen Linien durchzogen wird. Da die Absorptionslinien für die einzelnen Stoffe charakteristisch sind, kann es nun der Fall sein, daß mangels anderer verfügbarer Daten das hier vorliegende Explanandum (also das Vorliegen dieses ganz bestimmten Absorptionsspektrums) das einzige verfügbare Erfahrungsdatum bildet, um die

---

[19] Vgl. auch die detaillierte Analyse des Sachverhaltes am Beispiel des durch intensive ultraviolette Bestrahlung hervorgerufenen Hautkrebses bei Hempel [Aspects], S. 373f.

[20] [Aspects], S. 372.

fragliche Hypothese über die Zusammensetzung der Atmosphäre jenes Sternes empirisch zu stützen. Strenggenommen ist dies, wie HEMPEL betont, eine vereinfachende Schilderung des Sachverhaltes; denn diese Stützung der für die Erklärung verwendeten Hypothese erfolgt *auf dem Wege über gewisse hypothetische Annahmen*, z. B. jene Prinzipien der Optik, durch welche bestimmte gasförmige Stoffe mit entsprechenden dunklen Linien im Absorptionsspektrum verbunden werden, sowie Annahmen über die Struktur des benützten Spektroskops. Nimmt man diese anderen Hypothesen als gegeben an, so erfährt die erklärende Hypothese deshalb eine besonders starke Stützung, weil man auf der Grundlage jener Hypothesen zu der Erkenntnis gelangen kann, daß die im Absorptionsspektrum beobachteten dunklen Linien *nur* dann vorkommen können, wenn die angeführten Elemente in der Sternatmosphäre vorkommen.

HEMPEL erscheint dieser Sachverhalt als so wichtig, daß er Erklärungen von dieser Art „*selbstbestätigende*" (self-evidencing) Erklärungen nennt. Und er macht darauf aufmerksam, daß in einem gewissen Sinn jede Erklärung (mit wahrem Explanandum) selbstbestätigend sei, da sich die Auffassung vertreten lasse, daß der Eintritt des Explanandum-Ereignisses selbst dann eine zusätzliche induktive Stütze für das Explanans bilde, wenn das letztere auf Grund von unabhängigen Daten akzeptiert worden sei.

Es muß jedoch aus prinzipiellen Gründen als fraglich erscheinen, ob man mit einem solchen Begriff wie dem der selbstbestätigenden Erklärung überhaupt operieren sollte. Bereits die Benützung des Prädikates „selbstbestätigend" scheint ein zu großes Zugeständnis an den Vertreter der Gegenthese zu beinhalten. Dieser Begriff ist ja dem *Bestätigungszusammenhang* entnommen, wird aber dann auf den Grundbegriff des *Erklärungszusammenhanges*, nämlich den Erklärungsbegriff selbst, angewendet. Hält man an der methodischen Trennung zwischen Erklärungs- und Bestätigungszusammenhang fest, so muß man bei der Analyse erklärender Argumente davon abstrahieren, auf welchem Wege das Wissen um das Explanans gewonnen worden ist. Natürlich ist es wichtig, über die verschiedenen Arten dieser Wissensgewinnung zu reflektieren. Dagegen soll hier nicht polemisiert werden. Die Frage ist nur die, ob es ratsam sei, für bestimmte Arten dieser Wissensgewinnung bzw. -bestätigung eigene Prädikate einzuführen, die *als Prädikate des erklärenden Argumentes* konstruiert sind, dem sie zu- oder abgesprochen werden.

2.b Präzisierung einiger Begriffe. Diskussion der restlichen Einwendungen gegen die erste Teilthese. Wenn wir darin übereinstimmen, daß wir das Aussageargument aus den geschilderten Gründen außer Betracht lassen, das Mannigfaltigkeitsargument akzeptieren und die drei eben erörterten Einwendungen als nicht überzeugend zurückweisen, so verbleibt noch immer ein großer Spielraum für Meinungsverschiedenheiten. An dieser Stelle beginnt jedoch die Situation komplizierter zu werden. Daß wir hier noch immer große Differenzen in den Auffassungen der einzelnen Autoren vorfinden, dürfte wenigstens zum Teil darauf zurückzuführen sein, daß eine Reihe von Begriffen, die in dieser Diskussion benützt werden, nicht hinreichend geklärt worden sind. Wie sich zeigen wird, gelangt man zu anderen Resultaten, je nachdem, für welche Art von Präzisierung man sich entschließt. Auf zwei begriffliche Unklarheiten stoßen wir bereits bei den Ausdrücken, die in der Formulierung der Frage: „besteht eine strukturelle Gleichheit oder eine strukturelle Divergenz zwischen Erklärung und Voraussage?" verwendet werden. Was ist hier unter struktureller Gleichheit bzw. Divergenz genauer zu verstehen und wie sind die verschiedenen Arten wissenschaftlicher Systematisierungen, darunter insbesondere Erklärung und Voraussage, voneinander abzugrenzen? Zum Teil sind im Verlauf der Auseinandersetzung neue Begriffe eingeführt worden, ohne daß diese hinreichend geklärt worden wären. Dazu gehört z. B. die Unterscheidung zwischen Seins- und Vernunftgründen sowie die zwischen Ursachen und Symptomen, ferner die Abgrenzung zwischen dem, was zu einem Zeitpunkt als gegeben zu betrachten ist, und dem, was später zur Verfügung gestellt wird.

Wir beginnen mit einigen Betrachtungen über den Begriff der strukturellen Gleichheit. Dazu müssen wir zunächst als Hilfsbegriff den bereits in 1.d benützten Begriff der *pragmatischen Umstände* präzisieren. Dieser umfaßt zwei Komponenten. Wir beginnen mit den pragmatischen Zeitverhältnissen. Ein wissenschaftliches Systematisierungsargument bezeichnen wir abkürzend mit D. Dabei ist dieses Argument nicht als eine syntaktische oder als eine semantische Relation zwischen Aussagen in abstracto zu verstehen, sondern analog zu den Aussagen A, E und G als eine konkrete, mehr oder weniger komplexe *Äußerung* zu interpretieren, die von einer bestimmten Person (oder Personengruppe) zu einer bestimmten Zeit gemacht wird. Diese Deutung ist für das Folgende wesentlich, da nur unter dieser Voraussetzung D mit einem Zeitindex versehen werden kann. Unter den *pragmatischen Zeitverhältnissen* verstehen wir so wie früher die zeitlichen Relationen zwischen D einerseits, den beiden Ereignissen a (Antecedens-Ereignis) und e (Konsequens-Ereignis) andererseits. Sollte a aus mehreren Teilen bestehen, die zu verschiedenen Zeiten stattfinden (z. B. einige vor e, andere später als e), so sind sämtliche zeitliche Relationen zwischen D und all diesen Teilen von a zu nehmen. Von diesen pragmatischen Zeitverhältnissen unterscheiden wir die *gegenständlichen Zeitverhältnisse*[21] zwischen a und e bei Nichtberücksichtigung von D. Diese beiden Zeitrelationen sind vielfach nicht klar voneinander unterschieden worden. Daß sie für die fragliche Differenzierung von Wichtigkeit sein können, zeigt die Betrachtung einiger früher diskutierter Fälle, z. B. der erste Fall in 1.d. Dort war uns

---

[21] In STEGMÜLLER [Systematisierung], wurde stattdessen von der ontologischen Zeitrelation gesprochen.

ein prognostisches Argument vorgegeben, das dennoch nicht als eine Prognose bezeichnet werden konnte, da das erschlossene Ereignis bereits in der Vergangenheit lag. Die gegenständliche Zeitrelation ist hier dieselbe wie die in einer Prognose i. e. S., nämlich $a < e$; dagegen ist eine der pragmatischen Zeitrelationen anders als im Fall einer Prognose, nämlich nicht $E < e$ (bzw. $D < e$), sondern $e < E$.

Die *pragmatische Relation des Gegebenseins* betrifft die Frage, welche der drei Konstituenten A, G und E des Systematisierungsargumentes D zunächst gegeben und welche im nachhinein zur Verfügung gestellt (d. h. gesucht und gefunden) werden. Eine Unterscheidung von dieser Art machen wir tatsächlich immer, wenn wir wissenschaftliche Prognosen und Erklärungen inhaltlich zu charakterisieren versuchen: Im Fall einer rationalen Voraussage kann E gar nicht zunächst gegeben sein; denn wir erlangen ja davon erst durch die Ableitung aus A und G Kenntnis. Im Fall einer Erklärung hingegen ist E zunächst gewußt, während geeignete Gesetze und Antecedensbedingungen im nachhinein gesucht werden. HEMPEL und OPPENHEIM hatten zunächst *nur* diese Unterscheidung im Auge, als sie wissenschaftliche Erklärungen und Voraussagen voneinander abgrenzten. Da die beiden angeführten Zeitverhältnisse nicht unabhängig davon berücksichtigt worden waren, kam es zu den erwähnten paradoxen Konsequenzen.

So anschaulich diese Unterscheidung auch zunächst anmutet, so schwierig ist es, ein zugleich präzises wie adäquates Kriterium für diesen Unterschied „zunächst gegeben — nachträglich zur Verfügung gestellt" zu finden. Soll „E ist der Person x zur Zeit t gegeben" besagen, das x diese Aussage zum fraglichen Zeitpunkt als Behauptung äußert oder daß sie diese Behauptung aufstellt und außerdem E gut bestätigt oder gut bestätigt und darüber hinaus richtig ist? Oder soll dies besagen, daß X an die Richtigkeit von E zu t glaubt und dieser Glaube in einem noch zu präzisierenden Sinn *gerechtfertigt* war? [22]

Es dürfte kaum möglich sein, hier zu einer genaueren Begriffsbestimmung zu gelangen, ohne eine Theorie der Akzeptierbarkeit von Hypothesen vorauszusetzen, d. h. eine Theorie, in der Regeln dafür aufgestellt werden, unter welchen Bedingungen eine Aussage als wahr angenommen, also in das System der von uns tatsächlich geglaubten Propositionen eingeschlossen werden dürfe. Um die Schwierigkeiten deutlich zu machen, versuchen wir eine Begriffsbestimmung. Setzen wir also einen Begriff der Akzeptierbarkeit voraus, so können wir sagen: Daß in einer Voraussage A und G *gegeben* sind, während E erst *im nachhinein gewonnen* wird, soll besagen, daß A und G (1) zum fraglichen Zeitpunkt als wahr geglaubt wurden, (2) dieser Glaube als Behauptung geäußert worden ist, (3) A und G unabhängig von E *akzeptierbar* waren, während (4) E sich erst durch Ableitung aus A

---

[22] P. PATEL [Probleme], S. 7 ff.

und G als akzeptierbar erwies und (5) ebenfalls geglaubt und (6) als wahr behauptet wurde. Diese Bestimmung stützt sich darauf, daß Aussagen, die aus akzeptierbaren Sätzen deduktiv oder induktiv erschlossen wurden, ebenfalls akzeptierbar sind, sowie daß nicht für sich akzeptierbare Aussagen nur dadurch akzeptierbar werden können, daß man sie aus anderen akzeptierbaren Aussagen erschließt. Im Fall einer Erklärung verhält es sich dagegen so, daß E tatsächlich für richtig gehalten und auch behauptet wird und außerdem *unabhängig von* A und G akzeptierbar ist (z. B. auf Grund historischer Berichte). Nicht das *faktische* Akzeptieren, sondern die *Akzeptierbarkeit* auf Grund anderer Aussagen ist in beiden Fällen wesentlich. Denn auch im Fall einer irrationalen Voraussage kann E geglaubt und behauptet werden, und diese Behauptung kann sogar gerechtfertigt sein. Aber soweit diese Rechtfertigung auf geeignete vergangene Antecedensbedingungen und Gesetze Bezug nehmen muß, ist E nicht ohne diese anderen Aussagen akzeptier*bar*.

Die Hoffnung, daß diese plausible Begriffsbestimmung das Gewünschte leistet, wird jedoch rasch zerstört. Die Hauptschwierigkeit liegt in der obigen Aussage (4): Zu verlangen, daß E *nur* auf Grund einer Ableitung aus A und G akzeptierbar wird, hätte zur Folge, daß im Fall einer wissenschaftlichen Voraussage E fast immer als gegeben betrachtet werden müßte, da der Sachverhalt (4) kaum jemals vorliegt. Dasselbe E könnte ja auch aus *anderen* Antecedensbedingungen und einer *anderen* (etwa einer allgemeineren) Theorie abgeleitet werden. Ändert man dagegen die obigen Bestimmungen dadurch, daß in (4) die Wendung „durch Ableitung aus A und G akzeptierbar" ersetzt wird durch die schwächere Forderung „auf Grund einer deduktiven oder induktiven Begründung aus anderen Aussagen akzeptierbar", so erhält man das inadäquate Resultat, daß auch in einer Erklärung eines vergangenen Ereignisses E „nachträglich gefunden" wird; denn eine historische Behauptung E ist stets nur auf Grund anderer Aussagen, z.B. auf Grund von Beobachtungssätzen über *gegenwärtig vorliegende* historische Dokumente, akzeptierbar.

Ohne weitere Qualifikationen gelingt es also auf diesem Wege nicht, für Erklärungen eine andere pragmatische Situation des Gegebenseins zu konstruieren als für Voraussagen.

Eine naheliegende Qualifikation von der gewünschten Art bestünde darin, sich auf die im Explanans vorkommenden Gesetzesaussagen zu konzentrieren. Da alles, was mit Hilfe einer Theorie (z. B. der Keplerschen Gesetze) ableitbar ist, auch mit Hilfe einer allgemeineren Theorie (z. B. der Theorie Newtons) abgeleitet werden kann, müßte das Kriterium so lauten: Im Fall einer Erklärung ist das tatsächlich akzeptierte E akzeptierbar, ohne daß auch G oder eine Verallgemeinerung davon akzeptierbar sein müßte, während im Fall einer Voraussage E nur auf Grund von G oder einer Verallgemeinerung davon (sowie gewisser anderer Aussagen) akzeptierbar ist.

Damit ist man allerdings — ganz abgesehen von anderen potentiellen Einwendungen gegen diese Definition — auf das in I, 3 erwähnte Problem zurückverwiesen, den Begriff der Verallgemeinerung eines Gesetzes bzw. einer Theorie zu explizieren, der unnatürliche Fälle, wie die konjunktive Zusammenfassung des Gesetzes und eines beliebigen anderen Satzes, ausschließt.

Man könnte stattdessen auch so vorgehen, daß man auf ein allgemeines Kriterium verzichtet und von Fall zu Fall auf Grund inhaltlicher Überlegungen entscheidet, was „vorgegeben" und was „nachträglich zur Verfügung gestellt" wird, wobei man sich vor allem auf die zeitliche Reihenfolge der fraglichen Äußerungen stützt. Im folgenden wollen wir voraussetzen, daß es *sinnvoll* ist, von diesen pragmatischen Bedingungen des Gegebenseins zu reden, gleichgültig, ob man den angedeuteten Explikationsversuch erfolgreich zu Ende führen zu können glaubt oder ob man es vorzieht, sich mit einer von Fall zu Fall vorzunehmenden ad-hoc-Entscheidung zu begnügen.

Wenn wir also unter den pragmatischen Umständen die pragmatischen Zeitverhältnisse plus die pragmatische Relation des Gegebenseins verstehen und darin übereinkommen, daß für den Unterschied von rationalen Erklärungen und rationalen Voraussagen nur die pragmatischen Umstände maßgebend sind, so können wir die folgende Explikation versuchen:

Def.1 „Es besteht eine *strukturelle Gleichheit* zwischen Erklärung und Voraussage" soll heißen: (1) Zu jedem Systematisierungsargument D_1, welches die Merkmale eines Erklärungsargumentes besitzt, existiert ein anderes Systematisierungsargument D_1', welches die Merkmale eines Voraussageargumentes aufweist, so daß sich D_1 und D_1' voneinander nur durch pragmatische Umstände unterscheiden. (2) Zu jedem Systematisierungsargument D_2, welches die Merkmale eines Voraussageargumentes besitzt, gibt es ein anderes Systematisierungsargument D_2', das die Merkmale eines Erklärungsargumentes hat, so daß sich D_2 und D_2' nur durch pragmatische Umstände unterscheiden.

Man könnte sich überlegen, ob dieser Begriff eine derartige Verallgemeinerung zulasse, daß er auf alle Typen von wissenschaftlichen Systematisierungen anwendbar wird. Zwei Möglichkeiten bieten sich hier an: Im einen Fall behält man die Form dieser Definition bei und ersetzt die Ausdrücke „Erklärungsargument" und „Voraussageargument" durch allgemeinere Ausdrücke von der Gestalt „Systematisierungsargument vom Typus Y" und „Systematisierungsargument von einem von Y verschiedenen Typus". Dann würde sich die *allgemeine* strukturelle Gleichheitsthese, wonach sich *alle* Arten von wissenschaftlichen Systematisierungen nur durch pragmatische Umstände voneinander unterscheiden, sofort *als ungültig* erweisen, da sich z. B. Retrodiktionen und Voraussagen durch mehr als solche Umstände unterscheiden, nämlich durch die gegenständliche Zeitrelation (die im einen Fall $a < e$, im anderen Fall $e < a$ lautet). Um einem solchen trivialen Ergebnis zu entgehen, müßte man in einer entsprechenden weiteren Definition die Wendung „nur durch die pragmatischen Umstände" zumindest ersetzen durch „nur durch die pragmatischen Umstände oder durch die gegenständliche Zeitrelation". (Für das Verhältnis von Erklärung und Voraussage wäre dieses Zusatzglied ohne Relevanz, da sich diese beiden Systematisierungs-Typen durch die gegenständliche Zeitrelation nicht voneinander unterscheiden.)

Der Einfachheit halber beschränken wir uns auf den gewöhnlich diskutierten Fall des Verhältnisses von Erklärung und Voraussage. Erst auf der Grundlage von Def.1 erfahren wir genauer, *worum* der Streit eigentlich geht. Wir können den Unterschied zwischen den Standpunkten jeweils so charakterisieren, daß wir bestimmte Konventionen formulieren, die von den Vertretern der gegensätzlichen Standpunkte angenommen bzw. verworfen werden. In bezug auf das Wahrheitswert-Argument erhalten wir nach der früheren Diskussion die folgenden beiden Konventionen:

K.1a. Der Ausdruck „Erklärung" darf nur auf Argumente mit wahrer Conclusio angewendet werden. (Beibehaltung von Bedingung $\mathbf{B}_w$.)

K.1b. Der Ausdruck „Erklärung" darf so verwendet werden, daß er alle Fälle von potentiellen Erklärungen mit umfaßt, einschließlich solcher mit falscher Conclusio. (Preisgabe von $\mathbf{B}_4$ ohne Wahl einer Ersatzbestimmung.)

Die Verfechter der Gleichheitsthese akzeptieren stillschweigend *K.1b*, die Gegner die damit unverträgliche Konvention *K.1a*; denn darüber, daß es Voraussageargumente mit falscher Conclusio gibt, besteht keine Meinungsdifferenz zwischen den Vertretern beider Gruppen. In diesem Meinungsgegensatz tritt etwas zutage, das man als die *strukturelle Divergenz im Vagheitsspielraum von „Erklärung" und „Voraussage"* bezeichnen könnte. Beide Ausdrücke haben einen verhältnismäßig klaren Bedeutungskern. Beim Ausdruck „Erklärung" stoßen wir aber außerdem auf unklare Grenzfälle, bei denen weder der alltägliche noch der wissenschaftliche Sprachgebrauch lehrt, wie diese zu klassifizieren seien. Zwar treten, wie bereits hervorgehoben, auch beim Term „Voraussage" Mehrdeutigkeiten auf. So muß man einen Beschluß darüber fassen, ob man auch alle *irrationalen* Prognosen in diesen Begriff einbeziehen will oder ob man ihn auf die Fälle *rationaler* Prognosen beschränken möchte; und im letzteren Fall kann darunter entweder die erschlossene *Aussage E* oder das ganze Voraussage*argument* verstanden werden. Diese Doppeldeutigkeit führt jedoch nicht zu Schwierigkeiten, da aus dem Kontext stets zu ersehen ist, ob auch irrationale Fälle einbezogen werden und ob von einem Argument oder von der Conclusio dieses Argumentes die Rede ist[23].

---

[23] Zweifel können natürlich darüber auftreten, wo die Grenze zwischen „rational" und „irrational" zu ziehen ist. Dies läuft auf die Frage hinaus, was als Argument anerkannt werden kann und was nicht. Von dieser ganz anderen Dimension der Fragestellung soll im folgenden jedoch gänzlich abstrahiert werden.

Im Fall des Ausdruckes „Erklärung" verhält es sich anders. In 1.c wurde die These der Gegner geschildert, wonach der Begriff der potentiellen Erklärung mit falscher Conclusio ein reiner Kunstbegriff ohne realistischen Hintergrund sei. Ob man sich zu dieser Behauptung bekennen will oder nicht, hängt davon ab, welche Festsetzungen man für den Gebrauch von „potentielle Erklärung" in bestimmten Grenzfällen treffen will: Soll darunter stets nur der Erklärungsversuch einer Tatsache verstanden werden oder auch der Versuch der Erklärung von etwas, das *möglicherweise* eine Tatsache sein könnte? Anhand der folgenden Überlegung kann man sich klarmachen, daß es keineswegs ganz unvernünftig ist, den Begriff im letzteren Sinn zu konstruieren. Angenommen, ein Wissenschaftler bemühte sich ernsthaft darum, eine Erklärung für ein historisches Ereignis zu liefern, dessen Existenz auf Grund der verfügbaren Erfahrungsdaten als gesichert erscheint. Später erweist es sich jedoch, daß dieses Ereignis gar nicht stattfand, da auf Grund neuer Befunde die früheren Daten entwertet worden sind. Trotzdem ist es sinnvoll zu sagen, der Wissenschaftler habe einen rationalen Erklärungsversuch unternommen. Unter einer potentiellen oder möglichen Erklärung muß also nicht unbedingt bloß der Erklärungsversuch *einer Tatsache* verstanden werden; wir können diesem Begriff eine umfassendere Deutung geben, so daß er auch den Versuch, etwas zu erklären, *das hätte stattfinden können,* in sich schließt.

Diese Diskussion des Wahrheitswertargumentes zeigt, daß der Explikation des Erklärungsbegriffs verschiedene Explikanda zugrundeliegen. Je nachdem, von welchem Explikandum man ausgeht, erhält man einen anderen Begriff. Daher können auch die Adäquatheitsbedingungen nicht in allen Fällen dieselben sein. Am zweckmäßigsten dürfte es sein, von einer *dreifachen* Unterscheidung auszugehen. Der schärfste Begriff ist der der *korrekten* (im Sinn der *wahren*) *Erklärung einer Tatsache.* Dies ist der ursprünglich von HEMPEL und OPPENHEIM ins Auge gefaßte Begriff, für den auch die erste Klasse von Adäquatheitsbedingungen B_1 bis B_4 aufgestellt worden ist. Der zweite Begriff ist der des *rationalen Erklärungsversuches einer Tatsache.* Für die Präzisierung dieses Begriffs ist in der Klasse der Adäquatheitsbedingungen B_4 durch B_4' zu ersetzen (gute Bestätigung statt Wahrheit des Explanans), außerdem aber eine weitere Zusatzbedingung B_4^* hinzuzufügen, wonach das Explanandum wahr sein müsse. Als schwächsten Begriff erhalten wir den des *rationalen Erklärungsversuchs* (sei es einer Tatsache, sei es eines „bloß möglichen" Sachverhaltes), für den nur die Bedingungen B_1 bis B_3 gelten. Wollte man auch irrationale Erklärungsversuche von Tatsachen oder Nichttatsachen bzw. verschiedene Typen solcher irrationaler Erklärungsversuche mit einbeziehen, so hätte man die letzten beiden Begriffe entsprechend zu verallgemeinern.

Die Einführung des allgemeineren Begriffs des rationalen Erklärungsversuchs läßt sich außer durch Beispiele von der soeben geschilderten Art auch noch damit begründen, daß vom rein logischen Gesichtspunkt aus nicht einzusehen ist, *warum man bezüglich der Bestätigung an die Explikandum-Äußerung höhere Anforderungen stellen soll als an die im Explanans vorkommenden Aussagen.* Das Vorkommen des Attributes „rational" in der Bezeichnung „rationaler Erklärungsversuch" ist dadurch gerechtfertigt, daß die logische Ableitung korrekt und die beteiligten Sätze (Explanans wie Explanandum) gut bestätigt sein müssen.

Auf das Wahrheitswertargument können wir jetzt die folgende klare Antwort geben: Die beiden ersten der drei eingeführten Begriffe erfüllen *K.1a,* der dritte Begriff erfüllt nur *K.1b. Man kann also das Explikandum „Erklärung" in vernünftiger Weise so explizieren, daß man den Gegnern der strukturellen Gleichheitsthese recht gibt, aber auch so, daß man im Einklang mit den Ansichten der Anhänger dieser These bleibt.* In gewissem Sinn löst sich somit der ganze Streit um die erste Teilthese auf, soweit dabei das Wahrheitswertargument in die Waagschale geworfen wird.

Die in 1.e erörterten Argumente scheinen dagegen überzeugender zu sein. Für die generelle Zulassung induktiver Argumente als erklärender Argumente könnte man aber auch hier wieder einen allgemeinen Gesichtspunkt vorbringen: Von den Gegnern der These wird ja der Begriff der statistischen Erklärung nicht angefochten: auch wird nicht bestritten, daß statistische Erklärungen induktive Argumente darstellen (vgl. dazu auch IX). Wenn man aber im statistischen Fall eine bloß induktive Basis für eine rationale Erklärung zuläßt, warum soll dann eine solche Basis im nicht-statistischen Fall als Erklärungsbasis verboten werden? Die ausführlich diskutierten Beispiele zeigten, daß in solchen Fällen häufig eine Umformung möglich ist, in der die Frage der Bestätigung des Explanans von der der eigentlichen deduktiv-nomologischen Erklärung scharf getrennt wird. Aber daß dies häufig möglich ist, beweist nicht, daß es immer möglich ist. Der statistische Fall bildet sogar ein Gegenbeispiel: Sofern die statistischen Gesetze kein bloßes Provisorium darstellen, kann die fragliche Erklärung niemals in eine deduktiv-nomologische verwandelt werden. (So verhält es sich z. B. bei quantenphysikalischen Erklärungen.) Und selbst wenn die Umformung immer *möglich* wäre, ist damit nicht gezeigt, daß sie auch immer *notwendig* ist. Man könnte vielmehr sagen: Wieder sind wir hier an einen jener Grenzfälle gestoßen, die durch den vorexplikativen Sprachgebrauch nicht eindeutig geregelt sind, so daß es unserer freien Entscheidung überlassen bleibt, die Explikation in der einen oder in der anderen Weise vorzunehmen.

Offenbar ist damit auch schon die Antwort auf das Gesetzesargument gegeben: Wenn man sich entschließt, induktive Argumente generell auch als erklärende Argumente zu akzeptieren, dann erscheint es als unvernünftig, Erklärungen ohne gesetzesartige Prämissen nicht zuzulassen. Ebenso hätte ein derartiger Entschluß zur Folge, daß man die Angabe bloßer

Vernunftgründe, die keine Ursachen sind, als Erklärungen anzusehen hätte. Diese Konsequenz ist allerdings äußerst problematisch, so daß wir nochmals darauf zurückkommen werden. Vorläufig halten wir nur fest, daß man in einem solchen Fall wegen der angeführten intuitiven Gegenbeispiele zugeben müßte, daß so konstruierte Erklärungen nicht in allen, sondern nur in gewissen Fällen eine adäquate Antwort auf die Frage liefern, warum ein bestimmtes Ereignis stattgefunden habe.

So wie bei der Diskussion des Wahrheitswertargumentes können wir auch hier zwei miteinander unverträgliche Alternativkonventionen einführen:

> *K.2a Der Ausdruck „Erklärung" darf auf induktive Argumente nur dann angewendet werden, wenn diese vom statistischen Typus sind.*

> *K.2b Außer bei deduktiv-nomologischen und statistischen Erklärungen ist es auch zulässig, nichtstatistische induktive Argumente als erklärende Argumente zu verwenden.*

Die vorangehenden Betrachtungen legen folgende Stellungnahme nahe: Weder die Annahme von *K.2a* noch die von *K.2b* erscheint als gänzlich unvernünftig. Die Annahme von *K.2b* führt zwar zu einer etwas stärkeren Abweichung vom voranalytischen Sprachgebrauch als *K.2a*. Aber da jede Explikation eines Begriffs mit einer gewissen Abweichung von Explikandum notwendig verknüpft ist, bildet dies keinen entscheidenden Einwand gegen *K.2b*. Immerhin zeigte das letzte in 1.e gebrachte Beispiel (der Schluß auf ein künftiges Ereignis auf Grund des Vorliegens bestimmter Symptome), eine wie starke Abweichung vom üblichen Sprachgebrauch man in Kauf nehmen müßte, wollte man es auch in derartigen Fällen *generell* zulassen, von erklärenden Argumenten zu sprechen.

Nicht ganz verständlich erscheint hier die Überlegung HEMPELs in [Aspects], S. 375. HEMPEL äußert Zweifel darüber, ob Symptomgesetze, wie z. B. das Gesetz, wonach das Auftreten von Koplikschen Flecken auf der roten Wangenschleimhaut später von den weiteren Symptomen der Masern gefolgt werde, wirklich ein *Gesetz* darstelle, das sich für eine DN-Erklärung eigne. Er folgert daraus, daß bei negativer Beantwortung dieser Frage, d. h. wenn also in einem Fall wie diesem gar kein echtes Gesetz vorliegt, kein stichhaltiger Einwand gegen die erste Teilthese gegeben sei. Der von HEMPEL geäußerte Zweifel scheint jedoch für die gegenwärtige Frage ohne Belang zu sein. Denn wie er selbst zugibt (a. a. O., S. 374), darf ein Schluß von den Koplikschen Flecken auf ein späteres Auftreten von Masern als ein adäquates rationales Voraussageargument angesehen werden. Der Standpunkt des Gegners der ersten Teilthese ist akzeptiert, sobald man zugibt, daß bei entsprechender Änderung der pragmatischen Umstände *dieser* Schluß, der gar nicht an ein Gesetz appelliert, *nicht* zu einem erklärenden Argument wird. Falls man die Existenz von Symptomgesetzen überhaupt leugnet, so verschlimmert man zusätzlich die Situation bzw. verbessert sie für den Gegner der These. Denn es wäre ja dann denkbar, daß in einem Fall wie dem vorliegenden oder einem analogen auf einem anderen Gebiet dem rationalen Voraussage-Schluß überhaupt kein erklärendes Argument an die Seite gestellt werden könnte, weil es bisher nicht geglückt ist, das fragliche Ereignis durch nomologische Prinzipien mit vorangehenden Realgründen zu verknüpfen. Außerdem ist Hempels Zweifel eine Vermutung, die zutreffen kann, aber nicht zuzutreffen braucht. Ob sich dieser Zweifel weiter begründen oder widerlegen läßt, hängt u. a. davon ab, ob jemals eine scharfe gegenseitige Abgrenzung von Ursachen und „bloßen Symptomen" gelingen wird.

Die generelle Annahme induktiver Argumente führt zu der weiteren Frage, welchen Adäquatheitsbedingungen solche Argumente genügen müssen, um als wissenschaftliche Systematisierungen zugelassen werden zu können. Dieses Problem tritt keineswegs nur für die Anhänger der Gleichheitsthese auf, sondern ebenso für die Gegner, da auch diese induktive Voraussageargumente zulassen, und Adäquatheitsbedingungen für *alle* wissenschaftlichen Systematisierungsformen formuliert werden müssen. Vermutlich käme man mit drei solchen Hauptbedingungen aus, nämlich $\mathbf{B}_3$ (empirischer Gehalt des Explanans), $\mathbf{B}_4'$ (gute Bestätigung des Explanans auf Grund der zum Systematisierungszeitpunkt verfügbaren Erfahrungsdaten) und $\mathbf{B}_i$, worunter wir die gute Bestätigung von E auf Grund des Explanans verstehen wollen. In $\mathbf{B}_i$ wie in $\mathbf{B}_4'$ wird wieder vorausgesetzt, daß Prinzipien der induktiven Bestätigung zur Verfügung stehen.

Wenn wir das Ergebnis der Diskussion von *K.2* mit dem der Erörterung von *K.1* verknüpfen, so ergibt sich tatsächlich in einem gewissen Sinn die Auflösung des Streitgespräches mit Anhängern und Gegnern der ersten Teilthese: die *gleichzeitige Annahme* von *K.1b* und *K.2b* führt zur Explikation eines Erklärungsbegriffs, der den Anhängern der These recht gibt, während die übrigen drei Kombinationsmöglichkeiten den Gegnern recht geben würden. Im Fall der simultanen Annahme von *K.1a* und *K.2a* würde dann die Gleichheitsthese aus zwei voneinander unabhängigen Gründen verworfen werden: weil es induktive Voraussage-Argumente gibt und weil rationale Voraussage-Argumente mit falscher Conclusio existieren. Würde keine weitere Komplikation auftreten, so wäre dies bereits alles, was wir zu der Streitfrage zu sagen hätten. Statt die Diskussion als einen Streit um die Wahrheit oder Falschheit einer Behauptung aufzufassen, hätten wir sie als eine Erörterung von Vorschlägen für eine Begriffsexplikation zu deuten, die gemäß den vier Konventionen *K.1a* bis *K.2b* vier verschiedene Formen annehmen kann.

Merkwürdigerweise entsteht jedoch eine weitere Schwierigkeit, und zwar auch für die Gegner der strukturellen Gleichheitsthese. Dazu müssen wir auf das Motiv zurückgehen, das im Fall von *K.2a* zu einer Verwerfung von nichtstatistischen induktiven Argumenten und damit insbesondere auch von Argumenten ohne Gesetzeshypothesen im Explanans führte. Das entscheidende Motiv war ohne Zweifel dies, daß Erklärungen *die „wahren"* *Ursachen oder Realgründe* anzugeben hätten, während man sich bei wissenschaftlichen Voraussagen mit der allgemeineren Klasse der *Vernunftgründe* zufriedengeben könne. Was aber ist das Kriterium für die Unterscheidung zwischen solchen Vernunftgründen, die gleichzeitig Seinsgründe darstellen, und solchen, die keine Seinsgründe sind?

Jene Gegner der ersten Teilthese, die *K.2b* verwerfen, scheinen meist der Meinung zu sein, *daß dieses Kriterium bereits durch die Unterscheidung in induktive und deduktive Argumente geliefert wird: Induktive* Argumente liefern eine bloße *Vernunftbasis,* von der aus man E erschließen (wenn auch nicht mit Sicherheit erschließen) kann. Dagegen bieten sie keine kausale Erklärung an; sie geben Vernunftgründe, die keine Seinsgründe sind. Deduktiv-nomologische Argumente hingegen stellen nicht bloß eine Basis für Vernunftschlüsse zur Verfügung, sondern liefern wegen ihres strikt nomologischen Charakters mit den *Antecedensbedingungen* zugleich die *wahren Ursachen.*

Diese Charakterisierung des Unterschiedes wäre jedoch voreilig und oberflächlich. Man kann dies anschaulich am Fall des Vorliegens von Symptomen verdeutlichen[24]. In den früheren Beispielen war eine Klasse von Symptomen verwendet worden, die in ihrer Gesamtheit zwar notwendig, jedoch nicht hinreichend für das fragliche Phänomen (z. B. das Vorliegen von weißem Phosphor bzw. einer bestimmten Krankheit) waren. Dies ist zwar eine häufig anzutreffende Situation, jedoch nicht die einzig mögliche. Vielmehr kann der Fall eintreten, daß für ein bestimmtes zu erklärendes Phänomen X eine Reihe von Merkmalen $F_1, \ldots, F_n$ angegeben wird, deren jedes für dieses Phänomen notwendig ist und die in ihrer Gesamtheit, wenn auch nicht einzeln, eine hinreichende Bedingung für das Vorliegen von X darstellen. In einer solchen Situation kann eine Äquivalenz von folgender Gestalt behauptet werden:

$$\text{(a)} \quad \wedge y\,[Xy \leftrightarrow (F_1 y \wedge \ldots \wedge F_n y)]^{25}$$

Man denke dazu etwa an den Fall einer selten vorkommenden Krankheit, für die es eine Reihe verschiedenartiger Symptome gibt, die zwar für sich

---

[24] Hier verwenden wir natürlich diesen Begriff als Explikandum, nicht als Explikat. Sofern wir eine Explikation des Unterschiedes zwischen Erkenntnis- und Realgründen zur Verfügung hätten (sei es die eben angedeutete, sei es eine andere), so könnten wir einen allgemeinsten Begriff eines „bloßen Symptoms für ein X" dadurch einführen, daß wir darunter einen Erkenntnisgrund für einen Schluß auf X verstehen, der nicht zugleich ein Realgrund für X ist.

[25] Es würde für die folgenden Überlegungen hinreichend sein, nur die materiale Implikation von rechts nach links in (a) als gültig anzunehmen.

genommen auch bei anderen Krankheiten auftreten können, in dieser spezifischen Kombination aber nur bei dieser einen Krankheit. Wenn dann noch zusätzlich zu (a) eine Gesetzeshypothese von der Gestalt:

(b) $\wedge\, y\, (Xy \rightarrow Gy)$

verfügbar ist, so kann aus n Antecedensbedingungen $F_1 a_1, \ldots F_n a_1$ mittels (a) und (b) ein *deduktiv-nomologischer Schluß* auf Ga_1 gezogen werden, also etwa im Krankheitsbeispiel ein Schluß auf ein späteres Auftreten von Fieber bei Vorliegen der Krankheitssymptome $F_1, \ldots, F_n$.

Was dieser Fall lehrt, ist folgendes: Es scheint möglich zu sein, Argumente zu konstruieren, die sämtliche Adäquatheitsbedingungen für deduktiv-nomologische Erklärungen erfüllen, insbesondere also auch die zwei Forderungen, daß im Explanans mindestens eine Gesetzesaussage vorkommen und daß es sich um einen korrekten logischen Schluß handeln müsse, und die dennoch keine befriedigende Antwort auf Fragen von der Art liefern: „Warum *wird* dieses Ereignis stattfinden?“, sondern welche nur die Frage beantworten: „warum *glaubst du*, daß dieses Ereignis stattfinden wird?“ Anders ausgedrückt: Da in diesen Argumenten von Symptomen, die für ein bestimmtes Phänomen hinreichend sind, auf ein späteres Ereignis geschlossen wird, das mit dem betreffenden Phänomen gesetzmäßig verknüpft ist, ohne daß jedoch dieses Phänomen im Argument überhaupt erwähnt wird, müssen wir sagen, daß in Argumenten solcher Art *bloße Vernunftgründe für einen Glauben*, jedoch *keine Seinsgründe oder Ursachen für ein Ereignis* gegeben werden.

Ein Beispiel von prinzipiell dieser Art wurde von M. Scriven[26] und A. Grünbaum[27] gegeben. Angenommen, es werde auf Grund eines plötzlichen starken Fallens des Barometers auf einen bevorstehenden Sturm geschlossen. Es wäre denkbar, daß sich dieser Schluß in präziser Fassung auf ein deterministisches *Indikatorgesetz* stützte, welches einen deduktiv-nomologischen Übergang vom Indikator (Barometerfall) zum fraglichen Ereignis (Sturm) ermöglichte, ganz analog wie es im medizinischen Beispiel *denkbar* wäre, daß sich der Schluß von den Krankheitssymptomen auf das spätere Ausbrechen der Krankheit auf ein striktes *Symptomgesetz* gründete. Eine sich auf das Indikatorgesetz stützende Voraussage würde zweifellos als rational gerechtfertigt — ja bei Vorliegen geeigneter Umstände als streng wissenschaftlich — bezeichnet werden, während man im nachhinein keinesfalls von einer adäquaten Erklärung der eingetretenen neuen Wettersituation sprechen würde.

Man kann sich überlegen, ob man nicht prinzipiell auch induktive Argumente von der Art des früheren Astronomiebeispiels, in welchem die

---

[26] [Evolutionary Theory], S. 480.
[27] [Space and Time], S. 309 f.

Induktionsbasis aus zuverlässigen Informationen bestimmter Personen bestand, zu deduktiv-nomologischen Argumenten verschärfen kann. Selbst in einem solchen Fall ist eine derartige Verschärfung denkbar, wenn auch das Verfahren prima facie recht künstlich anmutet. Wir wollen andeuten, wie eine derartige Verschärfung des Argumentes auszusehen hätte. Im Prinzip handelt es sich um nichts Neues gegenüber dem Symptombeispiel. Wir müßten nur einen so allgemeinen Symptombegriff zugrundelegen, daß auch zuverlässige Äußerungen über das Stattfinden eines Ereignisses als Symptome für dieses Ereignis betrachtet werden dürfen.

Um die gesuchte Verschärfung zu erzielen, ist es notwendig, ein Gesetz zu formulieren, in welchem Voraussagen „kompetenter" Astronomen mit dem späteren Eintreffen des vorausgesagten Ereignisses verknüpft werden. Dazu benötigen wir ein Attribut von etwa der Gestalt „Astronom (oder allgemeiner: Person) vom Typus C", welches eine Konjunktion empirisch überprüfbar personeller Dispositionen enthalte und zwar sowohl *theoretische* Dispositionen, wie mathematisch-physikalisches Wissen, große praktische Erfahrung im Gebiet der Astronomie etc., als auch *moralische* Dispositionen, wie vollkommene Zuverlässigkeit zumindest in fachlichen Belangen etc. Es wäre denkbar, daß die hier angedeutete *Makrocharakterisierung* von C durch eine genauere *Mikrocharakterisierung* ersetzt würde, in der nur von bestimmten Beschaffenheiten des zentralen Nervensystems von Personen die Rede ist. Das Gesetz würde dann lauten:

> (x) „Wenn immer ein Astronom vom Typus C ein Ereignis im Kosmos (oder spezieller: in unserem Planetensystem) voraussagt, so wird dieses Ereignis eintreten".

Um menschliches Versagen soweit als möglich auszuschalten, könnte man daran denken, den Wenn-Satz etwa zu einem Satz von der Gestalt zu verschärfen: „Wenn immer 16 Astronomen vom Typus C . . . voraussagen, — — —". Natürlich braucht auch dann dieses Prinzip nicht richtig zu sein. Aber in *dieser* Hinsicht unterscheidet sich (x) nicht von den Gesetzen, die in der Naturwissenschaft Verwendung finden: Wie die Naturforscher in den letzten paar hundert Jahren häufig zu ihrer Bestürzung feststellen mußten, erweisen sich immer wieder Gesetzeshypothesen als falsch, die lange Zeit für Erklärungen und Voraussagen verwendet wurden. Satz (x) ist sicherlich nicht verifizierbar; von jeder anderen Gesetzesaussage gilt dies ebenso.

Falls nun die Information zur Verfügung steht, daß eine geeignete Anzahl von Astronomen des Typus C für den künftigen Zeitpunkt t eine Sonnenfinsternis an einer bestimmten Stelle der Erdoberfläche voraussagten, so kann aus dieser Information und (x) die Voraussage der Sonnenfinsternis *logisch* abgeleitet werden. Wenn wir annehmen, daß alle Adäquatheitsbedingungen erfüllt sind (daß also insbesondere auch (x) als empirisch gut bestätigte Gesetzeshypothese akzeptierbar ist), so hätten wir es hier mit einem deduktiv-nomologischen Voraussageargument zu tun. Gegen die Verwendung eines solchen rationalen Voraussageargumentes ist nichts einzuwenden, da wir ja bereits festgestellt haben, daß selbst induktive, also schwächere Argumente von dieser Art (d. h. solche, die sich auf fremde Informationen stützen) als rationale Voraussageargumente zulässig sind.

Angenommen nun, die pragmatischen Zeitumstände verschieben sich so, daß sie jenen bei einer wissenschaftlichen Erklärung analog werden. Da wir es mit einem deduktiv-nomologischen Argument zu tun haben, das laut Voraussetzung alle ursprünglichen Adäquatheitsbedingungen B_1 bis B_4 erfüllt, müßten wir eigentlich dieses Argument als *erklärendes* Argument akzeptieren. Trotzdem liefert es keine Angabe von Ursachen. Deduktiv-nomologische Erklärungen aber sollten der Intention nach Antworten auf Fragen vom Typ liefern: „warum hat Ereignis z stattgefunden?" Im vorliegenden Fall wären wir, wenn uns nur das geschilderte Argument zur Verfügung stünde, verpflichtet zu sagen, daß die Sonnenfinsternis deshalb stattgefunden habe, *weil* sie von 16 kompetenten Astronomen vorausgesagt wurde. Eine derartige Antwort würde höchstens in einer primitiven mythischen Kultur, in der man an die magischen Fähigkeiten von Astronomen glaubt, befriedigen, jedoch kaum in unserer geistigen Welt.

Einige Leser werden vermutlich einwenden, daß wir mit unserer gekünstelten Annahme zu weit gegangen seien und die Fiktion zu weit getrieben haben; denn ein Satz von der Art (x) könne sicherlich de facto niemals *als Gesetz* akzeptiert werden und sei vermutlich überhaupt keine gesetzesartige Aussage. Was den ersten dieser Einwände betrifft, so wäre dazu zu sagen, daß es, um eine prinzipielle Schwierigkeit aufzuzeigen, genügt, einen *denkmöglichen* Fall zu konstruieren, ohne sich darum zu kümmern, ob ein solcher Fall auch faktisch realisierbar ist. Was den zweiten Einwand betrifft, so kann ihm am besten dadurch begegnet werden, daß man das Beispiel von der menschlichen Sphäre auf die der Roboter transferiert[28]. Der Roboter R_1 bestehe aus einem geschlossenen mechanischen System, für welches man bei Kenntnis der Zustände zu einem gegebenen Zeitpunkt auf Grund geltender deterministischer Gesetze auf spätere Zustände schließen kann. R_1 kann von der einfachen Art eines deterministischen diskreten Zustandssystems sein, wie wir dies im folgenden Kapitel beschreiben werden. Ein zweiter Roboter R_2 kann die Vorgänge in R_1 verfolgen: Er verfüge über eine Kenntnis der für R_1 geltenden Gesetze. Außerdem sei ihm zur Zeit t_0 der Anfangszustand von R_1 gegeben. Auf Grund dieser Daten berechne er die Folgezustände in R_1, und zwar etwa hundertmal rascher als diese Zustände in R_1 eintreten. Er ist also mit seinen Berechnungen diesen Ereignissen in R_1 stets voraus. Die Rechenergebnisse seien als bestimmte Teilzustände von R_2 ausgezeichnet. Auf Grund dieser Situation können für

---

[28] Für eine detailliertere Schilderung vgl. Stegmüller [Systematisierung], S. 20f.

die Voraussagen über die künftigen Zustände in R_1 statt der für R_1 selbst geltenden *Kausalgesetze* andere Gesetze verwendet werden, die wir *Informationsgesetze* nennen und die Teilzustände von R_2 mit Zuständen von R_1 verknüpfen. Informationsgesetze ermöglichen keine Aussagen über Ursache-Wirkungs-Zusammenhänge; denn zwischen R_1 und R_2 bestehen keinerlei kausale Verknüpfungen, sondern nur die geschilderte „prästabilierte Harmonie". Trotzdem sind diese Gesetze für menschliche Beobachter, die zu Voraussagen über künftige Zustände von R_1 gelangen wollen, ebenso brauchbar wie die für R_1 geltenden deterministischen Gesetze selbst. Vom praktischen Standpunkt aus sind die Informationsgesetze sogar zweckmäßiger, da sie mühsame Berechnungen überflüssig machen — ganz analog, wie es ja auch für uns bequemer ist, Fachastronomen zu fragen, statt die erforderlichen astronomischen Berechnungen selbst vorzunehmen.

Das fiktive Astronomiebeispiel lehrt, daß das Ursachenargument nicht auf das Gesetzes- oder Induktionsargument zurückführbar ist, sondern ein Argument sui generis darstellt; denn im gegebenen Beispiel kommt ja eine Gesetzesaussage vor und der Schluß ist kein induktiver, sondern ein deduktiver.

Dem früher in Erwägung gezogenen Vorschlag, den Gegensatz von Ursachen und Erkenntnisgründen mittels des Begriffspaares „deduktiv-nomologische Systematisierung — induktive Systematisierung" zu explizieren, ist somit kein Erfolg beschieden. Wieder gelangen wir zu demselben Ergebnis wie schon beim vorangehenden Symptombeispiel: Eine deduktiv-nomologische Systematisierung, die alle von HEMPEL und OPPENHEIM aufgestellten Adäquatheitsbedingungen erfüllt, liefert in bestimmten Fällen nur Vernunftgründe, dagegen nicht eo ipso auch Seinsgründe. Wie der Leser bereits bemerkt haben dürfte, haben die eben gebrachten Beispiele nicht nur im gegenwärtigen Zusammenhang eine Bedeutung, sondern sind auch für die Diskussion des Kausalproblems von Relevanz.

An einer Stelle erwähnt HEMPEL ein einfaches Beispiel, das ihm von seinem Kollegen S. BROMBERGER mitgeteilt wurde[29]. Darin wird ein deduktiv-nomologisches Argument angegeben, das von uns nicht als Erklärung eines Phänomens akzeptiert würde. Es handelt sich darum, die Höhe eines senkrecht auf einer ebenen Unterlage stehenden Mastes dadurch zu bestimmen, daß man aus einer bestimmten Entfernung, z. B. 30 m vom Mast, dessen Spitze angepeilt und den Winkel zur Ebene mißt. Aus dieser Information sowie der Kenntnis der Entfernung vom Mast kann auf geometrische Weise die Höhe des Mastes bestimmt werden. Das Argument erfüllt sämtliche Adäquatheitsbedingungen einer deduktiv-nomologischen Systematisierung. Es ist in dem Sinn *als prognostisches Argument* benützbar, als aus den gegebenen Daten die genaue Höhe des Mastes vorausgesagt werden kann und eine

---

[29] [Versus], S. 109.

nachträgliche Messung diese Voraussage bestätigt[30]. Dagegen würden wir, wenn die Höhe uns bereits vorher bekannt wäre, nicht von einer Erklärung der Höhe des Mastes sprechen[31]. Der Einwand, daß hier überhaupt keine physikalischen Gesetzmäßigkeiten, sondern nur geometrische, also mathematische Prinzipien verwendet worden seien — so daß gegen die Bedingung B_2 verstoßen würde —, wäre unzutreffend. Denn die für die Höhenbestimmung benützten Lehrsätze gehören nicht zur Mathematik, sondern zur physikalischen Geometrie und sind daher als physikalische Gesetzmäßigkeiten zu interpretieren.

Versuchen wir jetzt, die geschilderte Problematik auf die Erörterung der strukturellen Gleichheitsthese anzuwenden. Wir stehen hier vor einem wirklichen *Dilemma*. Entweder nämlich akzeptieren wir trotz all dieser Beispiele die erste Teilbehauptung der strukturellen Gleichheitsthese. Dann sind wir zwar der Notwendigkeit enthoben, den Unterschied zwischen Real- und Erkenntnisgründen eigens zu explizieren. Aber wir müssen uns dann zu einem Erklärungsbegriff bekennen, mit dem wir vom vorexplikativen Sprachgebrauch u. U. sehr stark abweichen. Denn wir dürften dann ja nicht einmal mehr behaupten, daß Erklärungen stets Antworten auf Warum-Fragen liefern, die wir früher im Gegensatz zu den epistemischen Warum-Fragen als Erklärung heischende Warum-Fragen bezeichneten. Auch dürften Erklärungen alltagssprachlich nicht mehr in der Form von Weil-Sätzen wiedergegeben werden. Das Astronomen-Beispiel sollte besonders drastisch den Unsinn zum Ausdruck bringen, der sich ergäbe, wenn man gewisse der strukturellen Gleichheitsthese genügende „Erklärungen" in der Gestalt von Weil-Sätzen ausdrücken wollte.

Oder aber wir wählen die zweite Alternative, lassen das Argument gelten und beschließen, nur ein solches Explikat der wissenschaftlichen Erklärung zu akzeptieren, für welches behauptet werden kann, daß dadurch stets Erklärung heischende Warum-Fragen beantwortet werden. Dann müssen wir die erste Teilthese und damit auch die strukturelle Gleichheitsthese in ihrer

---

[30] Da im vorliegenden Fall unter den Prämissen des Argumentes keine Sukzessionsgesetze vorkommen, handelt es sich hier bei der Prognose nicht darum, einen zum Zeitpunkt der Voraussage-Äußerung bzw. des Voraussage-Argumentes *noch nicht bestehenden Sachverhalt* zu prognostizieren. Dieser Sachverhalt besteht vielmehr bereits zum Zeitpunkt der Äußerung. Vorausgesagt wird, daß die nachträgliche Prüfung mittels direkter Messung das Bestehen dieses Sachverhaltes bestätigt.

[31] Die Frage nach den Gründen für die Höhe des Mastes ist zwar verhältnismäßig vage, jedoch nicht so vage, daß man nicht mit Sicherheit sagen könnte, daß die geschilderte Deduktion keine Antwort auf diese Frage ist. Eine adäquate Beantwortung hätte vermutlich vor allem auf die Motive dafür einzugehen, daß ein Mast von gerade dieser Höhe von Menschen fabriziert und an dieser Stelle aufgestellt worden ist usw. Es würde sich also um einen Fall der Erklärung aus Motiven handeln.

ursprünglichen Form preisgeben und stehen außerdem vor der Notwendigkeit, den Begriff der Ursache unabhängig zu explizieren.

Insgesamt haben wir drei Klassen von Fällen gefunden, in denen ein
empirisch signifikantes, wahres, deterministische Gesetzmäßigkeiten und
nur solche enthaltendes Explanans einen deduktiven Schluß auf ein Explanandum ermöglicht, also eine deduktiv-nomologische Erklärung im Hempelschen Sinn vorliegt, ohne daß wir im Ernst sagen könnten, die Ursachen
für das Vorkommen eines Phänomens seien angegeben worden: Erstens den
Fall von notwendigen und hinreichenden Symptomen S für Phänomene der
Art X, die es gestatten, in nomologischen Systematisierungen Kausalgesetze, welche X mit Y verknüpfen, durch *Symptomgesetze* oder *Indikatorge-
setze* zu ersetzen, die S mit Y verbinden (Krankheits- und Thermometer-
beispiel); zweitens den Fall von *Informationsgesetzen* (Astronomen- bzw.
Roboterbeispiel) und drittens den Fall der ausschließlichen Verwendung
von *Sätzen der angewandten Geometrie*. HEMPEL scheint, wie aus seiner ab-
schließenden Bemerkung in [Versus], letzter Absatz von 4, S. 110, hervorgeht, der Meinung zu sein, daß allein der nichtkausale Charakter der Gesetze
für das etwas überraschende Resultat im Geometriebeispiel verantwortlich
sei. Die anderen beiden Klassen von Fällen sind aber insofern Gegenbeispiele gegen diese Annahme, als es sich bei diesen um Ablaufsgesetze (Sukzessionsgesetze) und nicht wie in diesem letzteren Beispiel um Zustandsgesetze (Gesetze der Koexistenz) handelt. Wir müssen daher stattdessen
einen ganz anderen Schluß ziehen: daß nämlich eine Analyse von der Art der
Hempelschen zwar geeignet ist, den allgemeinen Begriff der deduktiv-nomologischen Systematisierung zu präzisieren und diesen Systematisierungs-
typus von dem der statistischen Systematisierung abzugrenzen, daß es jedoch
auf die Weise nicht gelingt, den intuitiven Unterschied zwischen *Ursachen* und
Vernunftgründen zu explizieren.

Auf Grund der vorangehenden Überlegungen erscheint von allen Argumenten, die gegen die strukturelle Gleichheitsthese vorgebracht wurden,
das Ursachen-Argument als das überzeugendste. Man könnte es in dem einfachen Satz ausdrücken: *Wissenschaftliche Erklärungen müssen stets Ursachen
(Realgründe, Seinsgründe) angeben, für wissenschaftliche Voraussagen hingegen genügen Erkenntnis- oder Vernunftgründe.*
Wenn man eine zu starke Abweichung vom üblichen Sprachgebrauch
vermeiden will, so sollte man dieses Prinzip annehmen und daher von den
beiden folgenden Konventionen die erste akzeptieren:

K.3a   *Der Ausdruck „Erklärung" ist nur dort anwendbar, wo die Antecedensbedingungen Ursachen sind.*

K.3b   *Der Ausdruck „Erklärung" ist auch dort anwendbar, wo die Antecedensbedingungen keine Ursachen darstellen und das Explanans nur Erkenntnisgründe für die Annahme des Explanandums liefert.*

Wieder aber ist zu bedenken, daß dies ein praktischer Entschluß ist und daß daher kein logischer *Fehler* begangen wird, wenn man *K.3b* akzeptiert, sondern daß man sich damit eben nur für eine Sprechweise entscheidet, die von der vorexplikativen Redeweise stärker abweicht als es bei einem Entschluß zugunsten von *K.3a* der Fall wäre. Nimmt man *K.3b* an, so kann man die strukturelle Gleichheitsthese endgültig verteidigen, wenn man sich außerdem für *K.1b* und für *K.2b* entscheidet. Die Schwierigkeit liegt in der noch ausstehenden Explikation des Begriffspaares „Erkenntnisgründe — Ursachen". Daß diese Schwierigkeit von den Opponenten gegen die Gleichheitsthese nicht gesehen worden ist, beruht vermutlich auf der schon erwähnten irrigen Annahme, man könnte diese Begriffsexplikation auf den Unterschied zwischen induktiven und deduktiv-nomologischen Systematisierungen reduzieren. Unsere Beispiele zeigten, daß dies nicht möglich ist. Der Begriff „Erkenntnis—" bzw. „Vernunftgrund" bietet dabei keine Schwierigkeiten, sofern man einen allgemeinen Begriff des rechtfertigenden Schlusses zur Verfügung hat. Ein Vernunftgrund für E ist jede deduktive oder induktive Basis, von der aus ein Schluß auf E als gerechtfertigt erscheint. Das vorläufig ungelöste Problem ist dies, welche zusätzlichen Merkmale Vernunftgründe haben müssen, um sinnvollerweise als Ursachen bezeichnet werden zu können.

Damit soll die Diskussion über die strukturelle Gleichheitsthese abgeschlossen werden. Im nächsten Abschnitt versuchen wir, eine sprachunabhängige Klassifikation der verschiedenen Arten wissenschaftlicher Systematisierungen zu geben.

3. Sprachunabhängige Klassifikationen wissenschaftlicher Systematisierungen

Die Diskussionen in den vorangehenden beiden Abschnitten legen den Gedanken nahe, sich von solchen Ausdrücken wie „Erklärung", „Prognose", „Retrodiktion" gänzlich zu befreien und stattdessen von einem möglichst umfassenden Begriff der wissenschaftlichen Systematisierung auszugehen, der nach rein systematischen Gesichtspunkten in allen relevanten Hinsichten zu zergliedern ist. Ein solcher umfassender Begriff muß neben deduktiv-nomologischen Argumenten auch statistische wie nichtstatistische induktive Systematisierungen einbeziehen. Dabei ist vorausgesetzt, daß nicht nur ein Standard für exakte deduktive Folgerungen verfügbar ist, sondern daß wir analog auch über objektive Kriterien des induktiven Räsonierens verfügen. Auf die Frage, wie diese Kriterien auszusehen haben, können wir im Rahmen dieses Buches nicht eingehen. Doch soll die Rede vom induktiven Räsonieren in einem so weiten Sinn verstanden werden, daß es sowohl offenbleiben kann, ob dabei mit einem qualitativen, mit einem komparativen oder mit einem quantitativen Bestätigungsbegriff operiert werden soll, wie auch, ob dieser Bestätigungsbegriff probabilistisch zu deuten ist, also die Struktur einer Wahrscheinlichkeit hat, oder nicht. Es ist schließlich der denkmögliche, wenn auch höchst problematische Fall einzubeziehen, daß keine Theorie der Bestätigung, sondern stattdessen eine Theorie der Annahme (und Verwerfung) von Hypothesen benützt wird, wie dies von verschiedenen Autoren vorgeschlagen wurde. Auch für diesen allgemeinsten Fall verwenden wir weiterhin die Ausdrücke „Explanans" und „Explanandum". Als weitere an eine wissenschaftliche Systematisierung zu stellende Minimalforderung außer den schon erwähnten wären in dem letzten Fall noch zwei weitere zu nennen: Das Explanans muß zum Zeitpunkt der Systematisierung *akzeptiert* und das Explanandum auf Grund dieses Explanans *akzeptierbar* sein.

Wir stellen jetzt eine Liste zusammen, in der alle Hinsichten angeführt sind, in bezug auf die wissenschaftliche Systematisierungen voneinander abweichen können. Eine bestimmte Systematisierungsform wird dadurch erhalten, daß man für jede dieser Hinsichten einen bestimmten Unterfall herausgreift und mit den übrigen kombiniert, soweit dabei Konsistenz erreichbar ist. Es wird sich herausstellen, daß wir auf diese Weise wesentlich mehr Möglichkeiten erhalten, als durch die üblichen Ausdrücke, wie „Erklärung", „Retrodiktion" usw., bezeichnet werden könnten.

(I) *Wahrheitswerteverteilungen.* Hier können drei Fälle eintreten:

    (a) Das Explanans sowie das Explanandum sind wahr;

    (b) das Explanans (d. h. mindestens ein Teilsatz davon) ist falsch, das Explanandum hingegen richtig;

    (c) Explanans sowie Explanandum sind falsch.

Falls wir beschließen, die singulären Prämissen von den gesetzesartigen zu isolieren und jeweils gesondert zu behandeln, so erhalten wir in den Fällen (b) und (c) noch subtilere Unterteilungen, je nachdem, ob die Unrichtigkeit des Explanans ihre Wurzel in den singulären oder in den gesetzesartigen Prämissen hat oder in beiden.

Im Fall einer falschen naturwissenschaftlichen Erklärung ist es im allgemeinen die gesetzesartige Prämisse, welche unrichtig ist; Unrichtigkeit der singulären Prämissen hingegen würde in vielen, wenn auch nicht in allen Fällen als eine Art von Nachlässigkeit des Wissenschaftlers gedeutet werden. Im Fall einer historischen Erklärung wird es sich dagegen gewöhnlich umgekehrt verhalten angesichts der Tatsache, daß einerseits Aussagen über die menschliche Vergangenheit viel stärker hypothetisch sind und andererseits die Gesetzesaussagen (falls solche überhaupt in einer historischen Erklärung Verwendung finden) wegen ihrer „losen" Form meist unanfechtbar sind. Wie wir gesehen haben, besteht allgemeines Einverständnis darüber, daß bei einer wissenschaftlichen Prognose alle drei Fälle von Wahrheitswerteverteilungen vorkommen können; im Fall der Erklärung war dies jedoch umstritten. Die drei genannten Fälle würden unserer früheren Unterscheidung in korrekte Erklärungen, rationale Erklärungsversuche von Tatsachen und rationale Erklärungsversuche entsprechen.

(II) *Vorkommen von Gesetzen*. Wieder können wir drei Fälle unterscheiden:

> (a) Im Explanans werden Gesetze benützt und diese sind ausnahmslos von deterministischem Typus;
>
> (b) das Explanans enthält[32] Gesetzesaussagen, einige davon sind statistischer Natur;
>
> (c) das Explanans enthält überhaupt keine Gesetze.

Unter (b) wären noch die beiden Unterfälle des *rein statistischen* und des *gemischten* Typus zu erwähnen. Im letzteren Fall kommen sowohl deterministische wie statistische Prinzipien zur Anwendung. (c) ist, unabhängig davon, ob die strukturelle Gleichheitsthese angenommen oder verworfen wird, nicht bloß eine gedankliche Möglichkeit, da nicht zu bestreiten ist, daß es rationale Voraussageargumente gibt, die sich auf keinerlei gesetzesartige Prinzipien stützen.

(III) *Logischer Charakter des Argumentes*. Hier haben wir nur zwei Möglichkeiten:

> (a) Das Argument besteht in einer *logischen Deduktion;*
>
> (b) das Argument ist *induktiver* Natur.

Diese Unterscheidung fällt nicht mit dem Unterschied zwischen (II) (a) und (II) (b) zusammen; denn einerseits gibt es induktive wissenschaftliche Systematisierungsargumente, die überhaupt keine Gesetzeshypothesen verwenden, andererseits kann, wie ein früheres Beispiel zeigt, ein Argument selbst dann bloß induktiven Charakter haben, wenn unter den Prämissen nichtstatistische Gesetze und nur solche vorkommen.

(IV) *Gegenständliche Zeitverhältnisse*. Wenn wir wieder „<" zur Bezeichnung der Relation „früher als" verwenden und „≦" zur Bezeichnung von „früher als oder gleichzeitig mit", so erhalten wir die folgenden Haupttypen:

> (a) $a < e$;
>
> (b) $e < a$;
>
> (c) $a = e$;

---

[32] „Enthält" soll hier stets heißen „enthält wesentlich". Sinngemäß gilt dasselbe für die anderen von uns verwendeten Verben.

(d) $a_1 < e, a_2 = e;$

(e) $a_1 < e < a_2.$

Ist die Bedingung (a) erfüllt, so sprechen wir von einem *prognostischen*, im Fall (b) dagegen von einem *retrodiktiven* Argument. Es ist nicht zu vergessen, daß zwar alle rationalen Voraussagen auf prognostischen Argumenten beruhen, daß aber nicht umgekehrt alle prognostischen Argumente zu Voraussagen führen müssen, sondern z. B. auch Erklärungen liefern können.

Ein typischer Fall von (c) liegt vor, wenn im Systematisierungsargument zwar Sätze verwendet werden, aber keine Ablaufgesetze, sondern Zustandsgesetze, z. B. Gesetze der angewandten Geometrie. (d) und (e) sind zwei typische Fälle, in denen die zeitlichen Relationen zwischen den Antecedensdaten und dem Explanandum-Ereignis nicht einheitlich, sondern verschiedenartig sind. Der Typus (e) wird im folgenden Kapitel in einem bestimmten Zusammenhang eine Rolle spielen.

(V) *Pragmatische Zeitverhältnisse.* Wenn wir wieder das Systematisierungsargument mit D abkürzen, so erhalten wir drei Hauptfälle:

(a) $a \leqq e \leqq D;$

(b) $e < a < D;$

(c) $a < D < e.$

Typische Fälle sind: Erklärung (a), Retrodiktion (b) und Voraussage (c). Der Fall $a = D$ wurde in (b) und (c) nicht eingeschlossen, weil strenggenommen die im Explanans erwähnten Antecedensdaten der Systematisierungsäußerung vorangehen müssen. Die Notwendigkeit für eine scharfe Unterscheidung zwischen den beiden in (IV) und (V) angeführten Zeitrelationen wurde bereits an früherer Stelle betont. Erklärungen und Voraussagen sind in bezug auf (IV) beide vom Typus (a), während sie sich in bezug auf (V) voneinander unterscheiden.

(VI) *Pragmatische Relation des Gegebenseins.* Hier wird im Unterschied zu (V) eine innere Gliederung von D nach A (Antecedens-Aussagen) und T (Theorie) einerseits, E (Explanandum) andererseits vorausgesetzt. Analog zur Deutung von „D" in (V) sind alle diese Begriffe im Sinn *konkreter Äußerungen* zu verstehen. Zwei Fälle sind zu unterscheiden:

(a) A und T sind vorgegeben, E wird im nachhinein gewonnen;

(b) E ist zunächst gegeben, A und T werden im nachhinein zur Verfügung gestellt.

Die Problematik der hier verwendeten Begriffe ist bereits ausführlich erörtert worden. I. Scheffler hat für den Fall (a) den Ausdruck „positing" und für (b) den Ausdruck „substantiating" geprägt, was im Deutschen etwa durch die Worte „Setzung" und „Erhärtung" wiedergegeben werden könnte. Den früher erwähnten denkmöglichen und trotzdem nicht ganz trivialen Fall, daß alle drei Komponenten von D gegeben sind, haben wir hier wegen seiner Unwichtigkeit nicht einbezogen. Nach der soeben eingeführten Terminologie sind wissenschaftliche Voraussagen *Setzungen*, während Erklärungen Fälle von *Erhärtungen* darstellen.

(VII) *Art der angegebenen Gründe.* Zwei Fälle treten hier auf:

    (a) Das Explanans liefert eine Angabe von Ursachen (Realgründen, Seinsgründen);

    (b) Das Explanans liefert bloß Erkenntnis- oder Vernunftgründe, d. h. Gründe für ein vernünftiges Glauben.

Die Notwendigkeit für die Einbeziehung von (VII) ergab sich daraus, daß — zumindest bislang — der Versuch fehlschlug, diesen Unterschied mittels des Unterschiedes zwischen deduktiven und induktiven Argumenten zu explizieren[33]. *Drei* Typen von Argumenten wurden anhand von Beispielen gegen einen solchen Explikationsversuch vorgebracht: deduktiv-nomologische Schlüsse, die sich auf Symptome stützen; die Verwendungen von strikten Informationsgesetzen und die Fälle ausschließlicher Verwendung deterministischer Gesetze der angewandten Geometrie.

Sicherlich sind zahlreiche Kombinationsmöglichkeiten zwischen diesen Fallunterscheidungen auszuschließen. Wir überlassen es dem Leser, sich diese Unmöglichkeitsfälle klarzumachen. Selbst wenn wir alle diese Fälle unberücksichtigt lassen, erhalten wir weit über hundert Spezialfälle. Es dürfte daher hoffnungslos sein, für sie alle eigene alltagssprachliche Bezeichnungen zu prägen. Die angegebene Liste gibt uns stattdessen die Möglichkeit in die Hand, auf die Einführung solcher Ausdrücke zu verzichten und abstrakte Charakterisierungen von der Gestalt: „eine (Ia, IIa, IIIa, IVb, Vb, VIb, VIIb)-Systematisierung" zu benützen.

Man kann natürlich im nachhinein zu den gebräuchlichen Ausdrücken zurückkehren und sich überlegen, welche Kombinationen aus unserer Liste durch sie gedeckt werden. Selbst wenn man den engsten, durch die Konventionen *K. 1a*, *K. 2a* und *K. 3a* festgelegten Erklärungsbegriff benützt, erhält man das Resultat, daß der Ausdruck „Erklärung" sechs verschiedene Fälle unserer Liste umfaßt, die durch das Schema gegeben werden: (Ia) oder (Ib); (IIa) oder (IIb); (IIIa) oder (IIIb); (IVa) oder (IVc); (Va); (VIb); (VIIa). Die Beschränkung auf sechs mögliche Fälle ergibt sich dadurch, daß bei dieser engen Fassung des Erklärungsbegriffs die Kombination

---

[33] Die Vorsichtsklausel „bislang" fügen wir hier deshalb ein, weil sich in der Zukunft HEMPELS Vermutung als richtig erweisen könnte, daß die zu bloßen Vernunftgründen führenden Symptom-, Indikator- und Informationsgesetze ein bloßes Provisorium darstellen, das sich zu einer späteren Zeit auf kausale Gesetzmäßigkeiten i. e. S. reduzieren lassen wird.

(IIa) + (IIIb) ausgeschieden werden muß und daß der Fall (IIb) + (IIIa) logisch ausgeschlossen ist. Für den Begriff der wissenschaftlichen Voraussage erhalten wir hingegen nicht weniger als 30 Fälle: (Ia) oder (Ib) oder (Ic); (IIa) oder (IIb) oder (IIc); (IIIa) oder (IIIb); (IVa) oder (IVc); (Vc); (VIa); (VIIa) oder (VIIb). Für die Gewinnung der Zahl 30 ist folgendes zu beachten: (II), (III), und (VII) ergeben zusammen fünf Möglichkeiten. Ein rein *logischer* Schluß aus singulären Prämissen kommt nämlich für ein Voraussageargument ebensowenig in Frage wie für ein Erklärungsargument. Daher liefert ein Explanans ohne Gesetze oder mit bloß statistischen Gesetzen stets nur ein induktives Argument und damit nicht mehr als Vernunftgründe. Wenn ausschließlich deterministische Gesetze vorliegen, so können drei Fälle eintreten, da das Argument deduktiv oder induktiv sein und im ersteren Fall Real- oder Vernunftgründe liefern kann. Diese drei Möglichkeiten finden sich alle in den früheren Beispielen. (IVc) wurde einbezogen, weil man im Fall der Verwendung von Zustandsgesetzen (Geometrie-Beispiel) zwar nicht davon spricht, daß man ein Ereignis voraussagt, aber doch davon, daß *das Ergebnis einer Beobachtung oder einer Messung* vorausgesagt wird. Darin tritt nur *eine weitere Doppeldeutigkeit im Ausdruck „Voraussage"* zutage: Man kann *ein erst in der Zukunft stattfindendes Naturereignis* voraussagen, man kann aber auch *das Resultat einer künftigen menschlichen Tätigkeit* (z. B. einer Beobachtung) voraussagen, die sich auf einen *bereits jetzt* bestehenden objektiven Sachverhalt bezieht (z. B. die Höhe des Mastes).

Wenn wir den engsten Erklärungsbegriff zugrunde legen, der dem normalen Gebrauch des Wortes „Erklärung" am nächsten kommen dürfte, so kann eine wissenschaftliche Erklärung in bis zu fünf Hinsichten von einer wissenschaftlichen Voraussage abweichen: In einer Erklärung muß die Explanandum-Aussage richtig sein; in einem rationalen Voraussageargument kann sie dagegen auch falsch sein. In einem erklärenden Argument müssen Gesetze verwendet werden; für ein Voraussageargument ist dies nicht notwendig. Die pragmatische Zeitrelation ist im Erklärungsfall vom Typus $e \leqq D$, im Voraussagefall dagegen vom Typus $D < e$. Eine Erklärung hat stets den Charakter einer Erhärtung, eine Voraussage den einer Setzung. Ein erklärendes Argument muß Ursachen liefern; für ein Voraussageargument ist dagegen die Angabe von Vernunftgründen ausreichend. Sofern in einem erklärenden Argument zwar Gesetze, jedoch keine Sukzessionsgesetze verwendet werden und die Antecedensdaten gleichzeitig mit dem Explanandum realisiert sind, ergibt sich ein weiterer Unterschied: Wir können dann zwar noch immer sagen, daß wir das fragliche *Ereignis* erklären, nicht dagegen, daß wir es voraussagen; die Voraussage bezieht sich vielmehr auf die *Beobachtung* dieses Ereignisses (vgl. die letzte Bemerkung im vorigen Absatz).

Im Anschluß an eine Argumentation von N. RESCHER, der die aristotelische Theorie der Akzidentien zu verteidigen sucht, werden wir im folgenden

Kapitel die Frage diskutieren, ob der Begriff der wissenschaftlichen Systematisierung überhaupt alle Anwendungsmöglichkeiten von Theorien und Gesetzen umfaßt. Es ist nämlich von vornherein nicht ausgeschlossen, daß selbst der hier vorgeschlagene denkbar weiteste Begriff der wissenschaftlichen Systematisierung nicht alle Fälle von Anwendungen wissenschaftlicher Theorien und Gesetze liefert. Wie sich herausstellen wird, hängt die Beantwortung dieser Frage davon ab, in welcher Weise die Wissenschaftssprache konstruiert wird.

In theoretischer Hinsicht sind alle die zahlreichen Systematisierungsformen völlig gleichberechtigt. Es sind pragmatische Umstände, die gewissen dieser Formen, wie der Erklärung und der Prognose, eine ausgezeichnete Stellung im Wissenschaftsbetrieb einräumen. Für sämtliche Formen ist zu bedenken, daß es sich bei ihnen um Anwendungen von Theorien und *nur* darum handelt. Die zugrunde liegende tiefere Erkenntnisstufe ist jene, in der wir die fraglichen Gesetze und Theorien selbst gewinnen. Diese sind es, welche uns über die Kenntnisse der bloßen Fakten hinaus *eine Einsicht in das Bestehen systematischer Zusammenhänge zwischen den Fakten* liefern. Wenn hier von Einsicht die Rede ist, so müssen wir doch sofort, um traditionelle Mißverständnisse auszuschließen, zwei Qualifikationen hinzufügen: Erstens ist diese Einsicht in den meisten Fällen eine sehr indirekte, nämlich immer dann, wenn die gewonnenen Prinzipien keine empirischen, sondern theoretische Gesetze bilden. Dann kommen darin *theoretische Terme* vor, die durch die gesetzmäßigen Beziehungen sowie die Korrespondenzregeln mit den Phänomenen der empirisch-realen Welt verknüpft sind, aber auf diese Weise nicht vollständig, sondern nur partiell deutbar werden. Die Bedeutung dieser Terme vollständig zu verstehen, ist *im Prinzip* ausgeschlossen. Noch eine zweite *prinzipielle* Schranke besteht. Sie betrifft den Charakter unserer Einsicht. Es ist dies kein definitives, unerschütterliches Wissen, sondern für alle Zeiten ein bloß hypothetisches Wissen, *ein Wissen auf Widerruf*, bei dem wir uns nie zur Ruhe setzen können, da es durch neue und genauere Beobachtungen jederzeit erschüttert werden kann.

4. Ein offenes Problem

Abschließend soll noch eine zu Beginn dieses Kapitels angedeutete, von HEMPEL hervorgehobene Schwierigkeit geschildert werden, von der wir sagen müssen, daß es unklar ist, ob für sie bislang eine Lösung gefunden worden sei oder nicht. Das Problem erscheint als trivial und man würde eine ebenso triviale Lösung erwarten, eine Hoffnung, die sich jedoch leider nicht erfüllt.

Wenn wir von der pragmatischen Zeitrelation sprachen, so machten wir dabei die stillschweigende Voraussetzung, daß wir über ein Kriterium dafür verfügen, ob ein bestimmtes Argument bzw. die Conclusio eines solchen Argumentes *über* Vorkommnisse spricht, die früher oder später stattfinden als ein gewisser Zeitpunkt oder mit diesem gleichzeitig sind. Diese Voraussetzung wird insbesondere bezüglich des Zeitpunktes der Argumentäußerung bzw. der Äußerung der Conclusio des Argumentes gemacht. Daß hierin eine Schwierigkeit liegt, läßt sich am besten dadurch verdeutlichen, daß man die naheliegendste „Lösung" des Problems einer Kritik unterzieht. Danach würde man geneigt sein, folgendes zu sagen: Wenn in einem Satz ausdrücklich ein bestimmter Zeitpunkt oder eine bestimmte Zeitperiode erwähnt wird, so sagt der Satz etwas *über* dasjenige aus, das zu dieser Zeit stattfand. Betrachtet man dann eine konkrete *Äußerung* dieses Satzes, so liegt eine Voraussage vor, wenn der Äußerungszeitpunkt dem Zeitpunkt des erwähnten Ereignisses vorangeht. Wenn dagegen der Äußerungszeitpunkt auf dieses Ereignis folgt, so handelt es sich um eine Aussage über die Vergangenheit.

Wenn wir wieder das frühere Beispiel: „am 31. Mai 1965 regnet es in München" nehmen, so sagt nach diesem Kriterium der Satz etwas über den darin ausdrücklich erwähnten Zeitpunkt aus, also über den 31. Mai 1965. Wird daher die Satzäußerung früher, also etwa am 30. Mai 1965, gemacht, so erhalten wir eine Voraussage; wird der Satz später geäußert, so liegt eine historische Feststellung vor.

Es werde nun das Verbum „regnen" durch das ad hoc eingeführte Kunstverbum „+ 4 regnen" ersetzt. Dieser Ausdruck wird so erklärt: „es regnet + 4 zur Zeit t am Ort x" soll genau dasselbe besagen wie: „es regnet am Ort x 4 Tage nach t". Betrachten wir nun den Satz:

(1) Es regnet + 4 am 27. Mai 1965 in München.

Dieser Satz ist logisch äquivalent mit unserem obigen Beispiel, also mit:

(2) Es regnet am 31. Mai 1965 in München.

Die beiden Sätze werden etwa am 29. Mai 1965 geäußert. Nach dem obigen Kriterium wäre dann (1) eine Aussage über die Vergangenheit, (2) hingegen eine Voraussageäußerung. Dies ist ein paradoxes Resultat, da die beiden Aussagen logisch gleichwertig sind. Wir könnten also, wenn uns nur das obige Kriterium zur Verfügung stünde, stets durch Einschiebung einer geeigneten Nominaldefinition eine Aussage über die Zukunft in eine Aussage über die Vergangenheit transformieren und umgekehrt. Offenbar müßte im vorliegenden Fall ein adäquates Kriterium zu dem Ergebnis führen, daß beide zum fraglichen Zeitpunkt geäußerten Aussagen Voraussagen darstellen, trotz des äußerlich gegenteiligen Anscheines im Fall von (1).

Das Beispiel dürfte hinreichend deutlich gemacht haben, daß die Frage
nach einem Kriterium dafür, worüber ein Satz spricht, ein echtes und nicht-
triviales Problem darstellt. Dieses Problem wurde hier bezüglich der für
uns relevanten Frage nach dem Zeitpunkt, über den ein Satz spricht, erläutert. Es betrifft aber, wie man leicht zeigen kann, ebenso die nichtzeit-
lichen Dimensionen[34].

---

[34] Für einen Versuch zur systematischen Erörterung dieses Fragenkomplexes
vgl. N. GOODMAN [About].

Kapitel III
Einfache Modelle für deterministische und probabilistische Erklärungen: Diskrete Zustandssysteme

1. Beschreibung von DS-Systemen

Für die Zwecke des Studiums der Logik der naturwissenschaftlichen Erklärung wäre es außerordentlich wertvoll, wenn man alle relevanten Begriffe anhand einfacher physikalischer Modelle studieren könnte. Die meisten verfügbaren Modelle sind leider verhältnismäßig kompliziert und ihre genaue Untersuchung setzt die Beherrschung eines mehr oder weniger umfangreichen mathematischen Apparates voraus. N. RESCHER hat gezeigt[1], daß es einen Typus von Modellen gibt, welche leicht zu durchschauen und mit größter Präzision zu beschreiben sind, ohne daß man dafür anderweitige theoretische Hilfsmittel benötigte. Die Analyse dieser Systeme wird sich aus drei Gründen als zweckmäßig erweisen: Erstens läuft man hier nicht Gefahr, daß die Aufmerksamkeit unnötigerweise auf solche Details abgelenkt wird, die im gegenwärtigen Zusammenhang ohne Relevanz sind, eine Gefahr, die um so größer ist, je schwieriger die Handhabung des technischen Apparates ist. Zweitens zieht die Verwendung von Hilfsmitteln der höheren Mathematik spezielle philosophische Probleme sui generis nach sich, mit denen die Diskussion der wissenschaftlichen Erklärung nicht belastet werden sollte. Zu diesen speziellen Problemen würde z. B. die Frage nach der Natur und nach der Rechtfertigung jener Idealisierungen gehören, die man vornimmt, wenn man physikalischen Zustandsgrößen Merkmale wie die Stetigkeit zuschreibt, die in der Sprache der Analysis formuliert sind; ferner etwa das Problem, ob und in welchen Grenzen die *nichtkonstruktive* klassische Mathematik in den empirischen Wissenschaften angewendet werden darf oder ob wir uns für die Anwendung auf den konstruktiv interpretierbaren Teil zu beschränken hätten. Drittens wird sich zeigen, daß durch die Betrachtung dieser einfachen Systeme gewisse Vorurteile, z. B. über die angebliche Symmetrie von Prognosen und Retrodiktionen in streng deter-

---

[1] In [State Systems]; vgl. auch W. STEGMÜLLER [Naturgesetz].

ministischen Welten, leicht und überzeugend zu beseitigen sind, Vorurteile, die nicht nur unter philosophischen Laien, sondern sogar unter Naturforschern und Naturphilosophen verbreitet sind.

Gewisse der von RESCHER aufgestellten Thesen werden sich dabei allerdings als anfechtbar erweisen. Auf ein schwieriges und von RESCHER nicht berücksichtigtes Spezialproblem, die sogenannte Mehrdeutigkeit der statistischen Systematisierung, welches auch im vorliegenden Fall auftritt, können wir erst an späterer Stelle zu sprechen kommen, wenn wir uns grundsätzlich mit der Frage statistischer Systematisierungen beschäftigen (vgl. dazu das Kapitel IX). Die folgenden Resultate dürfen nicht überschätzt werden. Da es sich hierbei um einen sehr speziellen Typ von Systemen handelt, kann mittels ihrer Analyse nicht gezeigt werden, was *notwendig* ist, sondern nur, was alles *möglich* ist.

Bei den nun betrachteten Modellen handelt es sich um sogenannte *diskrete Zustandssysteme*, abgekürzt: *DS-Systeme*. Dies sind physikalische Systeme, die durch die folgenden Merkmale charakterisiert sind:

(A) Ein DS-System Σ nimmt zu jedem Zeitpunkt genau einen Zustand aus einer endlichen oder abzählbar unendlichen[2] Liste möglicher Zustände (kurz: Zustandsliste) an: S_1, S_2, S_3, . . .; daher rührt der Name „Zustandssystem". Umfaßt die Liste nur endlich viele Zustände S_1, . . ., S_n, so sprechen wir von einem *endlichen* DS-System, sonst von einem *unendlichen*. Wenn wir hier und im folgenden gewöhnlich von Zuständen reden, so ist dies eine etwas ungenaue façon de parler. Genauer gesprochen handelt es sich dabei um Zustands*arten*, nicht um die raum-zeitlich bestimmten Einzelzustände. Daher können wir z. B. davon sprechen, daß sich ein System Σ zu zwei verschiedenen Zeitpunkten t_1 und t_N in *demselben* Zustand S_i befindet (was eine unsinnige Sprechweise wäre, wenn wir unter Zuständen raum-zeitlich bestimmte Einzelzustände verstünden; denn solche können sich natürlich nicht wiederholen). Über die Zustandsarten S_i sollen die folgenden beiden Voraussetzungen gemacht werden: Wenn zu einem bestimmten Zeitpunkt t in Σ die Zustandsart S_i verwirklicht ist, so enthält die Kenntnis von S_i bereits alles relevante Wissen über Σ zur Zeit t. Ferner soll über das Vorliegen oder Nichtvorliegen von S_i stets auf Grund einfacher empirischer Tests, im Idealfall durch direkte Beobachtungen, entschieden werden können. Alle Zustände von DS-Systemen werden als unzerteilte Ganze betrachtet. Es ist daher im Rahmen der folgenden Überlegungen kein Platz für *Gesetze der Koexistenz*, welche gleichzeitig vorkommende Charakteristika physikalischer Systeme miteinander verknüpfen. Bei endlichen DS-Systemen setzen wir stets voraus, daß sie zu einem bestimmten Zeitpunkt erstmals in Tätigkeit gekommen sind und daß die Zustände so numeriert sind, daß der erste verwirklichte Zustand mit S_1 identisch ist.

---

[2] Diese beiden Fälle werden gewöhnlich unter dem Begriff „höchstens abzählbar viele" zusammengefaßt.

(*B*) Der Zeitraumparameter wird nicht als stetig, sondern als *diskret* vorausgesetzt (daher der Ausdruck „*diskrete* Zustandssysteme"). Dies bedeutet folgendes: Die Zustände eines Systems Σ bleiben für ein gewisses endliches Zeitintervall unverändert. Zwischen den einzelnen Zeitpunkten, die zu einem solchen Zeitintervall gehören, braucht man daher für die Analyse des Systems nicht zu unterscheiden. Für die Beschreibung der an Σ stattfindenden Veränderungen genügt es, die Zeit als aus diskreten Einheiten (Intervallen) bestehend aufzufassen[3], innerhalb welcher das System jeweils unverändert bleibt. Die tatsächliche Länge eines solchen Intervalls spielt keine Rolle. Es kann sich dabei um Mikrosekunden, um Stunden oder um Jahre handeln. Aus Gründen der Einfachheit nehmen wir aber an, daß diese Zeitintervalle für ein gegebenes System denselben konstanten Wert besitzen. Wir nennen solche Zeitintervalle oder Zeitperioden auch kurz Zeiten oder Zeitpunkte. Die Diskretheitsannahme ermöglicht es, von *dem* (zeitlichen) *Nachfolger* $t+1$ *einer Zeit* t zu sprechen. Folgen von Zeiten, in denen jedes Glied unmittelbarer Nachfolger des vorangehenden ist, bezeichnen wir auch durch: t_1, t_2, t_3, ...

Den Zustand eines Systems zu einer Zeit t bezeichnen wir mit $\chi(t)$. Da die Zeit in diskrete Einheiten unterteilt ist, können wir die gesamte Geschichte eines DS-Systems zwischen zwei solchen Zeiteinheiten t_n und t_r (unter Einschluß dieser beiden Einheiten) durch eine endliche Folge von dieser Gestalt ausdrücken: $\chi(t_n)$, $\chi(t_{n+1})$, . . ., $\chi(t_{r-1})$, $\chi(t_r)$.

Analog wie wir von Zeitnachfolgern sprechen, können wir auch von Zustandsnachfolgern reden. Wir nennen einen Zustand $\chi(t_{k+1})$ einen Nachfolger des Zustandes $\chi(t_k)$. Während aber für jede Zeiteinheit der Nachfolger eindeutig festliegt, braucht dies bei Vorliegen der noch genauer zu charakterisierenden probabilistischen Gesetze für Zustände nicht zu gelten. Vielmehr kann eine Zustandsart mehrere voneinander verschiedene mögliche Zustandsnachfolger besitzen.

Die Voraussetzung, daß es sich um *diskrete Systeme* handelt, werden wir generell machen. In den meisten Fällen sollen die jeweils analysierten DS-Systeme überdies als *endlich* vorausgesetzt werden.

(*C*) Die Übergänge zwischen den verschiedenen Zuständen eines DS-Systems Σ sollen stets durch *Gesetze* geregelt sein. Dies erfordert, daß für jeden Zustand aus der Liste möglicher Zustände die gesetzmäßigen Nachfolgerzustände festgelegt sind. Die ein DS-System beherrschenden Gesetze

---

[3] Die Relativität auf die Beschreibung von Σ darf hierbei nicht außer Betracht gelassen werden. Der Leser möge nicht in den Fehler verfallen einzuwenden, daß diese Beschreibung eine anfechtbare Theorie der Zeit voraussetze. Die Frage, ob der Zeitablauf als stetig zu betrachten sei oder nicht, ist für die Analyse von DS-Systemen gänzlich irrelevant. Wesentlich ist nur, daß es für die Beschreibung von Veränderungen an solchen Systemen genügt, geeignete endliche Zeitintervalle als Einheiten zu wählen.

sind also stets Gesetze für den *Übergang* von Zuständen in andere; Gesetze von solcher Art werden auch Sukzessionsgesetze genannt.

Diese Gesetze zerfallen in zwei große Klassen:

(a) *Deterministische Gesetze.* Sie sind von der Gestalt: „Wenn der Zustand von Σ zur Zeit t gleich S_i ist, so ist der Zustand zur Zeit $t+1$ gleich S_j". Dabei können i und j auch identisch sein, d. h. ein Gesetz kann festlegen, daß das System aus einem einmal erreichten Zustand von bestimmter Art nicht mehr herauskommt. Wenn wir für die atomaren Aussagen über Σ, nämlich Aussagen von der Gestalt: „der Zustand (des Systems Σ) zur Zeit t ist gleich S_i", die Abkürzung „$z(t) = S_i$" einführen, so können wir alle deterministischen Gesetze in einer einheitlichen anschaulichen Symbolik ausdrücken:

$$(\alpha) \qquad z(t) = S_i \Rightarrow z(t+1) = S_j$$

Dabei ersetzt der Pfeil „$\Rightarrow$" das „wenn . . ., dann − − −". Strenggenommen müßte man alle diese Symbole auf das jeweils betrachtete System Σ relativieren, also einen geeigneten Index anfügen. Da wir es in einem bestimmten Kontext aber stets nur mit einem ganz bestimmten derartigen System zu tun haben, können wir diesen Index fortlassen. Die einfache Symbolik möge nicht darüber hinwegtäuschen, daß es sich bei diesen Gesetzen, ebenso wie bei den weiter unten angeführten, um *Allsätze* handelt. Die Formel (α) steht für die generelle Aussage: „*wann immer* ein Zustand von der Art S_i realisiert wurde, so wird stets als unmittelbarer Nachfolger ein Zustand von der Art S_j realisiert sein".

(b) *Probabilistische* oder *statistische Gesetze.* Ein solches Gesetz hat die Gestalt: „Wenn der Zustand von Σ zur Zeit t gleich S_i ist, dann wird zur Zeit $t+1$ einer der Zustände $S_{j_1}, \ldots, S_{j_n}$ verwirklicht sein und zwar jeweils mit den Wahrscheinlichkeiten $p_1, \ldots, p_n$", wobei $\sum\limits_{i=1}^{n} p_i = 1$. Wenn man es vermeiden will, ein eigenes Symbol für die bedingte Wahrscheinlichkeit einzuführen, kann man ein derartiges Gesetz in Analogie zur Formel (α) z. B. so symbolisieren:

$$(\beta) \qquad z(t) = S_i \Rightarrow z(t+1) = \begin{cases} S_{j_1} & ; \ p_1 \\ S_{j_2} & ; \ p_2 \\ \cdot \\ \cdot \\ \cdot \\ S_{j_n} & ; \ p_n \end{cases}$$

Die Symbole S_{j_i} bezeichnen dabei die möglichen Folgezustände und die p_i die Wahrscheinlichkeiten für das Eintreten der S_{j_i}. Die Summe dieser Wahrscheinlichkeiten muß gleich 1 sein, weil einer der angegebenen möglichen Folgezustände eintreten muß. Den vor dem „$\Rightarrow$“ angeführten Zustand S_i von (α) bzw. (β) nennen wir den *Ausgangszustand* dieses Gesetzes, die hinter dem Pfeil angeführten Zustände dessen *Folgezustände*.

Die hier verwendeten statistischen Gesetze sind keineswegs die einzig denkmöglichen. Man könnte z. B. auch solche probabilistischen Gesetze anführen, nach denen die Wahrscheinlichkeit für die Verwirklichung des Zustandes S_i zur Zeit t von der ganzen bisherigen *Geschichte* des Systems oder wenigstens einem größeren Teil dieser Geschichte abhängt. Gesetze von solcher Art werden aber hier nicht zugelassen. Alle Gesetze sollen vielmehr die sogenannte Markoff-Eigenschaft erfüllen; d. h. die sogenannte bedingte Wahrscheinlichkeit dafür, daß ein Zustand S_j verwirklicht wird unter der Voraussetzung, daß der unmittelbare Vorgänger S_i war, soll nur von diesem Zustand S_i und nicht von den S_i vorangehenden Zuständen abhängen. Diese Markoff-Eigenschaft kommt in der Formulierung (β) explizit zur Geltung. Aus diesem Grund sind DS-Systeme von der hier betrachteten Art Spezialfälle von sogenannten Markoff-Ketten, die in der Literatur über Wahrscheinlichkeitstheorie eine bedeutende Rolle spielen. Für das folgende werden jedoch keine Resultate aus dieser Theorie der Markoff-Ketten vorausgesetzt.

(D) DS-Systeme werden im folgenden stets *als abgeschlossene Systeme* voraussetzt. Dies bedeutet, daß störende Außeneinflüsse entweder vernachlässigt werden können oder von konstanter Natur sind, so daß daher für das Eintreten von Zuständen S_i stets *nur* Gesetze von der Art (α) bzw. (β) maßgebend sind.

Im Fall eines unendlichen DS-Systems wäre es denkbar, daß auch die Zahl der Gesetze unendlich ist. Doch wollen wir ausdrücklich fordern, daß die Anzahl der Gesetze stets endlich sein muß, so daß sich das Verhalten eines unendlichen Systems unter allen Bedingungen stets durch eine endliche Liste vollständig beschreiben läßt. Im Fall eines endlichen DS-Systems Σ ist dies eine Selbstverständlichkeit. Hier kann das Gesamtverhalten mittels der *charakteristischen Matrix* $\|r_{ij}\|$ des Systems, auch *Matrix der Übergangswahrscheinlichkeiten* genannt, beschrieben werden. Die Zahlen r_{ij} sind dabei die für die Formulierung deterministischer wie statistischer Gesetze benötigten bedingten Wahrscheinlichkeiten, deren Angabe für die vollständige Charakterisierung eines Gesetzes bereits ausreicht. Diese Zahlen r_{ij} sind so zu interpretieren: Wenn sich das System Σ zu einer Zeit t im Zustand S_i befindet, dann ist die Wahrscheinlichkeit dafür, daß es sich zur Zeit $t+1$ im Zustand S_j befindet, gleich r_{ij}. Dabei identifizieren wir die Sicherheit mit der Wahrscheinlichkeit 1 und die Unmöglichkeit mit der Wahrscheinlichkeit 0. Deterministische Gesetze können daher auf Grund dieser Festsetzung als Grenzfälle von probabilistischen Gesetzen aufgefaßt werden. Es sind dies Gesetze von der Art (β), wobei einer der Wahrscheinlichkeitswerte gleich 1 ist, während die übrigen alle gleich 0 sind.

Die Zahl n der Zeilen und Spalten einer charakteristischen Matrix stimmt überein mit der Anzahl der möglichen Zustände $S_1, \ldots, S_n$, deren das System fähig ist. Jede Zeile sowie jede Spalte gehört zu einem Zustandssymbol. Allgemein soll die i-te Zeile zu S_i und die j-te Spalte zu S_j gehören. Am Kreuzungspunkt der i-ten Zeile und der j-ten Spalte stehen die eben erwähnten Zahlen r_{ij}, welche die Wahrscheinlichkeiten dafür angeben, daß S_i als unmittelbaren Nachfolger S_j hat. Die frühere Summenkonvention lautet jetzt $\sum_j r_{ij} = 1$, d. h. die in einer Zeile stehenden Zahlenwerte müssen die Summe 1 ergeben, da jeder Zustand in irgendeinen Zustand übergehen muß.

In den meisten Fällen empfiehlt es sich, für die Beschreibung eines Systems Σ statt der Matrix ein anschauliches *Übergangsdiagramm* zu verwenden. Dies wird am besten durch Beispiele erläutert. Betrachten wir zunächst ein System, für das es nur zwei mögliche Zustände S_1 und S_2 gibt. Es gelten zwei deterministische Gesetze, die besagen, daß jeweils ein Zustand in den anderen übergeht. An die Stelle der eben gegebenen wortsprachlichen Formulierung tritt die Matrix:

	S_1	S_2
S_1	0	1
S_2	1	0

Diese ist ihrerseits ersetzbar durch das Übergangsdiagramm:

(1)
$$S_1 \longrightarrow S_2$$

Der Pfeil repräsentiert ein deterministisches Gesetz. Strenggenommen müßte hier neben dem Zustandssymbol noch die Zahl 1 angeschrieben werden, welche die Übergangswahrscheinlichkeit angibt. Wir treffen jedoch die generelle Festsetzung, daß die Übergangswahrscheinlichkeit 1, welche ein deterministisches Gesetz anzeigt, nicht eigens angeschrieben zu werden braucht. Wenn es sich dagegen um andere Wahrscheinlichkeitswerte handelt, so müssen diese ausdrücklich angegeben werden, so wie etwa im folgenden Beispiel:

Nachfolgerzustände

		S_1	S_2	S_3	S_4
Vorgänger- zustände	S_1	0	0	1	0
	S_2	0	0	1	0
	S_3	0,3	0,3	0	0,4
	S_4	0	0	0	1

Das Übergangsdiagramm sieht diesmal so aus:

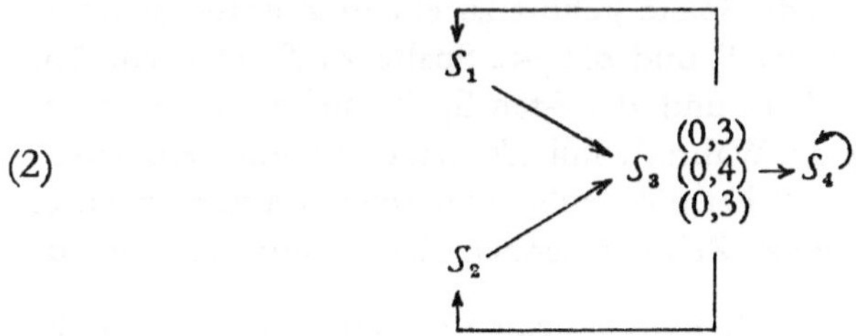

(2)

Neben einem Zustandssymbol müssen stets alle jene von 1 verschiedenen Zahlen angebracht werden, die in der charakteristischen Matrix in der zu diesem Zustandssymbol gehörenden Zeile stehen. Dieser Fall tritt hier nur bei S_3 auf, da das einzige probabilistische Gesetz dieses Systems den Zustand S_3 als Ausgangszustand hat; die übrigen drei Gesetze sind deterministisch. Wie bereits dieses einfache Beispiel zeigt, gewährt uns das Übergangsdiagramm einen viel besseren unmittelbaren Einblick in die Funktionsweise eines DS-Systems als die Matrix der Übergangswahrscheinlichkeiten. Daß der Zustand S_3 mit einer Wahrscheinlichkeit von 0,3 in einen Zustand S_1 bzw. in S_2 übergeht und mit einer Wahrscheinlichkeit von 0,4 in einen Zustand S_4, wird in (2) dadurch ausgedrückt, daß von den drei dem Symbol „S_3" beigefügten Zahlen 0,3, 0,4, 0,3 jeweils ein Pfeil zu einem der drei Nachfolgerzustände führt (d. h. natürlich genauer: zu den Symbolen, welche diese Nachfolgerzustände benennen). Der Rückkehrpfeil bei S_4 soll andeuten, daß das System immer wieder in den Zustand S_4 zurückkehrt, sofern es überhaupt einmal in diesen Zustand übergegangen ist.

Ein System, das nur von deterministischen Gesetzen beherrscht wird, soll ein *total deterministisches DS-System*, oder kurz: *deterministisches System*, genannt werden. Ob ein System deterministisch ist oder nicht, kann man aus beiden Darstellungsformen unmittelbar entnehmen: Die charakteristische Matrix enthält in diesem Fall nur die Zahlen 0 und 1 und im Übergangsdiagramm finden sich neben den Zustandssymbolen keine Zahleneintragungen (vgl. das erste Beispiel). Kommt unter den ein System beherrschenden Gesetzen mindestens ein probabilistisches Gesetz vor, so sprechen wir von einem *indeterministischen* DS-System. Ist mindestens eines der übrigen Gesetze ein deterministisches Gesetz, so liegt ein *partiell indeterministisches* DS-System vor; ansonsten haben wir es mit einem *total indeterministischen* DS-System zu tun. Jedes partiell indeterministische DS-System ist natürlich zugleich ein partiell deterministisches DS-System: bei Verwirklichung gewisser Zustände finden Übergänge mit „deterministischer Notwendigkeit" statt, bei Verwirklichung anderer Zustände erfolgen dagegen die Übergänge nur mit gewissen Wahrscheinlichkeiten.

Ein einfaches Beispiel für ein total indeterministisches System wäre das folgende:

	S_1	S_2	S_3
S_1	0,5	0,5	0
S_2	0	0,4	0,6
S_3	0,5	0,5	0

Das Übergangsdiagramm sieht so aus:

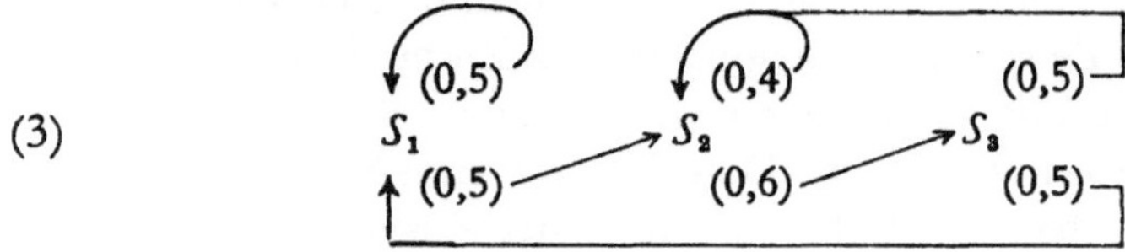

(3)

Nach Möglichkeit zeichnen wir wie in diesem und dem ersten Beispiel ein eindimensionales Diagramm. Wie das vorige Beispiel zeigt, ist aber gelegentlich ein Flächendiagramm zweckmäßiger. Wo immer es sich im folgenden als erforderlich erweisen sollte, über zeitliche Relationen zu sprechen, verwenden wir das Symbol „<" für „früher als". Ein Ausdruck von der Gestalt „$t_i<t_j$" besagt also: „die Zeit (-periode) t_i geht der Zeit (-periode) t_j voran".

Deterministische wie indeterministische DS-Systeme stellen nicht bloß schematische gedankliche Konstruktionen dar, in denen von theoretischen Möglichkeiten die Rede ist. Vielmehr ist jedes endliche DS-System, dessen Zustandsliste keine ungeheuer große Zahl von Zuständen enthält, in der Form eines elektronischen Computers realisierbar, der das Verhalten dieses Systems simuliert. Wie N. RESCHER hervorhebt, können wir selbst im Fall eines sich stetig verändernden Systems die sich dabei abspielenden Vorgänge in der Sprache der DS-Systeme beschreiben, sofern wir ein geeignetes begriffliches Schema verwenden. So könnte z. B. die Brownsche Bewegung einer Partikel auf der Oberfläche einer Flüssigkeit auf Grund der folgenden Konstruktion in der DS-Sprache beschrieben werden: Die Flüssigkeitsoberfläche wird in n Zellen unterteilt, die mit den Zahlen 1 bis n als Indizes versehen sind. Ferner wird die Zeit in beliebig kleine Intervalle t_i unterteilt. Als Zustand des Systems zu einer solchen Zeit wird die Zugehörigkeit zu jener Zelle betrachtet, in der sich die Partikel während dieses Intervalls am längsten befunden hat; sollte es mehrere solche Zellen geben, so wird die Zuordnung unter eine von diesen gemäß einer konventionellen Regel vorgenommen, z. B. zu der Zelle mit dem niedrigsten Index.

2. Erklärungen, Voraussagen und Retrodiktionen in DS-Systemen

Wendet man den früher eingeführten Begriff der wissenschaftlichen Systematisierung auf ein DS-System Σ an, so ergibt sich folgendes allgemeine Schema: Das Explanandum ist stets eine Aussage, in der gesagt wird, daß sich Σ zur Zeit t in dem und dem Zustand befindet, also eine Aussage von der Gestalt $\chi(t)=S_i$. Das Explanans enthält als singuläre Prämissen endlich viele Sätze von derselben Gestalt: $\chi(t_1)=S_{j_1}, \ldots, \chi(t_r) = S_{j_r}$, wobei für alle $1 \leq i \leq r$ stets $t \neq t_i$ sein muß, um den tautologischen Fall der vollständigen Selbsterklärung auszuschließen. Anders ausgedrückt: die Zeiten, auf die sich die einzelnen singulären Prämissen beziehen, müssen alle verschiedenen sein von der Zeit, die das Argument der Zustandsfunktion χ des Explanandums bildet. Als Gesetzesprämissen können endlich viele für Σ geltende Gesetze verwendet werden. Dies sind also stets Sätze von der Art (α) oder (β), deren genaue Gestalt unmittelbar der Zustandsmatrix von Σ entnommen werden kann.

RESCHER nennt alle Argumente, die diese Bedingung erfüllen, *erklärende Argumente*. Es darf dabei nicht übersehen werden, daß darin eine Verallgemeinerung des üblichen Sprachgebrauches liegt. Es wird hier nicht vorausgesetzt, daß die in den singulären Prämissen erwähnten Zeiten der im Explanandum erwähnten Zeit t vorangehen; vielmehr kann für einige dieser t_i gelten: $t_i < t$, während für andere umgekehrt gilt: $t < t_i$. Die in den singulären Prämissen enthaltene Information kann sich also zum Teil auf frühere, zum Teil auf spätere Zeiten als jene beziehen, für die durch das Argument eine Information erst gewonnen werden soll. Daß die Berücksichtigung dieses allgemeinen Falles von großer Bedeutung ist, wird sich im folgenden erweisen. Darüber, ob es zweckmäßig ist, so wie RESCHER von erklärenden Argumenten bzw. Erklärungen zu sprechen, oder ob es besser wäre, den indifferenteren Ausdruck „wissenschaftliche Systematisierung" beizubehalten, kann man verschiedener Meinung sein. Wir akzeptieren für dieses Kapitel die Reschersche Terminologie. Ein erklärendes Argument mit wahren Prämissen wird eine *Erklärung* genannt. Je nachdem, ob die im Explanans verwendeten Gesetze ausschließlich deterministische oder zum Teil statistische Gesetze sind, ergeben sich in bezug auf den Geltungscharakter drei Arten von erklärenden Argumenten:

(a) *Deduktive Erklärungen* oder *D-Erklärungen*. Eine solche Erklärung liegt vor, wenn das Explanandum $\chi(t)=S_i$ logisch aus dem Explanans deduzierbar ist. Dieser Fall kann nur dann eintreten, wenn ausschließlich deterministische Gesetze verwendet werden[4].

---

[4] Aus diesem Grund kann das Präfix „D" in „D-Erklärung" wahlweise als Abkürzung für „deduktiv" oder für „deterministisch" gedeutet werden.

(b) *Probabilistische Erklärungen oder P-Erklärungen.* Hier wird das Explanandum nicht logisch, sondern nur mit einer gewissen Wahrscheinlichkeit erschlossen. Je nachdem, wie sich die Wahrscheinlichkeit dieses Zustandes zu den Wahrscheinlichkeiten der übrigen Zustände verhält, werden wir abermals zwei Fälle unterscheiden:

(α) *Probabilistische Erklärungen im starken Sinn* oder P_{st}-*Erklärungen.* Dieser Fall ist dann gegeben, wenn die Wahrscheinlichkeit des Eintretens von S_i zu t größer ist als die Wahrscheinlichkeit des Nichteintretens dieses Zustandes, d. h. also wenn die Wahrscheinlichkeit für diesen Zustand größer ist als die Wahrscheinlichkeit für die anderen möglichen Zustände, diese letzteren *kollektiv* betrachtet.

(β) *Probabilistische Erklärungen im schwachen Sinn* oder P_{sch}-*Erklärungen.* Eine solche Erklärung liegt dann vor, wenn die Wahrscheinlichkeit von $z(t)=S_i$ größer ist als die Wahrscheinlichkeit von $z(t)=S_j$ für irgendein $j\neq i$, d. h. also wenn die Wahrscheinlichkeit für das Eintreten von S_i größer ist als die Wahrscheinlichkeit für die anderen möglichen Zustände, diese *einzeln* betrachtet.

Dafür, daß eine P_{st}-Erklärung vorliegt, ist es notwendig, daß die Wahrscheinlichkeit für das Eintreten des fraglichen Zustandes größer ist als 1/2. Für eine P_{sch}-Erklärung ist dies nicht erforderlich. Wenn z. B. neun mögliche Zustände $S_1, \ldots, S_9$ vorliegen und der Schluß beinhaltet, daß die Wahrscheinlichkeit der Realisierung von S_1 zu $t = 1/5$ ist, die Wahrscheinlichkeit des Eintretens irgendeines der anderen acht Zustände $S_2, \ldots, S_9$ hingegen jeweils 1/10, so liegt eine P_{sch}-Erklärung, jedoch keine P_{st}-Erklärung vor.

Als *Voraussageargument* oder Argument von *prognostischer Struktur* wird ein solches bezeichnet, dessen Conclusio $z(t)=S_i$ und dessen singuläre Prämissen $z(t_1) = S_{j_1}, \ldots, z(t_r) = S_{j_r}$ lauten, wobei für alle t_i gilt: $t_i < t$ (d. h. die in den Prämissen explizit erwähnten Zeiten sind alle früher als die Zeit t). Wenn dagegen umgekehrt für alle t_i gilt: $t_i > t$, so soll von einem *retrodiktiven Argument* gesprochen werden.

Die beiden von RESCHER angeführten Arten von probabilistischen Erklärungen (Voraussagen, Retrodiktionen) sind nicht ohne erkenntnistheoretische Problematik. Man muß nämlich unterscheiden zwischen jener Wahrscheinlichkeit, die in einem probabilistischen *Gesetz* verwendet wird, und derjenigen, an welche in einem probabilistischen *Argument* appelliert wird. Erstere ist eine statistische, letztere eine induktive Wahrscheinlichkeit. Ein sorgloser Gebrauch des Wahrscheinlichkeitsbegriffs führt zu der von C. G. HEMPEL als Mehrdeutigkeit der statistischen Systematisierung bezeichneten Schwierigkeit. Im Rahmen der folgenden Betrachtungen macht sich diese Schwierigkeit allerdings nicht bemerkbar, so daß wir uns gegenwärtig mit der oben gegebenen vagen Charakterisierung der probabilistischen Erklärung begnügen können. Es sei aber jetzt schon darauf hingewiesen, daß die Befolgung einer eigenen Regel erforderlich ist, um logische

Widersprüche zwischen probabilistischen Erklärungen mit wahren Prämissen zu vermeiden. Dieser Sachverhalt soll in IX systematisch untersucht werden. Es wird sich dort zeigen, daß die Gefahr der Inkonsistenz bei *allen Arten* von statistischen Systematisierungen auftritt, also auch bei Erklärungen von Vorgängen in partiell indeterministischen DS-Systemen (vgl. insbesondere S. 828–830).

Um die folgenden Erörterungen nicht übermäßig zu komplizieren, nehmen wir generell an, daß wir in probabilistischen Erklärungsargumenten den Wert für die Wahrscheinlichkeit des Explanandums dem relevanten probabilistischen Gesetz entnehmen. Besagt dieses z. B., daß die statistische Wahrscheinlichkeit für S_3 als unmittelbaren S_1-Nachfolger 0,8 beträgt, so schließen wir mit einer Wahrscheinlichkeit von 0,8 auf die Realisierung von S_3 zu $t+1$, wenn unsere Information in nichts weiterem besteht, als daß zu t der Zustand S_1 verwirklicht war. Dies ist zwar im Licht der späteren Diskussion keine selbstverständliche, aber im gegenwärtigen Zusammenhang die einfachste und wohl auch die vernünftigste Annahme.

Es sollen jetzt verschiedene Aussagen über Erklärungen, Voraussagen und Retrodiktionen in DS-Systemen bewiesen werden. Wir beginnen mit der Schilderung von positiven Resultaten darüber, was an solchen Systematisierungen in bezug auf DS-Systeme möglich ist. Diese Resultate sind nicht überraschend; sie waren von vornherein zu erwarten. Einige der späteren Resultate über die Verhältnisse dieser Systematisierungsformen zueinander und über ihre Grenzen sind zum Unterschied davon ziemlich überraschend.

3. Normalfälle von Erklärungen und Voraussagen in deterministischen und indeterministischen Systemen

Am selbstverständlichsten ist zweifellos das folgende Resultat:

(I) *In einem total deterministischen DS-System sind D-Voraussagen (und damit a fortiori D-Erklärungen) generell möglich.*

Aus der Kenntnis des Zustandes zu einer Zeit t können wir stets den Zustand zur Zeit $t+1$ *prognostizieren* und ebenso einen beliebigen späteren Zustand $t+n$. In bezug auf ein deterministisches DS-System befinden wir uns also in der vorteilhaften Rolle des Laplaceschen „Weltgeistes", der aus der Kenntnis eines einzigen Weltzustandes die gesamte Zukunft vorauszuberechnen vermag. Analog ist es möglich, den Zustand zur Zeit t mittels des Zustandes zur Zeit $t-1$ bzw. zu einer Zeit $t-n$ zu *erklären.*

Ausgenommen von der Erklärung ist natürlich der erste Zustand, wenn man annimmt, daß das DS-System zu einer bestimmten Zeit zu laufen beginnt. Falls wir dagegen ein DS-System als eine deterministische Miniaturwelt ohne zeitlichen Anfang betrachten, so fällt auch dieser erste Ausnahmezustand fort. Es möge beachtet werden, daß die generelle Voraussetzung, daß es sich um abgeschlossene Systeme handelt, für die Möglichkeit der Vornahme von D-Voraussagen wesentlich ist, ebenso wie etwa im Fall astronomischer Prognosen. In jeder Prognose für eine Zeit t_1 müssen ja neben den Anfangsbedingungen zur Zeit t_0 stets auch die während des Zeitablaufes t_0 bis t_1 auftretenden Randbedingungen verwendet werden. Die Abgeschlossenheitsannahme macht die generelle Voraussetzung, daß diese Randbedingungen *konstant* bleiben und daher ausschließlich die in der charakteristischen Matrix angeführten Gesetze zur Geltung kommen.

(II) *In (partiell oder total) indeterministischen DS-Systemen sind D-Voraussagen nicht generell möglich. Dagegen können P_{st}-Voraussagen (und daher a fortiori P_{st}-Erklärungen) generell möglich sein.*

Die erste Hälfte dieser Behauptung ist selbstverständlich. Sie ergibt sich daraus, daß mindestens eine Zustandsart Ausgangszustand für ein probabilistisches Gesetz ist, so daß bei seiner Verwirklichung nur eine probabilistische Prognose möglich wird. Zum Beweis der zweiten Hälfte genügt es, ein System Σ mit zwei Zuständen zu betrachten, dessen Übergangsdiagramm so aussieht[5]:

(4)

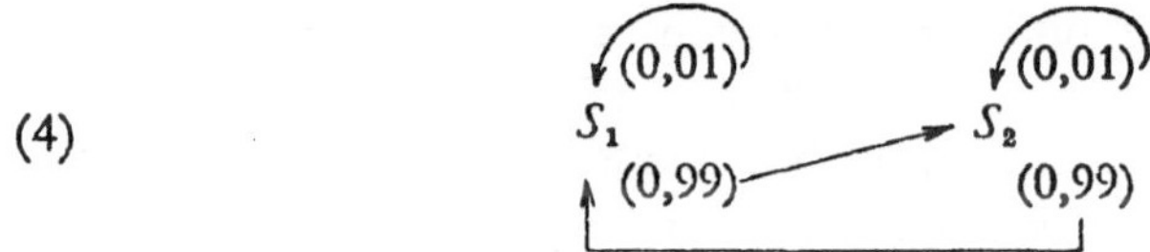

Ist in diesem System zu einer Zeit ein Zustand verwirklicht, so können wir im stark probabilistischen Sinn voraussagen, daß im nächsten Zeitpunkt der andere Zustand realisiert sein wird. Ein zu diesem Fall symmetrisches Alternativsystem wäre jenes, in dem der Rückkehrpfeil mit dem Wahrscheinlichkeitsindex 0,99 verknüpft wäre. Die stark probabilistische Prognose würde sich hierbei stets auf denselben Zustand beziehen. Die in (II) behauptete generelle Möglichkeit ist so zu verstehen, daß *in bestimmten* indeterministischen DS-Systemen bei Realisierung jedes beliebigen Zustandes eine P_{st}-Voraussage möglich ist. Daß diese generelle Möglichkeit nicht nur keine generelle Notwendigkeit darstellt, sondern in bestimmten Systemen in Unmöglichkeit umschlagen kann, zeigt der folgende Satz:

---

[5] Zur Übung wird dem Leser empfohlen, die charakteristische Matrix jeweils explizit anzuschreiben.

(III) *Es kann der Fall sein, daß in einem indeterministischen DS-System zwar P_{sch}-Voraussagen (und daher a fortiori P_{sch}-Erklärungen) generell möglich sind, dagegen P_{st}-Erklärungen (und daher a fortiori P_{st}-Voraussagen) generell unmöglich sind.*

Ein solches System muß mindestens drei mögliche Zustände besitzen. Es bedeute k mod 3 (lies: „k modulo 3“) für k $\leq$ 3 diese Zahl k selbst und für k$>$3 den Rest bei der Division von k durch 3. Dann wäre ein System Σ, für welches die eben aufgestellte Behauptung zutrifft, das folgende: Σ besteht aus drei möglichen Zuständen S_1, S_2 und S_3. Die für Σ geltenden Gesetze besagen, daß jeder Zustand S_i mit der Wahrscheinlichkeit 0,4 in den Zustand $S_{(i+1)\ mod\ 3}$ übergeht und in jeden der beiden übrigen möglichen Zustände mit der Wahrscheinlichkeit 0,3. In diesem Fall ist das Übergangsdiagramm kaum anschaulicher als die Matrix; daher schreiben wir beides an.

Charakteristische Matrix:

	S_1	S_2	S_3
S_1	0,3	0,4	0,3
S_2	0,3	0,3	0,4
S_3	0,4	0,3	0,3

(5)

Übergangsdiagramm:

$$S_i \begin{cases} (0,4) \longrightarrow S_{(i+1)\ mod\ 3} \\ (0,3) \longrightarrow S_{(i+2)\ mod\ 3} \\ (0,3) \longrightarrow S_i \end{cases}$$

An dieser Stelle zeigt sich übrigens von neuem, daß die Ähnlichkeitsthese bezüglich Erklärung und Voraussage u. a. von terminologischen Festsetzungen abhängt, die man höchstens als mehr oder weniger zweckmäßig beurteilen kann. Falls man z. B. beschließen sollte, den Begriff der schwach probabilistischen Erklärung als künstlich und inhaltlich unbefriedigend zu verwerfen, den Begriff der schwach probabilistischen Voraussage hingegen beizubehalten, so hätten wir es im Fall unseres Systems (und analog in Fällen beliebiger die Bedingung (III) erfüllender Systeme) mit DS-Systemen zu tun, *in denen zwar Voraussagen generell möglich sind, in denen jedoch überhaupt nichts erklärt werden kann.*

Einen solchen terminologischen Vorschlag könnte man auf folgende Weise zu rechtfertigen versuchen: Zum normalen Gebrauch von „Erklärung“ gehört es, daß wir bei der Erklärung eines Ereignisses Gründe dafür zu liefern haben, *daß das Ereignis eingetreten ist und nicht nicht eingetreten ist* („cur potius sit quam non sit“). Falls die Erklärung einen bloßen Wahrscheinlichkeitsschluß liefert, muß daher das Explanandum mit einer Wahrscheinlichkeit von mehr als 1/2 erschlossen werden können, also die Conclusio einer P_{st}-Erklärung sein. Für eine Prognose ist es dagegen zweckmäßig, das Konkurrenzverhältnis zu den übrigen *isolierten* Möglichkeiten heranzuziehen und die Voraussagbarkeit eines Ereignisses immer dann zu behaupten, wenn es allen anderen (einzeln genommenen) möglichen Ereignissen probabilistisch überlegen ist, mag auch die Wahrscheinlichkeit seines Eintretens geringer sein als die seines Nichteintretens. Dies ist gerade der Fall der P_{sch}-Voraussage.

Der eben geschilderte Standpunkt muß nicht eingenommen werden, aber er läßt sich vertreten und führt dann zu der geschilderten Konsequenz.

4. Retrodiktionen in deterministischen und indeterministischen DS-Systemen

Immer wieder stößt man in naturphilosophischen Schriften explizit oder implizit auf die Behauptung, daß im Fall der Gültigkeit des strengen Determinismus eine vollkommene Symmetrie zwischen D-Prognosen und D-Retrodiktionen bestehe. Es mache keinen Unterschied aus, ob man von der Gegenwart auf die Zukunft schließe oder in die Vergangenheit zurückschließe. Bisweilen wird dies am anschaulichen Modell des Laplaceschen Weltgeistes illustriert. Wenn dieser weltumspannende Geist über eine Kenntnis sämtlicher Weltgesetze verfügt, die alle deterministisch sein mögen, so könne dieser Geist die gesamte Zukunft wie die Vergangenheit des Weltgeschehens berechnen, wenn ihm der gegenwärtige Zustand in allen Details gegeben sei. Diese Annahme ist jedoch unhaltbar, wie das folgende Ergebnis zeigt, das auf den ersten Anblick überraschend erscheint:

(IV) *Es kann der Fall sein, daß in einem streng deterministischen System bei Verwirklichung gewisser Zustände D-Retrodiktionen unmöglich sind. In jedem nicht total zyklischen endlichen deterministischen DS-System muß dies sogar der Fall sein.*

Unter einem total zyklischen System verstehen wir ein solches, das stets in einer bestimmten Reihenfolge alle Zustände durchläuft und dann wieder mit dem ersten beginnt. Sind die Zustände (in geeigneter Numerierung) $S_1, \ldots, S_n$, so würden in einem solchen zyklischen System die n folgenden Gesetze gelten: $S_i \Rightarrow S_{i+1}$ für $i=1, \ldots, n-1$ sowie $S_n \Rightarrow S_1$. Als Illustration für die Behauptung (IV) diene ein DS-System Σ mit drei möglichen Zuständen, dessen Übergangsdiagramm so aussieht:

$$(6) \qquad S_1 \longrightarrow S_2 \longrightarrow S_3$$

Wenn t der gegenwärtige Zeitpunkt ist und wir nicht *mehr* als dies wissen, daß $z(t)=S_2$ gilt, so ist es logisch unmöglich, einen zwingenden Schluß auf den Zustand zur Zeit $t-1$ zu machen. S_1 und S_3 sind in gleicher

Weise Kandidaten für den Vorgängerzustand von S_2. Analoges gilt für jedes nicht total zyklische endliche (total) deterministische DS-System, welches für eine unbegrenzte Zeit laufen kann. Wenn das System n Zustände besitzt, so brauchen wir bloß mindestens $n+1$ aufeinanderfolgende Zeiten $t_1, \ldots, t_{n+1}$ zu wählen. Da nach Voraussetzung kein zu S_1 zurückkehrender Gesamtzyklus vorliegen soll, muß es einen Teilzyklus geben, d. h. der Zustand S_n muß nach Verwirklichung zu einem von S_1 verschiedenen Zustand S_i (der auch S_n selbst sein kann) zurückkehren und dieser muß innerhalb unseres Zeitraumes einmal verwirklicht worden sein. Daher gibt es dort eine Stelle, an der keine D-Retrodiktion möglich ist. Aus dem Übergangsdiagramm ist diese Stelle immer unmittelbar zu entnehmen: man braucht nur auf jenes Zustandssymbol zu blicken, bei dem zwei Pfeile einmünden.

Dieses Beispiel lehrt zugleich, daß wahrscheinlichkeitstheoretische Überlegungen innerhalb von retrodiktiven Argumenten nicht nur für indeterministische, sondern auch für streng deterministische Systeme von Bedeutung werden können. Wir unterscheiden dazu drei Fälle. *1. Fall.* Wir besitzen außer dem Wissen $\chi(t)=S_2$ noch die zusätzliche Information, daß Σ zu $t-1$ eingeschaltet worden ist (zu laufen begonnen hat). Dann können wir schließen, daß der Vorgängerzustand von S_2 der Zustand S_1 gewesen sein muß. *2. Fall.* Wir besitzen die zusätzliche Information, daß das System bereits seit längerer Zeit läuft, t also eine spätere als die zweite Zeiteinheit sein muß. Dann können wir ebenfalls einen rein logischen Schluß auf den Vorgängerzustand vornehmen, der aber diesmal mit dem Zustand S_3 identisch sein muß. *3. Fall.* Wir besitzen so wie eben vorausgesetzt keine weitere Information, als daß $\chi(t)=S_2$. Dann können wir zwar keine D-Retrodiktion vornehmen; wir werden aber schließen, daß mit größter Wahrscheinlichkeit der Vorgängerzustand von S_2 der Zustand S_3 und nicht S_1 war; denn in der ganzen Geschichte dieses Systems wird S_1 nur ein einziges Mal verwirklicht und dementsprechend tritt S_2 nur ein einziges Mal als unmittelbarer Nachfolger von S_1 auf. Der mit S_2 beginnende Teilzyklus wiederholt sich dagegen, solange das System läuft, so daß S_2 immer wieder als S_3-Nachfolger auftritt. Wie groß diese Wahrscheinlichkeit auch sein mag, sie ändert nichts daran, daß eine D-Retrodiktion ausgeschlossen ist

Wahrscheinlichkeitstheoretische Überlegungen von der eben erwähnten Art sind übrigens aus prinzipiellen Gründen klar zu unterscheiden von jenen, die sich auf die probabilistischen Gesetze eines indeterministischen Systems stützen. Bei den letzteren handelt es sich um eine *innersystematische* Angelegenheit; die Gesetze des Systems sind ja selbst in der probabilistischen Sprache formuliert. Jetzt hingegen handelte es sich darum, eine *außersystematische* Information zu verwenden, die sich aus einer *von außen herangetragenen Betrachtung* der Struktur des ganzen Systems ergab.

Man kann die Hilfe solcher äußeren wahrscheinlichkeitstheoretischen Betrachtungen auch noch ausschließen und erreichen, *daß von einem gegebenen Zustand aus überhaupt keine Retrodiktionen möglich sind, obwohl dieser Zustand in deterministischer Weise verwirklicht worden ist.* Dazu müssen wir bloß zu einem geeigneten partiell indeterministischen System übergehen:

(V) *Es kann der Fall sein, daß in einem partiell indeterministischen DS-System selbst an solchen Stellen jede Art von Retrodiktion ausgeschlossen ist, an denen ein Zustand verwirklicht ist, der nur als Folgezustand deterministischer Gesetze auftritt.*

Als Beweis kann man ein DS-System mit folgendem Übergangsdiagramm verwenden:

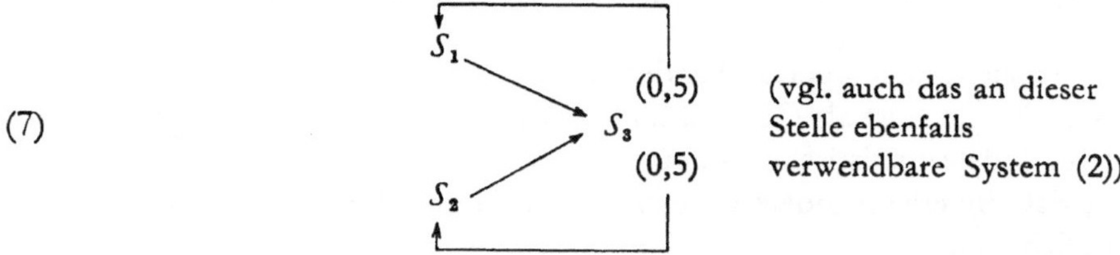

(7)   (vgl. auch das an dieser Stelle ebenfalls verwendbare System (2))

Angenommen, für den gegenwärtigen Zeitpunkt t gelte $z(t)=S_3$. Es ist keine Retrodiktion möglich, trotz der Tatsache, daß S_3 nur der Folgezustand zweier deterministischer Gesetze ist. Diesmal hilft uns auch die Berücksichtigung der Gesamtstruktur des Systems nicht weiter. Denn wie lange auch das System läuft, werden die Zustände S_1 und S_2 wegen der Eigenart des probabilistischen Gesetzes im Durchschnitt gleich oft verwirklicht und bilden daher stets gleichberechtigte Kandidaten für den Vorgängerzustand von S_3.

Dieses Resultat, daß trotz ausschließlichen Vorliegens deterministischer Gesetze deduktive Rückschlüsse in die Vergangenheit nicht ohne weiteres möglich sind, hätte auch ohne Zuhilfenahme von DS-Modellen durch Reflexion auf die Struktur von Kausalgesetzen erkannt werden können. Kausalgesetze sind Spezialfälle von *Sukzessions*gesetzen (Ablaufgesetzen), und Sukzessionsgesetze haben (wie übrigens auch die meisten anderen Naturgesetze) die Gestalt von materialen Implikationen (Konditionalen) und nicht von Äquivalenzen (Bikonditionalen). Es kann daher verschiedene Gesetzesaussagen vom Charakter der Kausalgesetze geben, die dasselbe Konsequens, aber jeweils ein anderes Antecedens aufweisen. Verschiedenartige Ausgangszustände können dann zu demselben Endzustand führen.

Die Idee des Laplaceschen Weltgeistes, der aus der genauen Kenntnis eines Zustandes des Universums die ganze Zukunft wie die gesamte Vergangenheit zu berechnen imstande ist, beruht somit auf einem Denkfehler. Nur die eine Hälfte ist sicherlich richtig: die Vorausberechenbarkeit der gesamten Zukunft. Zwar *kann* das Universum eine solche Struktur haben, daß auch die entsprechenden D-Retrodiktionen möglich sind. Es läßt sich jedoch nicht a priori behaupten, daß ein total deterministisches Universum diese Struktur haben *muß*. Man braucht nur anzunehmen, daß es in gewissen Hinsichten solchen DS-Systemen ähnlich ist, die für die Verifikation der Behauptung (IV) verwendbar sind, um daraus schließen zu können, daß deterministische Retrodiktionen nicht generell möglich sind. Wenn man z.B. Nietzsches Lehre von der ewigen Wiederkehr des Gleichen (Theorie der Weltzyklen) mit dem damit verträglichen weiteren Gedanken verknüpft, daß dem erstmaligen Auftreten eines solchen Zyklus eine endliche (wenn die Welt einen Anfang hat) oder unendliche (wenn sie keinen Anfang hat) nichtzyklische Folge von Weltzuständen vorangegangen ist, so ist in dieser Welt analog zum Miniaturfall (6) eine D-Retrodiktion nicht generell möglich.

Vielleicht noch überraschender als das Resultat in bezug auf deterministische Systeme ist als Gegenstück dazu das entsprechende positive Resultat für indeterministische Systeme. Es ist nämlich keinesfalls ausgeschlossen, daß in einem indeterministischen System D-Retrodiktionen *generell* möglich sind:

(VI) *D-Retrodiktionen können in indeterministischen DS-Systemen generell möglich sein.*

Dies ist die einzige Stelle, an der wir zu einem *unendlichen* DS-System greifen müssen, um eine Behauptung zu beweisen. Das Übergangsdiagramm des Systems, für welches (VI) gilt, möge etwa so aussehen:

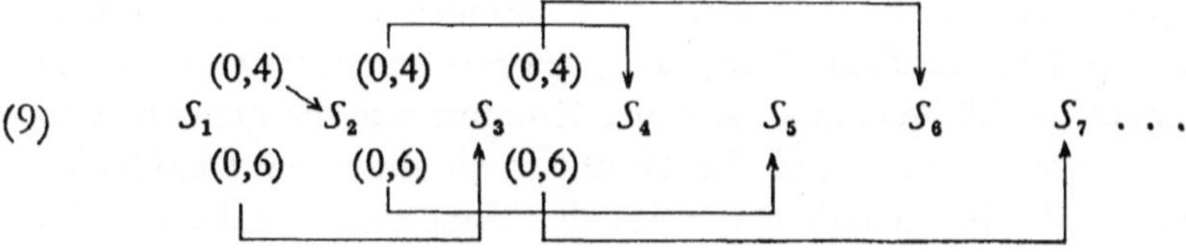

(8)

Daß hier D-Retrodiktion stets möglich ist, kann man unmittelbar daraus ersehen, daß bei jedem Zustandssymbol nur ein einziger Pfeil einmündet. Dieses System ist bloß ein partiell indeterministisches, da für es nur ein probabilistisches Gesetz gilt, im übrigen jedoch lauter deterministische Gesetze gelten. Die Behauptung ist aber auch für total indeterministische Systeme richtig, etwa für das folgende System, dessen Beginn wir hier bloß andeuten:

(9)

In einem *endlichen* indeterministischen DS-System kann diese Situation natürlich nicht eintreten; denn im Übergangsdiagramm eines jeden endlichen solchen Systems muß es mindestens ein Zustandssymbol geben, bei dem zwei Pfeile einmünden. Dagegen kann die generelle Möglichkeit einer stark probabilistischen Retrodiktion bestehen:

(VII) *Selbst in einem indeterministischen DS-System kann P_{st}-Retrodiktion (und a fortiori P_{sch}-Retrodiktion) generell möglich sein.*

Zum Beweis kann man auf jenes schon benützte System zurückgreifen, für welches die Übergangsmatrix (4) gilt.

Das nächste Beispiel soll dazu dienen, einen Eindruck davon zu geben, welchen Grad an Komplexität u. U. eine Retrodiktion haben kann. So wie die beiden Begriffe der Voraussage und der Retrodiktion eingeführt worden sind, bilden sie zwar einander ausschließende Begriffe. Dies ändert aber nichts daran, daß eine solche Retrodiktion bisweilen nur dadurch möglich wird, daß das retrodiktive Argument *ein prognostisches Teilargument* enthält:

(VIII) *In indeterministischen DS-Systemen kann der Fall eintreten, daß Retrodiktionen nur dadurch möglich werden, daß sie Voraussageargumente als Teilargumente enthalten.*

Als Beweis für diese Behauptung betrachte man das DS-System mit folgendem Übergangsdiagramm:

(10)

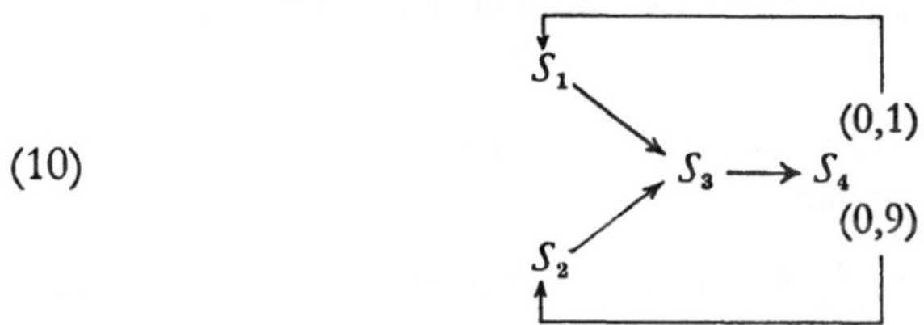

Wir sagen, daß ein Zustand S_j ein n-Intervall-Nachfolger von S_i bzw. daß S_i ein n-Intervall-Vorgänger von S_j ist, wenn zwischen S_i und S_j n Zeiten liegen, so daß also zwischen der Verwirklichung von S_i und der Realisation von S_j $n-1$ Zustände verwirklicht worden sein müssen.

Angenommen, für den gegenwärtigen Zeitpunkt t gelte $z(t) = S_3$. Dann ist sicherlich keine D-Retrodiktion möglich, da in S_3 zwei verschiedene Pfeile einmünden. Solange man nicht weiter zurückgeht als bis auf diese beiden unmittelbaren möglichen S_3-Vorgänger S_1 und S_2, hat man den Eindruck, daß auch keine P-Retrodiktion möglich ist. Dies ändert sich jedoch mit einem Schlage, sobald man den 2-Intervall-Vorgänger von S_3 zur Zeit $t-2$ betrachtet, der auf alle Fälle ein Zustand von der Art S_4 gewesen sein muß. Mit $z(t-2)=S_4$ als singulärer Prämisse können wir ein stark probabilistisches Voraussage-Argument bilden, dementsprechend S_2 zu $t-1$ mit neunmal größerer Wahrscheinlichkeit als unmittelbarer Nachfolger von S_4 auftritt denn S_1. Da sowohl auf S_2 wie auf S_1 der Zustand S_3 folgen muß, kann diese Wahrscheinlichkeitsaussage dazu verwendet werden, um zu schließen, daß S_2 mit neunmal größerer Wahrscheinlichkeit unmittelbarer Vorgänger von S_3 war als S_1. Diese P_{st}-Retrodiktion von S_3 auf S_2 wurde nur dadurch möglich, daß ein längeres Argument konstruiert worden ist, das als Bestandteil ein P_{st}-Voraussage-Argument von S_4 auf S_2 enthielt. Trotz dieses prognostischen Teilargumentes ist das ganze eine Retrodiktion, da hierfür nur das Verhältnis der in Prämissen wie Conclusio erwähnten Zeiten von Relevanz ist; und die Prämisse $z(t)=S_3$ bezieht sich auf die Gegenwart t, während die mit hoher Wahrscheinlichkeit erschlossene Aussage $z(t-1)=S_2$ sich auf etwas Vergangenes bezieht.

5. Generelle Möglichkeit von D-Erklärungen bei gleichzeitiger Unmöglichkeit von D-Voraussagen bzw. P-Voraussagen sowie von D-Retrodiktionen bzw. P-Retrodiktionen

Wir betrachten partiell indeterministische endliche Systeme. In solchen ist sicherlich eine D-Voraussage nicht generell möglich, da mindestens ein probabilistisches Gesetz vorkommt. Dies schließt aber D-Erklärungen nicht aus.

(IX) *In DS-Systemen, die (partiell) indeterministisch sind, kann trotzdem D-Erklärung generell möglich sein.*

Zum Beweis betrachten wir ein System mit drei möglichen Zuständen und dem folgenden Übergangsdiagramm:

(11)

$$S_1 \longrightarrow S_2 \quad \overset{(0,5)}{\underset{(0,5)\nearrow}{}} \quad S_3$$

Dieses System ist so beschaffen, daß nicht nur D-Voraussagen und -Retrodiktionen nicht generell möglich sind, sondern daß unter gewissen Umständen nicht einmal die schwächste Form probabilistischer Prognosen oder probabilistischer Retrodiktionen möglich wird. Wenn z. B. $z(t)=S_2$ gegeben ist, so kann wegen der gleichen Wahrscheinlichkeit in den beiden probabilistischen Gesetzen mit S_2 als Ausgangszustand überhaupt keine probabilistische Prognose formuliert werden, nicht einmal eine P_{sch}-Voraussage. Und falls $\chi(t)=S_1$ gegeben ist, so kann analog nicht einmal eine P_{sch}-Retrodiktion konstruiert werden. *Trotzdem ist eine D-Erklärung generell möglich.* Für eine D-Erklärung ist es nämlich höchstens erforderlich, daß man den unmittelbar vorangehenden und außerdem den unmittelbar folgenden Zustand kennt. Die beiden erwähnten Fälle sind die einzigen problematischen, da man von S_3 aus sowohl eine D-Voraussage wie eine D-Retrodiktion, von S_2 aus eine D-Retrodiktion und von S_1 aus eine D-Voraussage vornehmen kann. Gilt $\chi(t)=S_2$, so gilt $\chi(t+1)=S_3$ oder $=S_1$, je nachdem ob $\chi(t+2)=S_1$ oder $=S_2$ gilt. Und ist $\chi(t)=S_1$, so gilt $\chi(t-1)=S_2$ oder $=S_3$, je nachdem ob $\chi(t-2)=S_1$ oder $=S_2$ gilt. Man kann also im ersten Fall trotz der fehlenden Voraussagemöglichkeit eine D-Erklärung vornehmen, wenn $\chi(t+2)$ bekannt ist, und im zweiten Fall trotz der fehlenden Retrodiktionsmöglichkeit ebenfalls zu einer D-Erklärung gelangen, wenn außerdem noch $\chi(t-2)$ gegeben ist.

In diesem Beispiel wären immerhin, von zwei Fällen abgesehen, D-Voraussagen und D-Retrodiktionen möglich. Die Aussage (IX) kann nun dahingehend verschäft werden, daß in einem total indeterministischen System D-Erklärung selbst dann generell möglich ist, wenn nicht einmal schwach probabilistische Voraussagen oder Retrodiktionen an irgendeiner Stelle vorgenommen werden können.

(X) *In total indeterministischen DS-Systemen kann es der Fall sein, daß D-Erklärung generell möglich ist, obwohl P_{sch}-Voraussagen und P_{sch}-Retrodiktionen (und daher a fortiori alle stärkeren Formen von Voraussagen und Retrodiktionen) generell unmöglich sind.*

Um dies zu zeigen, wird ein DS-System mit vier möglichen Zuständen $S_1, \ldots, S_4$ betrachtet. Diesmal wollen wir die charakteristische Matrix selbst anschreiben:

	S_1	S_2	S_3	S_4
S_1	0,5	0	0,5	0
S_2	0,5	0	0,5	0
S_3	0	0,5	0	0,5
S_4	0	0,5	0	0,5

Das Übergangsdiagramm wird diemal zweckmäßigerweise durch ein Schema mit variablen Indizes ersetzt:

$$
(12) \quad \begin{matrix} & (0,5) \longrightarrow S_j \\ S_i & \\ & (0,5) \longrightarrow S_k \end{matrix} \quad \text{wobei} \quad \left\{ \begin{matrix} j=1 \text{ und } k=3, \text{ wenn } i=1 \text{ oder } i=2 \\ \\ j=2 \text{ und } k=4, \text{ wenn } i=3 \text{ oder } i=4 \end{matrix} \right.
$$

P_{sch}-Voraussagen und P_{sch}-Retrodiktionen sind hier generell ausgeschlossen. Ist irgendein Zustand verwirklicht, so können *mit gleich großer Wahrscheinlichkeit* zwei verschiedene Zustände als unmittelbare Nachfolgerzustände auftreten. Und ebenso sind jeweils zwei Zustände gleichberechtigte mögliche Kandidaten für den Vorgängerzustand eines gegebenen Zustandes. Dagegen kann eine Aussage von der Gestalt $z(t)=S_i$ stets logisch erschlossen werden, wenn $z(t-1)=S_j$ und $z(t+1)=S_k$ gegeben sind. Hat das System etwa die folgende Geschichte durchgemacht, aus der wir die Zustände zu den Zeiten $t-1$ und $t+1$ kennen, also:

$$\ldots S_1 - S_4 \ldots,$$

wobei die Leerstelle (der Strich) den vorläufig unbekannten Zustand zur Zeit t symbolisiert, so können wir unter Verwendung der charakteristischen Matrix die Leerstelle sofort durch S_3 ersetzen: Als gleichberechtigte Nachfolger von S_1 kommen nämlich S_1 selbst sowie S_3 in Frage und als gleichberechtigte Vorgänger von S_4 die Zustände S_3 und S_4. S_3 ist also der einzig mögliche Zustand, der beide Bedingungen erfüllt. Analog schließt man in allen übrigen Fällen.

Diese zwei Beispiele zeigen zugleich, wie wichtig es ist, wissenschaftliche Systematisierungen mit relativ zum Explanandum-Ereignis zeitlich verstreuten Antecedensdaten in die Betrachtungen einzubeziehen. Es spielt dabei natürlich keine Rolle, ob man solche Fälle so wie RESCHER als Erklärungen bezeichnet oder ihnen einen anderen Namen geben will. Entscheidend ist nur dies, daß derartige D-Systematisierungen möglich sind, obwohl P_{sch}-Prognosen und P_{sch}-Retrodiktionen und auch P_{sch}-Erklärungen im üblichen Wortsinn[6] unmöglich sind.

6. Prinzipielle Grenzen wissenschaftlicher Erklärungen. Reschers Verteidigung der aristotelischen Theorie der Akzidentien

In den beiden letzten Beispielen waren wir auf Fälle gestoßen, in denen selbst schwach probabilistische Voraussagen und Retrodiktionen unmöglich waren. Daß dabei der Wahrscheinlichkeitswert 1/2 verwendet wurde,

---

[6] Da bei der Analyse der DS-Systeme von den pragmatischen Zeitumständen abstrahiert wird, kommt es nur auf die Argumentstruktur und auf die zeitlichen Relationen zwischen den in Antecedensdaten und Explanandum vorkommenden Zeiten an. Ein Argument von prognostischer Struktur unterscheidet sich aber nicht von einem Erklärungsargument im „üblichen Wortsinn". Daher gilt alles, was in diesem Abschnitt über Prognosen ausgesagt wird, auch wörtlich von den üblichen Erklärungen.

ist unwesentlich. Jede Art von *Gleichverteilung* unter den statistischen Wahrscheinlichkeiten gestattet analoge Konstruktionen. Die Wahl des Wertes 0,5 hat nur den einen zusätzlichen Vorteil, daß man dadurch Systeme mit möglichst wenigen Zuständen anführen kann, welche die gewünschten Eigenschaften besitzen. Es fragt sich nun, ob die dortigen Resultate nicht nochmals verschärft werden können: Lassen sich DS-Systeme angeben, in denen sich an gewissen Stellen oder sogar generell nicht nur keine schwach probabilistischen Voraussagen und Retrodiktionen, sondern nicht einmal schwach probabilistische Erklärungen (geschweige denn D-Erklärungen) vornehmen lassen? Die Antwort darauf ist positiv.

(XI) *In einem indeterministischen System kann es der Fall sein, daß für gewisse Zustände selbst eine P_{sch}-Erklärung unmöglich ist (a fortiori sind dann alle stärkeren Erklärungsformen sowie alle Arten von Voraussagen und Retrodiktionen unmöglich).*

Wir betrachten dazu ein DS-System mit drei Zuständen und dem folgenden Übergangsdiagramm:

(13)

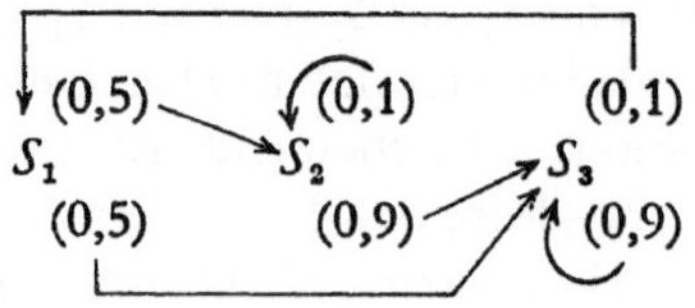

$$\qquad (0,5) \quad (0,1) \qquad (0,1)$$
$$S_1 \longrightarrow S_2 \longrightarrow S_3$$
$$(0,5) \qquad (0,9) \qquad (0,9)$$

Zwar können wir von S_2 sowie von S_3 als gegebenen Zuständen eine P_{st}-Voraussage auf S_3 als Folgezustand machen. Wenn uns dagegen die gesamte Geschichte des Systems bis auf eine Stelle gegeben ist und diese Leerstelle von S_1 und S_3 umrahmt wird, also etwa:

$$(*) \quad \ldots S_3\, S_1 - S_3\, S_3 \ldots,$$

so sind wir nicht imstande, diese Leerstelle auszufüllen; und zwar können wir *nicht einmal eine probabilistische Vermutung* darüber aufstellen, welcher Zustand hier verwirklicht wird. Denn S_1 kann mit ebenso großer Wahrscheinlichkeit zunächst in S_2 und dann in S_3 übergehen wie zunächst in S_3 und dann wieder in S_3. Wegen der Markoff-Eigenschaft sind die einzelnen Übergänge ja voneinander unabhängig, so daß sich ihre Wahrscheinlichkeiten multiplizieren (im gegenwärtigen Fall: $0,5 \cdot 0,9 = 0,45$; diese werden unter den gegebenen Daten zu Wahrscheinlichkeiten von je $1/2$, da die beiden anderen logischen Möglichkeiten: $S_1 S_2 S_2$ sowie $S_1 S_3 S_1$ auf Grund der Daten ausgeschlossen werden).

Auch dieses Resultat läßt sich zu dem Fall verschärfen, wo überhaupt keine Erklärung mehr möglich ist. Dazu braucht man nur ein solches

System anzunehmen, bei dem an allen Stellen eine Wahrscheinlichkeits-gleichverteilung besteht. Das einfachste System von dieser Art besteht aus zwei Zuständen und zwei statistischen Gesetzen, deren sämtliche Wahrscheinlichkeitsparameter gleich 1/2 sind:

$$(14) \qquad \overset{\curvearrowright}{S_1} \; \overset{\curvearrowright}{S_2}$$

$$\begin{array}{ccc} & (0,5) & (0,5) \\ S_1 & \longrightarrow & S_2 \\ \uparrow (0,5) & & (0,5) \end{array}$$

Wenn ich hier die genaue Geschichte des Systems kenne, mit Ausnahme eines einzigen Zustandes zur Zeit t:

$$\ldots S_k\, S_i - S_j\, S_l \ldots,$$

so kann ich für diesen Zeitpunkt nicht einmal ein schwach probabilistisches Erklärungsargument konstruieren, gleichgültig, ob der Vorgängerzustand S_i bzw. der Nachfolgerzustand S_j mit S_1 oder mit S_2 identisch ist. Wieder ist es natürlich unwesentlich, daß in den statistischen Gesetzen der Wahrscheinlichkeitswert 1/2 vorkommt; entscheidend ist nur die *Gleichverteilung*. Man könnte zur Gewinnung desselben Resultates ein System mit drei Zuständen und den Wahrscheinlichkeitsparametern 1/3 oder allgemein: ein System mit n Zuständen und den Wahrscheinlichkeitsparametern $1/n$ verwenden. Es gilt somit die folgende Aussage:

> (XII) *In einem (total) indeterministischen System kann es der Fall sein, daß sämtliche Formen von Erklärungen, Voraussagen und Retrodiktionen generell unmöglich sind.*

„Generell unmöglich" bedeutet hier „für keinen einzigen Zustand möglich". Im Satz (XII) hätte auch einfach die generelle Unmöglichkeit von P_{sch}-Erklärungen behauptet werden können, da daraus die Unmöglichkeit stärkerer Erklärungsformen sowie anderer Systematisierungstypen folgt.

RESCHER versucht, aus diesen Resultaten einige allgemeine erkenntnistheoretische Schlußfolgerungen zu gewinnen und eine interessante Parallele zur aristotelischen Theorie der Akzidentien zu ziehen. Zunächst eine Bemerkung zu den Begriffen Gesetz und Ursache: Versteht man unter einer Ursache eines Ereignisses ein solches Vorkommnis, auf welches das fragliche Ereignis ausnahmslos folgt, so zeigen die Beispiele von indeterministischen DS-Systemen, *daß es physikalische Systeme geben kann, in deren ganzer Geschichte kein einziges verursachtes Ereignis vorkommt. Trotzdem ist in solchen Systemen alles Geschehen ausnahmslos von Gesetzen beherrscht.* Das, worum es der

Naturforschung geht, ist nicht die Entdeckung von *Ursachen*, sondern die Entdeckung von *Gesetzen*, welche deterministischer oder statistischer Natur sein können. Versteht man unter dem *Kausalprinzip* den Satz: „alle Ereignisse haben Ursachen" (das Wort „Ursache" im angegebenen Sinn verstanden) und unter dem *Gesetzesprinzip* oder *Legalitätsprinzip* den Satz: „alle Ereignisse sind von Gesetzen beherrscht", so könnte man im Gegensatz zu KANT sagen, daß nicht das Kausalprinzip, sondern das Legalitätsprinzip ein „regulatives Prinzip" wissenschaftlicher Forschung darstelle. Der Naturforscher kann sich zwar stets außerhalb der Kausalität bewegen, er würde jedoch seine Wissenschaft preisgeben, wenn er sich auch „etwas außerhalb der Legalität" bewegen wollte. Um zu erkennen, daß es nicht auf die Kausalität, sondern auf die Gesetzmäßigkeit ankommt, braucht man keine schwierigen und voraussetzungsreichen Untersuchungen über die Grundlagen der Quantenmechanik anzustellen. Es genügt, Beispiele indeterministischer DS-Systeme zu betrachten, die ausschließlich von statistischen Gesetzen regiert werden.

Die Sätze (XI) und (XII) illustrieren zugleich die mögliche Divergenz zwischen dem Wissen um die ein System beherrschenden Gesetze und dem Wissen um die *Anwendbarkeit* dieser Gesetze für die Zwecke von Erklärungen, Voraussagen und Retrodiktionen. Es hat sich hier ja herausgestellt, daß wir eine *vollständige Kenntnis* eines ausnahmslos von Gesetzen regierten Systems in dem Sinne besitzen können, daß wir alle seine möglichen Zustände und alle für es geltenden Gesetze kennen und daß wir trotzdem überhaupt nicht imstande sind, Erklärungen, Voraussagen oder Retrodiktionen vorzunehmen. Im Fall des Systems (13) liegen *gewisse* Zustände und im Fall eines Systems von der Struktur (14) *alle* Zustände außerhalb des Bereiches wissenschaftlicher Rationalisierung. *Wissenschaftliches Weltverständnis sollte daher eher als Wissen um die relevanten Gesetze denn als Fähigkeit, zu erklären und vorauszusagen, gedeutet werden.* Denn das Gesetzeswissen kann vorhanden und sogar vollständig sein, während gleichzeitig das letztere gänzlich fehlen kann.

Mit der aristotelischen Theorie der Akzidentien läßt sich hier der folgende Zusammenhang herstellen. Aristoteles unterschied bereits zwischen solchen Prinzipien, welche besagen, daß etwas stets vorkommt, und solchen, die besagen, daß etwas meist vorkommt. In dieser Feststellung liegt nicht weniger enthalten, als die Unterscheidung in deterministische und statistische Gesetze. Wissenschaftliche Erklärungen können sich nach Aristoteles auf die Prinzipien der einen oder der anderen Art stützen, d. h. Aristoteles unterschied bereits zwischen Erklärungen mittels deterministischer Gesetze und probabilistischen Erklärungen. Daneben aber konzipierte er die Möglichkeit solcher Sachverhalte, die aus der wissenschaftlichen Erklärbarkeit herausfallen: die sogenannten *Akzidentien*. Ihr Auftreten läßt sich nicht weiter erklären. Hätten wir in diesem Abschnitt nicht seltsame

Beispiele physikalischer Systeme kennengelernt, so wäre vermutlich gegen diese aristotelische Idee in der folgenden Weise argumentiert worden: „Entweder Aristoteles nahm an, daß nur einiges, aber nicht alles Geschehen von (deterministischen oder probabilistischen) Gesetzen regiert wird. Dann ist damit die These, daß es Akzidentien gibt, verträglich. Oder er meinte, daß alles Geschehen von Gesetzen beherrscht wird. Dann ist damit die Annahme akzidenteller Sachverhalte, deren Auftreten gänzlich unerklärlich bleibt, logisch nicht verträglich. Wenn man also unterstellt, daß Aristoteles an ein allgemeines Legalitätsprinzip glaubte, so ist seine Theorie inkonsistent".

Selbst wenn man die zuletzt erwähnte (und zweifellos problematische) Annahme über die Auffassung von Aristoteles akzeptiert, wäre das Argument unrichtig: *Völlige Unerklärbarkeit ist durchaus verträglich mit der Gültigkeit des Legalitätsprinzips, welches besagt, daß im Universum alles von Gesetzen beherrscht ist, sei es von deterministischen, sei es von probabilistischen.* Die Existenz der Miniaturwelt (14) ist ein Beweis für diese Verträglichkeitsbehauptung. Aristoteles ist daher gerechtfertigt, selbst unter der schärferen Unterstellung (Annahme der Geltung des Legalitätsprinzips).

So interessant dieser historische Aspekt ist, so anfechtbar ist RESCHERS Behauptung, daß in den beiden gebrauchten Beispielen von DS-Systemen gewisse oder sogar alle Ereignisse außerhalb der Reichweite wissenschaftlicher Rationalisierung liegen. Wenn uns gesagt wird, daß bezüglich eines Systems vollständige Gesetzeskenntnis vorliege, trotzdem aber nichts erklärbar sei, so haben wir den Eindruck einer Paradoxie, die zu lösen wäre. Dieser Eindruck besteht zurecht, die Paradoxie *ist* behebbar. Dazu muß man bedenken, daß die geschilderte Konsequenz zum Teil auf einer *linguistischen Festsetzung* beruht. Der Begriff der Erklärung wurde für DS-Systeme auf solche Weise eingeführt, daß Explanandum-Sätze stets *Atomsätze* von der Gestalt sind: „der Zustand des DS-Systems Σ zur Zeit t ist gleich S_i". Akzeptieren wir für den Augenblick diese Festsetzung, die vernünftig zu sein scheint. Dann verhält es sich aber keineswegs so, daß alles Wissen um eine konkrete Situation zu einer Zeit t innerhalb eines DS-Systems diese Gestalt haben muß. Der im Anschluß an (13) erwähnte Fall möge dies verdeutlichen: Wir können dort zwar keine auf t bezogene Erklärung im Sinn der formalen Definition dieses Begriffs geben. Doch gelangen wir zu einem Wissen um die Situation zu t, die in dem folgenden Satz ausgesprochen ist: „Die Verwirklichung des Zustandes S_1 zu t ist unmöglich; und für die Verwirklichung der Zustände S_2 und S_3 bestehen gleiche Chancen."

In diesem Satz ist ein Einzelwissen um einen komplexen Sachverhalt zu einer bestimmten Zeit ausgedrückt. Daß es sich hierbei um ein *Einzelwissen*, im Gegensatz zum Wissen um die das System beherrschenden Gesetzmäßigkeiten handelt, zeigt sich auch darin, daß solches Wissen unter geeigneten pragmatischen Zeitumständen *von entscheidendem Einfluß für unser praktisches Handeln* sein kann. Wenn ich in einer Lebenssituation weiß, daß von n

theoretisch in Frage kommenden Möglichkeiten $n-k$ naturgesetzlich ausgeschlossen sind und daß für die restlichen k Möglichkeiten auf Grund der vorliegenden Gesetze eine Gleichwahrscheinlichkeit besteht, so ist dies für den von mir zu wählenden Entschluß in gleicher Weise bedeutsam wie eine Information von etwa der Gestalt, daß nur eine dieser n Möglichkeiten gesetzlich realisiert werden wird (D-Prognose) oder daß eine davon mit einer Wahrscheinlichkeit $>1/2$ verwirklicht werden wird (P_{st}-Prognose) oder daß einer mit einer Wahrscheinlichkeit $<1/2$, aber mit größerer Wahrscheinlichkeit als die übrigen individuell betrachteten Möglichkeiten realisiert sein wird (P_{sch}-Prognose).

Es empfiehlt sich, für diese Art von Wissen eine spezielle Bezeichnung einzuführen. Wir wollen von *nicht-erklärender Information* sprechen[7]. Die durch RESCHERs Bemerkungen erzeugte Paradoxie verschwindet jetzt. Die durch Leerstellen angedeuteten Situationen in den im Anschluß an (13) und (14) betrachteten Fälle liegen zwar außerhalb der Reichweite wissenschaftlicher Erklärung, *aber keineswegs außerhalb der Reichweite wissenschaftlicher Rationalisierung.* Wir können das, was zur Zeit t passiert, zwar nicht erklären, wir können aber darüber ein Wissen von der Art nicht-erklärender Information erhalten. Wir dürfen daher nicht sagen: „Zwar haben wir ein vollständiges Wissen über das Funktionieren des Systems, können dieses Wissen aber nicht verwenden, um Aufschlüsse über das zu erhalten, was zu bestimmten Zeitpunkten t stattfindet". Denn die Anwendung zur Vornahme von Erklärungen ist nicht die einzige mögliche Anwendung wissenschaftlicher Gesetze oder Theorien.

Diese Reflexionen könnten einen zu der folgenden kritischen Aussage zu HEMPELs Begriff der wissenschaftlichen Systematisierung veranlassen: *Selbst die denkbar weiteste Fassung dieses Begriffs,* in der deduktiv-nomologische wie statistische Systematisierungen, ja sogar induktive Systematisierungen ohne gesetzesartige Prämissen eingeschlossen werden, *ist noch immer nicht ausreichend, um alle Fälle rationaler Anwendungen wissenschaftlicher Theorien oder Gesetze auf konkrete Situationen zu umfassen.* In allen Situationen, in denen die relevanten Gesetze statistischer Natur sind und zu einer Wahrscheinlichkeitsgleichverteilung führen, müssen wir auf Systematisierungsargumente verzichten und uns stattdessen mit einem Wissen von anderer Art begnügen: mit jenem Wissen, das wir als nicht-erklärende Information bezeichnen.

In der Tat ist dies *ein* möglicher Standpunkt, wenn auch, wie wir sogleich sehen werden, nicht der einzig mögliche. Akzeptiert man ihn, so hört der Begriff der wissenschaftlichen Systematisierung auf, der allgemeinste Begriff für die Charakterisierung sämtlicher konkreten Anwendungsmöglichkeiten von Theorien zu sein. Als allgemeinsten Begriff hätten wir einen anderen einzuführen, etwa den Begriff der *wissenschaftlichen Rationalisierung.*

---

[7] Vgl. W. STEGMÜLLER [Systematisierung], Abschn. 5.

Als dessen beide Unterarten träten dann auf: *wissenschaftliche Systematisierung* und *nicht-erklärende Information.*

Das ist jedoch nicht der einzig mögliche Standpunkt. Beschränken wir uns zunächst wieder auf den Fall von DS-Systemen. Hier könnten wir auch so vorgehen, daß wir die obige Voraussetzung fallenlassen, wonach nur Atomsätze von der Gestalt $z(t)=S_i$ als Explanandum-Aussagen zugelassen werden. *Stattdessen beschließen wir, auch Wahrscheinlichkeitsbehauptungen über solche Atomsätze als atomare Aussagen zu betrachten, und des weiteren, beliebige aussagenlogische Komplexe von beiderlei Arten von Atomsätzen als Explanandum-Aussagen zuzulassen.* Dann kann alles, was oben als nicht-erklärende Information bezeichnet wurde, Gegenstand eines wissenschaftlichen Systematisierungsargumentes werden. Führen wir etwa für die Aussage: „die Wahrscheinlichkeit dafür, daß $z(t)=S_i$, beträgt p" die Abkürzung ein: „$W[z(t)=S_i]=p$". Dies ist zwar im Sinn der späteren Betrachtungen keine korrekte Symbolisierung, da derartige Wahrscheinlichkeitsaussagen stets auf ein bestimmtes verfügbares Wissen (das Wissen um die gegebenen Daten) relativiert werden muß. Da wir aber nur Fälle betrachten, in denen die gegebenen Daten identisch sind, können wir aus Gründen der Einfachheit darauf verzichten, diese Relativität im Symbolismus zum Ausdruck zu bringen. Wir wollen nichts weiter tun als eine auf *feste* Ausgangsdaten bezogene[8] nicht-erklärende Information durch eine Explanandum-Aussage der neuen Art wiedergeben. Unser Wissen von der in (*) im Anschluß an das Diagramm (13) geschilderten Art wäre dann so ausdrückbar:

$$\neg z(t) = S_1 \wedge W[z(t) = S_2] = 1/2 \wedge W[z(t) = S_3] = 1/2$$

Analoges gilt für das Beispiel hinter (14).

Ohne auf die schwierige Frage einzugehen, wie die atomaren Wahrscheinlichkeitsaussagen abzuleiten sind, können wir doch feststellen, daß Sätze von der eben beschriebenen Art aus dem Wissen um die geltenden Gesetze sowie dem Wissen um die Ausgangsdaten begründbar sind — wie ja auch das frühere nicht-erklärende Informationswissen begründbar war —, sodaß keine prinzipiellen Bedenken dagegen bestehen, derartige Sätze als Konklusionen von Systematisierungsargumenten zuzulassen.

Schlägt man den eben skizzierten zweiten Weg ein, dann kann man zu der Hempelschen These zurückkehren, daß mit dem Begriff der wissenschaftlichen Systematisierung bereits alle Anwendungsformen wissenschaftlicher Theorien erfaßt werden. *Rationalisierung und Systematisierung fallen dann zusammen.* Zwei Argumente zugunsten dieses zweiten Weges könnte man vorbringen. Das eine bestünde in dem schon erwähnten Hinweis auf

---

[8] In den früher gegebenen beiden Beispielen bestehen diese Ausgangsdaten in dem Wissen um die Zustände vor und nach der Leerstelle.

den analogen Einfluß, den beide Wissensarten auf unsere praktischen Entscheidungen ausüben. Selbstverständlich wird eine Vermutung darüber, daß verschiedene theoretische Möglichkeiten mit gleicher Wahrscheinlichkeit eintreten werden, einen anderen Einfluß auf unsere Entschlüsse haben als z. B. ein Wissen darum, daß für eine dieser Möglichkeiten die Wahrscheinlichkeit ihres Eintretens 0,8 ist. Aber diese Verschiedenartigkeit weisen ja auch alle P_{sch}- und P_{st}-Prognosen auf, die untereinander nicht identisch sind. Wesentlicher ist das Faktum, daß im einen wie im anderen Fall unser Planen und Handeln von dem fraglichen Wissen entscheidend mitbestimmt wird. Daher empfiehlt es sich, beide Mal von Prognosen zu sprechen, insbesondere also auch das Wissen um die probabilistische Gleichverteilung unter alle Möglichkeiten als Voraussage zu bezeichnen, etwa als *Gleichverteilungsprognose*.

Ein weiteres Argument könnte sich auf die mutmaßliche Reaktion einer Versuchsperson, z. B. eines Statistikers, stützen, der mit den technischen Begriffen „Erklärung", „D-Erklärung", „P-Erklärung" etc. nicht vertraut ist und dem man die Aufgabe stellt, in den früheren Beispielen die entsprechenden Eintragungen für die Leerstelle vorzunehmen. Sein Vorgehen wird generell dies sein: Im deterministischen Fall wird er das Symbol für den notwendig eintretenden Zustand einsetzen. Und im indeterministischen Fall wird er eine Liste aufstellen, die alle Zustände enthält, deren das System fähig ist. Aus dieser Liste wird er jene wegstreichen, deren Realisierung zu dem vorgegebenen Zeitpunkt *t* unmöglich ist, und für die verbleibenden wird er die Wahrscheinlichkeiten für ihre Realisierung eintragen. Bei diesem systematischen Vorgehen läßt sich zwischen dem Fall der Erklärung und dem der nicht-erklärenden Information kein prinzipieller Unterschied erkennen. Wenn z. B. für das System (13) das verfügbare Datum lautet:

$$\ldots S_3 - \ldots$$

(d. h. genauer: der Zustand S_3 vor dem Zeitpunkt *t* ist gegeben und nichts weiter), so wird die Liste so aussehen: „S_1 möglich mit Wahrscheinlichkeit 0,1; S_2 unmöglich; S_3 möglich mit Wahrscheinlichkeit 0,9". Die Liste für das Beispiel (*) würde lauten: „S_1 unmöglich; S_2 und S_3 möglich mit gleich großer Wahrscheinlichkeit". Wenn diese Versuchsperson im nachhinein mit den RESCHERSCHEN Begriffen der Erklärung und Prognose vertraut gemacht wird und dabei erfährt, daß der erste Fall eine stark probabilistische Prognose darstellt, der zweite Fall dagegen unter keine Form von wissenschaftlicher Erklärung bzw. Systematisierung subsumiert werden kann, so wird dieser Statistiker aller Voraussicht nach nicht die Schlußfolgerung ziehen, daß seine zweite Liste eine Irrationalität enthalte, sondern eher, *daß dieser Erklärungsbegriff die Anwendungsmöglichkeit theoretischer Überlegungen auf konkrete Situationen künstlich einenge.*

Die Künstlichkeit dieser Einengung tritt noch deutlicher zutage, wenn man komplexere Fälle betrachtet, in denen einige Möglichkeiten dieselbe Wahrscheinlichkeit besitzen, andere eine davon verschiedene Wahrscheinlichkeit haben und wieder andere ausgeschlossen sind. Angenommen etwa, das System Σ habe acht mögliche Zustände. Auf Grund der für Σ geltenden Gesetze sowie der verfügbaren Ausgangsdaten wisse man folgendes: Die Realisierung von S_1 und S_7 zu t ist unmöglich, für die Verwirklichung von S_2, S_3 und S_4 besteht die gleiche Wahrscheinlichkeit p_1, für die von S_5 und S_6 die gleiche Wahrscheinlichkeit p_2 und für die von S_8 die Wahrscheinlichkeit p_3; die drei Zahlen p_i sind verschieden. Für die Struktur dieses Wissens um die Situation von Σ zu t scheint es gleichgültig zu sein, wie sich die drei Zahlen p_i zueinander verhalten. Nach der Terminologie von RESCHER ergäben sich aber Unterschiede: Dann und nur dann wenn $p_3 > p_1$ und $p_3 > p_2$, liegt eine Erklärung vor (eine P_{st}-Erklärung, wenn $p_3 > 1/2$, eine P_{sch}-Erklärung wenn $p_3 \leqq 1/2$). Sollte dagegen p_1 oder p_2 die größte Zahl sein, so könnte nicht mehr von einem Fall wissenschaftlicher Systematisierung gesprochen werden, da mehr als einem Zustand diese größte Wahrscheinlichkeit zukäme.

Man dürfte mit dem wissenschaftlichen Sprachgebrauch am besten im Einklang bleiben, wenn man sich für eine Differenzierung entschlösse, nämlich zwar einen entsprechend erweiterten Begriff der *Prognose* zu verwenden, den *Erklärungsbegriff* dagegen auf die früher eingeführten Fälle zu beschränken. Daß sich das erste obige Argument zugunsten der zweiten Alternative auf das Beispiel der Voraussage stützte, war kein Zufall: Es erscheint als sinnvoll, auch dann von Prognosen zu sprechen, wenn eine probabilistische Gleichverteilung vorausgesagt wird. Sinnvoll erscheint dies deshalb, weil wir von einer wissenschaftlichen Voraussage nicht mehr verlangen als dies, daß sie uns auf Grund des verfügbaren Wissens die schärfste Information über das gibt, was an einer bestimmten Stelle zu einer bestimmten Zeit stattfinden wird. Und diese schärfste Information kann darin bestehen, daß mehrere Möglichkeiten mit gleicher Wahrscheinlichkeit eintreten können[9]. Von einer Erklärung erwarten wir dagegen mehr: Wenn ich erklären soll, warum X stattgefunden hat, so soll ich damit zugleich eine *Auszeichnung* von X gegenüber anderen Möglichkeiten geben. Jedenfalls liegt in: „warum X?" dieser Teilgedanke: „warum X und nicht etwa etwas von X Verschiedenes?" beschlossen. Diese verlangte Auszeichnung vermag

---

[9] Genauer müßte man unterscheiden zwischen vollständigen und partiellen Gleichverteilungsprognosen. Eine *vollständige Gleichverteilungprognose* liegt vor, wenn von k realisierbaren Möglichkeiten alle mit der Wahrscheinlichkeit $1/k$ eintreten (k kann dabei mit der Zahl n der theoretischen Möglichkeiten identisch oder auch kleiner als diese sein). Eine *partielle Gleichverteilungsprognose* liegt vor, wenn die k realisierbaren Möglichkeiten mindestens mit zwei verschiedenen Wahrscheinlichkeiten auftreten können und der größte unter diesen Wahrscheinlichkeitswerten mindestens zwei Möglichkeiten zukommt.

ich aber nicht vorzunehmen, wenn X eine unter mehreren Möglichkeiten mit gleich großer Wahrscheinlichkeit war.

All dies sind natürlich nur Plausibilitätsbetrachtungen über den zweckmäßigsten Sprachgebrauch. Letzten Endes müssen wir die Diskussion durch *Entscheidung* beenden, dies um so mehr, als die Plausibilitätsbetrachtungen teilweise zu konträren Ergebnissen führen, wie etwa der Vergleich zwischen der eben angestellten Überlegung und dem obigen zweiten Argument zugunsten einer generellen Erweiterung des Begriffs der wissenschaftlichen Systematisierung.

Insgesamt stehen uns also drei Möglichkeiten offen. Entweder wir unterscheiden zwischen wissenschaftlicher Systematisierung und nichterklärender Information als zwei Unterfällen wissenschaftlicher Rationalisierung. Oder wir erweitern den Ausdrucksbereich der als Explanandum-Sätze zugelassenen Aussagen so stark, daß wir alle Fälle von wissenschaftlicher Rationalisierung als Fälle von Erklärungen bzw. Systematisierungsargumenten konstruieren können. Oder aber wir verbleiben zwar bezüglich der Erklärungen bei dem ersten Vorschlag, beziehen jedoch prinzipiell alle Fälle von nicht-erklärender Information bei Vorliegen geeigneter pragmatischer Zeitumstände in den Bereich wissenschaftlicher Voraussagen ein. *Eine Entscheidung zugunsten des dritten Weges würde von neuem zu der Feststellung einer „strukturellen Divergenz" zwischen Erklärung und Voraussage führen.* Es wäre dies aber nicht, wie bisher in der Literatur diskutiert, eine Divergenz zwischen zwei verschiedenen Formen wissenschaftlicher *Systematisierungen*.

Welchen dieser drei Wege man auch immer einschlägt, wir gelangen auf jeden Fall zu einer Verwerfung der RESCHERschen Behauptung, daß Systeme von der beschriebenen Art zu Zuständen führen, die außerhalb der Reichweite wissenschaftlicher Rationalisierung liegen.

Alle diese zuletzt angestellten Überlegungen orientieren sich zwar am Modell von DS-Systemen, sind aber als solche davon unabhängig. Dieselbe Schwierigkeit und ihre Lösungen treten immer auf, wenn wir es mit partiellen oder vollständigen Gleichverteilungen zu tun haben. Der Unterschied zu den hier betrachteten Spezialfällen liegt allein darin, daß wir für die Bildung von Explanandum-Sätzen jeweils beliebige singuläre Aussagen über einen bestimmten Gegenstandsbereich zu betrachten haben, während wir in DS-Systemen ausschließlich Atomsätze von der Gestalt $z(t)=S_i$ zugrunde legen.

7. Der Einfluß des Zeitabstandes auf probabilistische Voraussagen in indeterministischen DS-Systemen

Wir legen für das Folgende den ursprünglichen engeren Begriff der Voraussage zugrunde, wonach ausschließlich Aussagen von der Gestalt

$\chi(t)=S_i$ als Schlußfolgerungen von Voraussage-Argumenten auftreten können.

Angenommen, wir kennen die für ein indeterministisches System Σ geltenden Gesetze. Dann kann die Voraussagbarkeit, angewendet auf unmittelbare Folgezustände, als zweistellige Relation aufgefaßt werden. Daß S_j kraft eines deterministischen Gesetzes auf S_i folgt, kann z. B. so ausgedrückt werden, daß die Relation der D-Voraussagbarkeit auf das Paar $(S_i; S_j)$ zutrifft. Folgt S_j mit einer Wahrscheinlichkeit 0,8 auf S_i, so trifft die Relation der P_{st}-Voraussagbarkeit auf das Paar $(S_i; S_j)$ mit den angegebenen Parameter zu. Folgt S_j nur mit der Wahrscheinlichkeit 0,4 auf S_i, aber mit größerer Wahrscheinlichkeit, als irgendein S_k für $k \neq j$ auf S_i folgt, so gilt P_{sch}-Voraussagbarkeit vom Paar $(S_i; S_j)$ mit dem Parameter 0,4. Man kann nun die Frage stellen, ob diese Relation der Voraussagbarkeit transitiv ist, d. h. ob folgendes gilt: Wenn bei gegebenem Zustand S_i der Zustand S_j voraussagbar ist und bei gegebenem S_j der Zustand S_k, dann kann bei gegebenem S_i der Zustand S_k vorausgesagt werden.

Für jede D-Voraussage gilt diese Transitivität. Ist z. B. S_{i_2} der unmittelbare deterministische Nachfolger von S_{i_1} und S_{i_3} der unmittelbare deterministische Nachfolger von S_{i_2}, so ist S_{i_3} der deterministische 2-Intervall-Nachfolger von S_{i_1}. Für probabilistische Voraussagen gilt jedoch keine solche Transitivität.

(XIII) *Die Relation der P-Voraussagbarkeit ist nicht transitiv.*

Es genügt zu zeigen, daß nicht einmal die P_{st}-Voraussagbarkeit transitiv ist. Dazu betrachte man das folgende System:

(15)

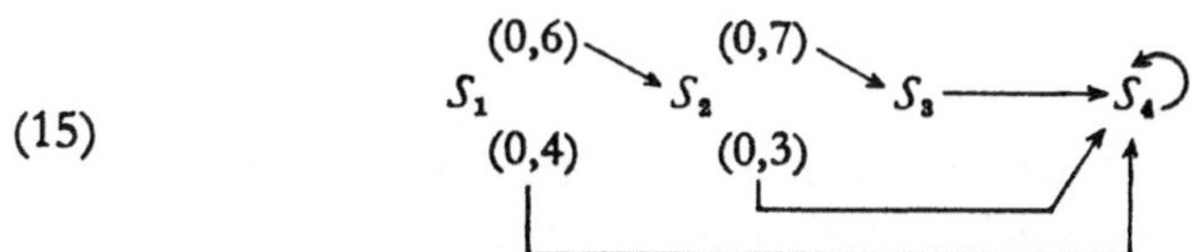

Es gelte $\chi(t)=S_1$ für den gegenwärtigen Zeitpunkt t. Dann ist der stark probabilistisch voraussagbare unmittelbare Nachfolger der Zustand S_2. Von S_2 als gegebenem Zustand ergibt sich S_3 als stark probabilistisch voraussagbarer Nachfolger. Daraus darf man aber keineswegs schließen, daß der stark probabilistisch voraussagbare 2-Intervall-Nachfolger von S_1 der Zustand S_3 sei. Dies ist vielmehr der Zustand S_4. Der Grund dafür ergibt sich aus den Regeln der elementaren Wahrscheinlichkeitsrechnung: Die Wahrscheinlichkeit dafür, daß der Zustand S_1 zunächst in S_2 und darauf in S_3 übergeht, ist das *Produkt* dieser beiden Übergangswahrscheinlichkeiten, also $0{,}6 \times 0{,}7 = 0{,}42$. Für den Übergang von S_1 in S_4 gibt es hingegen zwei einander ausschließende Möglichkeiten: S_1 kann entweder mit der Wahrscheinlichkeit 0,4 direkt in S_4 übergehen und dort verbleiben; denn S_4 ist ein sogenannte *Absorptionszustand*, in dem das System für immer verharrt, wenn es einmal in ihn hineingeraten ist. Oder S_1 geht zunächst mit der Wahrscheinlichkeit 0,6 in S_2 und von da mit der Wahrscheinlichkeit 0,3 in S_4 über; als Wahrscheinlichkeit für den Übergang S_1 in S_4 auf diesem Wege ergibt sich: $0,6 \times 0,3 = 0,18$. Beide Möglichkeiten zusammen ergeben $0,4 + 0,18 = 0,58$ als Wahrscheinlichkeit dafür, daß der 2-Intervall-Nachfolger von S_1 der Zustand S_4 ist. Wenn also für ein System mit bekannter charakteristischer Matrix als Datum ein Zustand S_i gegeben ist, *so ist die Frage*: „kann aus diesem Datum das Eintreten von S_k im stark (schwach) probabilistischen Sinn prognostiziert werden?" *unvollständig.* Man muß zusätzlich angeben, als wievielfacher Intervall-Nachfolger S_k eintreten soll. Es kann der Fall sein, daß das Eintreten von S_k für die „nahe" Zukunft stark probabilistisch voraussagbar ist, nicht jedoch für die „fernere" Zukunft (wie in unserem Beispiel das Eintreten von S_3, wobei die „fernere" Zukunft bereits bei zwei Zeitintervallen beginnt). Und es kann umgekehrt der Fall sein, daß das Eintreten von S_k erst für die fernere Zukunft im stark probabilistischen Sinn vorausgesagt werden kann (wie in unserem Beispiel das Eintreten von S_4).

Da eine Gleichverteilung, wie wir bereits wissen, jede probabilistische Prognose versperrt, kann ein geeigneter Einbau einer solchen Gleichverteilung in ein DS-System jede Prognose auf weite Sicht bzw. auf nahe Sicht gänzlich ausschließen, obwohl sogar die Möglichkeit einer D-Prognose auf nahe Sicht bzw. auf weite Sicht besteht.

(XIV) (a) *In einem partiell indeterministischen System kann es der Fall sein, daß die nahe Zukunft D-voraussagbar ist, die ferne Zukunft hingegen nicht einmal P_{sch}-voraussagbar, also überhaupt nicht voraussagbar, ist.*

(b) *Umgekehrt kann es in einem partiell indeterministischen System der Fall sein, daß für die nahe Zukunft nicht einmal schwach probabilistische Voraussagen gemacht werden können, für die fernere Zukunft dagegen sogar D-Voraussagen.*

Die Verifikation der Behauptung (*a*) wird durch das folgende DS-System geliefert:

$$(16) \qquad S_1 \longrightarrow S_2 \longrightarrow S_3 \underset{(0,5)}{\overset{(0,5)}{\longrightarrow}} S_4$$

Gilt $\chi(t) = S_4$ für den gegenwärtigen Zeitpunkt t, so können alle Zustände bis $t+3$ genau vorausgesagt werden, nämlich: $\chi(t+1) = S_1$, $\chi(t+2) = S_2$, $\chi(t+3) = S_3$. Dagegen kann $\chi(t+3+j)$ für kein $j \neq 0$ vorausgesagt werden, nicht einmal im schwach probabilistischen Sinn.

Die Verifikation von (b) wird etwa durch das folgende System geliefert:

(17)

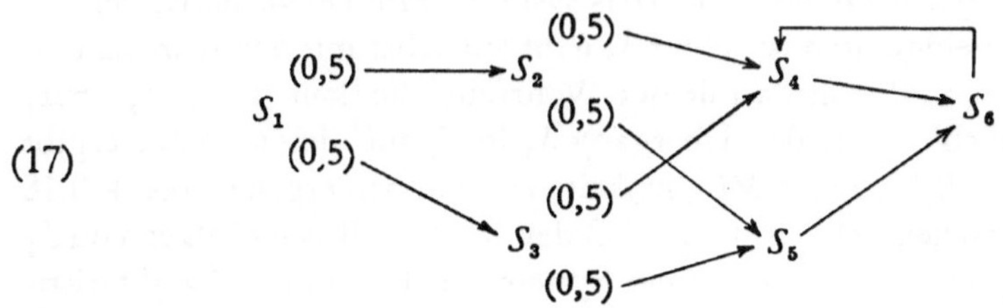

Angenommen, für die Gegenwart t gilt: $z(t)=S_1$. Dann kann für $t+1$ und $t+2$ nicht einmal eine P_{sch}-Prognose gemacht werden; denn für $t+1$ sind die Zustände S_2 und S_3 beidemale gleichwahrscheinlich und für $t+2$ die Zustände S_4 und S_5. Von $t+3$ an kann eine D-Prognose vorgenommen werden: $z(t+3)=S_6$, $z(t+4)=S_4$, allgemein: $z(t+2n+1)=S_6$ und $z(t+2n+2)=S_4$ für $n=1, 2, 3, \ldots$.

Wieder ist es unwesentlich, daß in den beiden letzten Beispielen die Wahrscheinlichkeiten 1/2 benützt wurden. Es hätte in analoger Weise irgendeine andere Gleichverteilung verwendet werden können, z. B. statistische Gesetze mit drei Folgezuständen und mit dem Wahrscheinlichkeitsparameter 1/3 oder mit fünf Folgezuständen und Wahrscheinlichkeitsparametern 0,2 etc.; nur müßten dann entsprechend mehr Zustände vorhanden sein, um die obigen Behauptungen zu verifizieren.

Würde man dem in Abschnitt 6 angedeuteten alternativen Lösungsvorschlag Folge leisten, so müßte dieser Sachverhalt anders ausgedrückt werden: im Fall (a) würde es sich um den Übergang von D-Voraussagbarkeit (nahe Zukunft) zu bloßen Gleichverteilungsprognosen (ferne Zukunft) handeln, im Fall (b) umgekehrt um den Übergang von Gleichverteilungsprognosen (nahe Zukunft) zu D-Voraussagbarkeit (ferne Zukunft).

> (*XV*) *In einem indeterministischen DS-System kann folgendes gelten: Die Ausgangswahrscheinlichkeit dafür, daß das System von einem Ausgangszustand S_j in einen Zustand S_i eintritt, kann beliebig klein sein und die Wahrscheinlichkeit dafür, daß das System in einen von S_i verschiedenen Zustand S_k eintritt, dementsprechend groß. Obwohl zu S_i kein anderer Zusammenhang besteht als über S_j, kann doch S_i für hinreichend großes n der fast sichere n-Intervall-Nachfolger von S_j sein.*

Wesentlich für den Beweis dieser Behauptung ist das Vorliegen eines Absorptionszustandes von der Art des Zustandes S_4 in (15). Wir betrachten das folgende System:

(18)

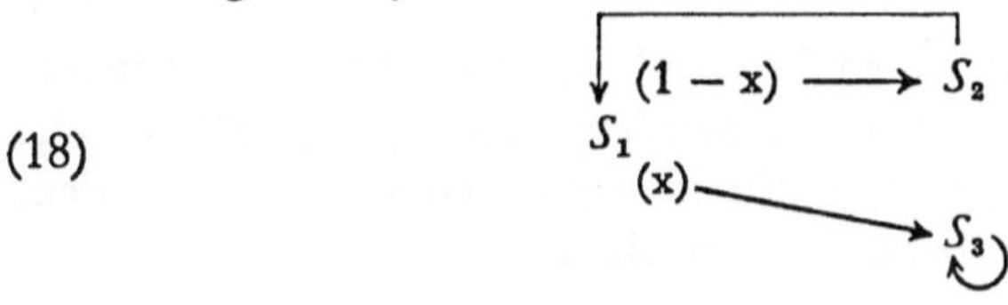

x sei eine beliebig kleine, aber fest gewählte Zahl, z. B. 0,000001. Wenn dann für die Gegenwart t gilt: $\chi(t)=S_1$, so erwarten wir mit praktischer Sicherheit (nämlich mit der Wahrscheinlichkeit 0,999999) S_2 als unmittelbaren Nachfolgerzustand. Ebenso können wir für nicht zu großes n den Zustand S_2 als $(2n+1)$-Intervall-Nachfolger von S_1 im stark probabilistischen Sinn prognostizieren. Man kann aber leicht sehen, daß von einem bestimmten n an die Wahrscheinlichkeit zugunsten von S_3 „umspringt“: je größer n wird, desto geringer wird die Wahrscheinlichkeit für S_2 als $(2n+1)$-Nachfolger und desto größer die von S_3.

Der Vollständigkeit halber soll für diese Behauptung ein genauer Beweis erbracht werden (der Leser kann die folgenden Berechnungen überspringen und sich mit dem intuitiven Verständnis begnügen). Zunächst erinnern wir daran, daß die Summenformel für eine geometrische Reihe mit $q \neq 1$ lautet: $1+q+q^2+ \ldots + q^{n-1} = (1-q^n)/(1-q)$[10]. Es gelte: $\chi(t) = S_1$. Wir schreiben nun $w(i)$ für die Wahrscheinlichkeit, daß $\chi(t+i)=S_3$. Bei der Berechnung dieses Wertes ist zu bedenken, daß stets $w(2n+1)=w(2n+2)$ (für $n=0,1,2,\ldots$). Der Zustand S_3 kann nämlich erstmals nur als Zustand von der Gestalt $\chi(t+1)$, $\chi(t+3)$, $\chi(t+5)$, $\ldots$ etc., allgemein also: $\chi(t+2n+1)$, erreicht werden. Ist $\chi(t+2n+1) \neq S_3$, so ist $\chi(t+2n+1)=S_2$, und daher wegen der Rückkoppelung von S_2 nach S_1 : $\chi(t+2n+2)=S_1$. Der Übergang von $t+2n+1$ zu $t+2n+2$ erhöht also nicht die Wahrscheinlichkeit für die Verwirklichung von S_3, da entweder S_3 schon verwirklicht war oder andernfalls mit Sicherheit S_1 verwirklicht wird.

Wir behaupten: $w(2n+1) = x\,[1+(1-x)+(1-x)^2+(1-x)^3+\ldots+(1-x)^n]$, für $n = 0,1,2,\ldots$. Der Beweis erfolgt durch Induktion nach n. *Induktionsbasis*: Für $n = 0$ erhalten wir $w(1) = x$. Tatsächlich ist dies die Wahrscheinlichkeit dafür, daß $\chi(t+1) = S_3$, wenn $\chi(t) = S_1$. Die Induktionsbasis ist damit bereits bewiesen. *Induktionsschritt*: Wir setzen die Gültigkeit der Behauptung für $n-1$ voraus. Es gelte also:

$$(a) \quad w(2(n-1)+1) = w(2n-1) = x[1+(1-x)+ \ldots +(1-x)^{n-1}].$$

Die Wahrscheinlichkeit $p_{2n+1}(S_3)$ dafür, daß S_3 erstmals als Zustand $\chi(t+2n+1)$ verwirklicht wird, ist die Wahrscheinlichkeit dafür, daß S_1 zu $t+1$ in S_2 übergeht, ferner S_1 zu $t+3$ in S_2 übergeht, $\ldots$, S_1 zu $t+(2(n-1)+1)$ in S_2 übergeht und S_1 zu $t+2n+1$ in S_3 übergeht. Wegen der Unabhängigkeit dieser Wahrscheinlichkeiten voneinander ergibt sich der Wert einfach durch Multiplikation. Die ersten n Wahrscheinlichkeiten sind jeweils $(1-x)$ und die letzte ist x. Also ergibt sich:

---

[10] Diese Formel kann man in elementarer Weise ableiten. Es sei $S_n = 1+q +q^2+ \cdots +q^{n-1}$. Multiplikation mit q ergibt: $qS_n = q+q^2+q^3+ \cdots +q^n$. Da die Teilsumme $q+q^2+ \cdots +q^{n-1}$ beidemal vorkommt, ergibt sich durch Subtraktion: $S_n(1-q) = S_n-qS_n = 1-q^n$. Also: $S_n = (1-q^n)/(1-q)$, was wegen $q \neq 1$ eine zulässige Umformung darstellt.

(b) $p_{2n+1}(S_3) = (1-x)^n \cdot x.$

Die Gültigkeit von $\chi(t+2n+1) = S_3$ kann entweder darauf beruhen, daß S_3 bereits bis zum Zeitpunkt $t+2n-1$ realisiert war oder daß S_3 erstmals zu $t+2n+1$ realisiert wurde. Da diese beiden Möglichkeiten einander ausschließen, ergibt sich die Gesamtwahrscheinlichkeit als Summe dieser beiden Teilwahrscheinlichkeiten, also wegen der Induktionsvoraussetzung (a) und des Zwischenresultates (b):

(c) $w(2n+1) = w(2(n-1)+1)+p_{2n+1}(S_3)$
$$= x[1+(1-x)+(1-x)^2+ \ldots +(1-x)^{n-1}+(1-x)^n]$$

Damit ist die Behauptung bewiesen.

Dieser Sachverhalt kann durch folgende Tabelle veranschaulicht werden, in der links das Argument i und rechts der Funktionswert $w(i)$ eingetragen ist:

i	$w(i)$
1,2	x
3,4	$x+(1-x) \cdot x$
5,6	$x+(1-x) \cdot x+(1-x)^2 \cdot x$
$\ldots$	$\ldots$
$2n+1,\ 2n+2$	$x+(1-x)x+(1-x)^2 \cdot x+ \ldots +(1-x)^n \cdot x$

Nach Voraussetzung soll x ein positiver Wert sein, so daß $1-x<1$. Unter Verwendung der Summenformel für die geometrische Reihe (mit $q=1-x$) erhalten wir für die Teilsumme:

$$(1-x)+(1-x)^2+ \ldots +(1-x)^n =$$
$$(1-x)[1+(1-x)+ \ldots +(1-x)^{n-1}] =$$
$$(1-x)(1-(1-x)^n)/(1-(1-x)) = (1-x)(1-(1-x)^n)/x.$$

Insgesamt ergibt sich also:

$$w(2n+1) = x[1+(1-x)(1-(1-x)^n)/x] = x+(1-x)[1-(1-x)^n].$$

$(1-x)^n$ wird beliebig klein, wenn n hinreichend groß gewählt wird, d. h. $\lim_{n \to \infty} (1-x)^n = 0$. Durch hinreichend große Wahl von n erreichen wir daher, daß $w(2n+1)$ sich beliebig wenig von $x+(1-x)\,(1-0)=1$ unterscheidet. Damit ist der Beweis abgeschlossen.

Wenn ich also das System hinreichend lange laufen lasse, so kann ich praktisch sicher sein, daß es schließlich in den Absorptionszustand S_3 übergeht, obwohl die Wahrscheinlichkeit x eine beliebig kleine Zahl ist, etwa die oben gewählte Zahl 0,000001. Anschaulich besagt unser Resultat folgendes: Wenn ich das System zur Zeit t auf S_1 einstelle, so ist es ungeheuer unwahrscheinlich, daß $z(t+1)=S_3$. Auch die Wahrscheinlichkeit dafür, daß $z(t+3) = S_3$, ist noch außerordentlich gering, aber bereits etwas größer. Diese Wahrscheinlichkeit wächst mit dem Zeitablauf, so daß von einem bestimmten n an eine stark probabilistische Prognose dafür aufgestellt werden kann, daß $z(t+2n+1) = S_3$. *Diesen „Wendepunkt" kann man allerdings beliebig weit in die Zukunft hinausschieben*, indem man die Zahl x hinreichend klein wählt.

Um dieses Ergebnis über das „Umschlagen" der Wahrscheinlichkeit in der Zukunft gewinnen zu können, mußte unser System zwei Voraussetzungen erfüllen: Erstens mußte S_3 ein Absorptionszustand sein, aus dem das System nicht mehr herauskommen kann, sobald es einmal in ihn hineingeraten ist; zweitens mußte S_2 mit S_1 rückgekoppelt sein (direkt oder indirekt über gewisse Zwischenglieder). Die Behauptung, daß ein endliches DS-System schließlich mit größter Wahrscheinlichkeit in den Absorptionszustand übergehen wird, wie klein auch die Wahrscheinlichkeit für den erstmaligen Eintritt in diesen Zustand war, gilt also nur unter der Voraussetzung, daß in das System kein anderer Zyklus eingebaut ist, aus dem es keinen Übergang in den Absorptionszustand gibt. Derartige Hinderungsgründe für das obige Resultat würde es etwa in den folgenden Systemen geben:

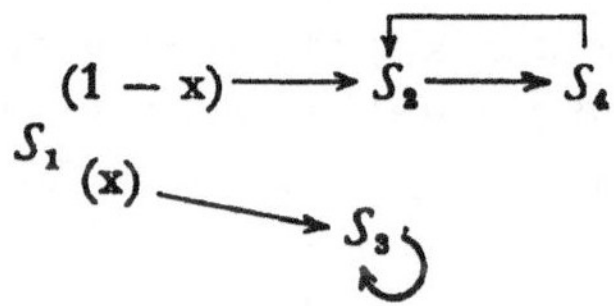

8. Abgeleitete Gesetze und kausal-genetische Erklärung

DS-Systeme liefern uns neben der Erhärtung der in den vorangehenden Abschnitten zitierten Resultate zugleich einfache Modelle für das, was wir *genetische Erklärungen* nannten. Auf deren Wichtigkeit, insbesondere im Rahmen der Geschichtswissenschaft, hat W. DRAY nachdrücklich hingewiesen[11]. DRAY geht so weit zu behaupten, daß die bloße Unterordnung des Explanandums unter ein oder mehrere Gesetze niemals eine adäquate Erklärung liefere. Wenn dies auch sicherlich eine starke Übertreibung darstellt, so kann doch zugegeben werden, daß in vielen Fällen von einer Erklärung mehr erwartet wird als die Herstellung eines deduktiven oder induktiven Zusammenhanges zwischen Antecedensdaten sowie strikten bzw. statistischen Gesetzen und Explanandum. Man erwartet vom Erklärenden nämlich häufig außerdem eine mehr oder weniger detaillierte *Analyse* des Vorganges, der von bestimmten Antecedensdaten A zu dem zu erklärenden Vorgang E führt. Eine solche Analyse enthält zwei Komponenten: Erstens muß der von A zu E führende Prozeß so in Schichten unterteilt werden, daß außer A und E eine Reihe von „relevanten" *Zwischendaten* A', A'', ..., $A^{(n)}$ angeführt werden. Zweitens ist zu zeigen, daß die Übergänge zwischen A und A', ebenso zwischen $A^{(i)}$ und $A^{(i+1)}$ sowie zwischen $A^{(n)}$ und E *gesetzmäßig* erfolgen. Die Erklärung soll also *schrittweise* erfolgen. Nennen wir die ursprüngliche Erklärung von E, in der diese Analyse fehlt, eine *globale Erklärung* dieses Vorganges. Eine die globale Erklärung ersetzende genetische Erklärung liefert gegenüber der letzteren eine Art von *Mikro-Analyse* und gewährt uns daher in vielen Fällen eine bessere Einsicht als die globale Erklärung. Ein tieferes Verständnis wird in zweifacher Hinsicht gewonnen: Einmal erhalten wir einen genaueren Einblick in den Geschehensablauf; und zum anderen ersetzen wir die in der globalen Erklärung verwendeten Gesetze durch fundamentale Gesetzesaussagen, aus denen die ersteren ableitbar sind. Das letztere gilt jedenfalls in dem Idealfall, der u. a. durch DS-Systeme repräsentiert wird.

Es sei n eine natürliche Zahl > 1. Dann lautet die allgemeine Form *abgeleiteter globaler Gesetze* in deterministischen DS-Systemen: $z(t) = S_i \Rightarrow z(t+n) = S_j$. Mit Hilfe solcher Gesetze können wir also aus der Kenntnis eines Zustandes zur Zeit t auf den Zustand schließen, der n Zeiteinheiten später verwirklicht ist. Eine solche Ableitung wäre ein Beispiel für eine globale Erklärung. Es ist klar, wie die entsprechende genetische Erklärung auszusehen hätte: Die singuläre Prämisse $z(t) = S_i$ bliebe dieselbe. Dagegen wäre das für die globale Erklärung verwendete Gesetz durch mehrere, evtl. n verschiedene *Fundamentalgesetze*[12] zu ersetzen, die alle von der Gestalt (α)

---

[11] In [History], S. 72 ff.

[12] n ist die Maximalzahl der benötigten Gesetze. Falls das System zwischen S_i und S_j Zyklen enthält, ist die Zahl der benötigten Grundgesetze kleiner als n.

aus Abschn. 1 zu sein hätten. An die Stelle *einer* Deduktion hätten *n* Deduktionen zu treten, durch die sukzessive Aussagen über die Zustände $z(t+1)$, $z(t+2), \ldots, z(t+n)$ gewonnen würden. Die jeweilige Conclusio außer der letzten würde bei jedem folgenden Schluß als singuläre Prämisse benützt werden.

Eine solche Folge von erklärenden Argumenten bezeichnen wir, da hierbei ausschließlich deterministische Sukzessionsgesetze verwendet werden, als eine *kausal-genetische Erklärungskette im strengen Sinn*, oder kürzer: eine *streng kausal-genetische Erklärung*. Das Prädikat „streng" soll dabei nicht zum Ausdruck bringen, daß nur deterministische Gesetze verwendet werden, sondern die andere Tatsache, daß für die ganze Ableitungskette *keine weiteren singulären Prämissen benötigt werden* als jene, die auch in der globalen Erklärung benützt wurde. Das Wissen um die *n* Zustände $z(t+1), \ldots,$ $z(t+n)$ kann allein aus diesem Ausgangswissen abgeleitet werden. Dies ist der hauptsächliche Unterschied zwischen solchen in den Naturwissenschaften anzutreffenden *strengen* genetischen Erklärungen und den *historisch-genetischen Erklärungen*, bei denen für die einzelnen betrachteten Zwischenphasen zusätzliche Informationen herangezogen werden, die ihrerseits *im Rahmen dieser Erklärung* als unerklärte Tatsachen benützt werden. Auf diese nicht strenge Form genetischer Erklärungen werden wir in VI noch ausführlich zu sprechen kommen.

Im statistischen Fall sind zwei verschiedene Arten von abgeleiteten Gesetzen zu betrachten. Solche Gesetze können erstens Abschwächungen der Grundgesetze sein. Diese letzteren müssen ja auf Grund der früheren Konvention (Schema (β) von Abschn. 1) für *sämtliche* möglichen Zustände angeben, mit welcher Wahrscheinlichkeit diese als elementare Nachfolgerzustände eines Ausgangszustandes auftreten können. Eine Abschwächung besteht dann z. B. darin, daß dies nur für einen einzigen Folgezustand gesagt wird. An die Stelle von Schema (β) tritt dann eine schwächere Aussage von der Gestalt: „wenn $z(t)=S_i$, dann $z(t+1)=S_{j_r}$ mit Wahrscheinlichkeit p_r" (β'). Diese Abschwächung ist für das Verhältnis von globalen und genetischen Erklärungen ohne Relevanz. Wo immer erklärende Argumente mit Hilfe von Gesetzen der Art (β') konstruierbar sind, da sind solche Argumente erst recht mit Hilfe von Gesetzen der Art (β) formulierbar.

Der interessantere Fall, der zugleich die Analogie zum deterministischen Fall darstellt, wird durch *abgeleitete probabilistische Gesetze* von der Art geliefert: „wenn $z(t)=S_i$, dann $z(t+n)=S_{j_r}$ mit Wahrscheinlichkeit p_r". Wir haben hier nur den (β') entsprechenden Fall formuliert. Analog können natürlich *vollständige* abgeleitete probabilistische Gesetze, welche dem Schema (β) (mit $t+n$ statt $t+1$) entsprechen, gebildet werden. Kommt zwischen t und $t+n$ nur ein einziges statistisches Fundamentalgesetz zur Anwendung, so kann der neue Wahrscheinlichkeitsparameter direkt aus dem ursprünglichen probabilistischen Fundamentalgesetz abgelesen werden; ansonsten ergibt sich seine Berechnung aus dem Multiplikationstheorem der Wahrscheinlichkeitstheorie. Für das durch (3) repräsentierte System würde ein solches (unvollständiges) abgeleitetes Gesetz z. B. lauten, daß S_3 stets mit einer Wahrscheinlichkeit von 0,3 als 2-Nachfolger von S_1 auftritt[13].

So wie im deterministischen Fall können probabilistische abgeleitete Gesetze dazu verwendet werden, globale Erklärungen zu liefern. Bei Kenntnis der Fundamentalgesetze können diese durch genetische Erklärungen ersetzt werden. Den kausal-genetischen Erklärungsketten im deterministischen Fall entsprechen hier die *probabilistisch-genetischen Erklärungen*, bei denen mindestens ein probabilistisches Fundamentalgesetz verwendet wird. Wieder verhält es sich so, daß die genetische Erklärung gegenüber der globalen keine zusätzlichen Prämissen benötigt, also eine *streng* genetische Erklärung in unserem Sinn liefert.

Die Betrachtung des Verhältnisses von globalen und genetischen Erklärungen liefert zugleich eine nachträgliche zusätzliche Rechtfertigung für die in Abschn. 6 angeführten Vorschläge zur Einführung eines Begriffs der nichterklärenden Information oder zur Erweiterung des Erklärungsbegriffs. Wenn wir uns wieder auf (3) beziehen und annehmen, daß $z(t) = S_1$ gilt, so können wir ein schwach probabilistisches Voraussage-Argument für $z(t+2) = S_2$ mit Wahrscheinlichkeitsparameter 0,45 aufstellen, trotz der Tatsache, daß für $t+1$ nach RESCHERs Terminologie nicht einmal eine schwach probabilistische Erklärung möglich ist. Andererseits aber stützt sich dieses 2-Intervall-Voraussage-Argument auf das aus dem Übergangsdiagramm und der Ausgangssituation abgeleitete Wissen um die Wahrscheinlichkeitsverteilung zur Zeit $t+1$. Es zeigt sich daher von neuem, daß es inadäquat wäre, dieses Wissen zu ignorieren und zu sagen, daß die Situation des Systems zur Zeit $t+1$ außerhalb der Grenzen der wissenschaftlichen Rationalisierung liege.

———

Das in diesem Kapitel am Beispiel diskreter Zustandssysteme analysierte Begriffspaar „Determinismus-Indeterminismus" ist nicht das einzig denkbare. In VII, 9 soll gezeigt werden, daß dieser Begriffsgegensatz noch in einem ganz anderen Sinn verstanden werden kann. Wir werden dort zu dem

---

[13] Bei der Berechnung dieser Wahrscheinlichkeiten aus den in den Fundamentalgesetzen angeführten Wahrscheinlichkeitsparametern ist übrigens Vorsicht nötig, sofern in das System „probabilistische Zyklen" eingebaut sind. Es kann dann der Fall sein, daß ein und derselbe spätere Zustand auf mehreren Wegen erreichbar ist. Im System (3) z. B. ist die Wahrscheinlichkeit von S_2 als 2-Intervall-Nachfolger von S_1 $0,5 \cdot 0,5 + 0,5 \cdot 0,4 = 0,45$, da die zu S_2 führende Zustandsfolge entweder $S_1 S_1 S_2$ oder $S_1 S_2 S_2$ sein kann.

scheinbar paradoxen Resultat gelangen, *daß es indeterministische Systeme gibt, deren sämtliche Zustands- und Ablaufgesetze deterministische Gesetze sind.* In VII, 9.k werden diskrete Modelle für diese andere Form des Indeterminismus skizziert. Es sind nicht die in diesem Kapitel gegebenen, sondern erst die an dieser späteren Stelle geschilderten Beispiele von Zustandssystemen, welche diskrete Analogiemodelle zu jener Form des Indeterminismus bilden, die man in der heutigen Physik antrifft. Die hier angestellten Analysen im Verein mit den im letzten Abschnitt von VII vorgenommenen liefern einen Nachweis dafür, *daß zwei kategorial verschiedene Formen von Indeterminismus existieren.* Diese Einsicht ist von Relevanz für die Beseitigung begrifflicher Konfusionen bei der Interpretation der Aussagen der modernen Physik.

Anhang
Versuch der Konstruktion eines diskreten
Analogiemodells zur Quantenmechanik

1. Vorbemerkungen

Die von RESCHER erdachten diskreten Zustandssysteme erbringen zwei
wichtige didaktische Leistungen: Erstens vermitteln sie ein gutes prinzipielles
Verständnis des Unterschiedes zwischen deterministischen und indeterministischen Systemen, ohne einen aufwendigen Begriffsapparat zu benützen.
Zweitens sind diese Systeme trotz ihrer Einfachheit stark genug, um
wissenschaftstheoretisch relevante Resultate zu liefern, die prima facie
überraschend sind.

Diesen Vorteilen steht ein nicht unerheblicher Nachteil gegenüber: Die
DS-Systeme gestatten es nicht – und zwar nicht einmal in einer ersten
Approximation –, einen Einblick in die logische Struktur des durch die
moderne Physik repräsentierten Indeterminismus zu liefern. Der Grund dafür
liegt in folgendem: Die indeterministischen DS-Systeme von RESCHER exempli-
fizieren stets *nur eine Form des Indeterminismus*, die wir *Gesetzesindeterminismus*
nennen. Darunter soll die Tatsache verstanden werden, daß der indeterministische Charakter dieser Systeme ausschließlich dadurch zur Geltung kommt,
daß die das Verhalten der Systeme regelnden Gesetze (teilweise oder zur
Gänze) *statistische Gesetze sind.*

Die Quantenmechanik exemplifiziert demgegenüber *eine andere Form von
Indeterminismus*, die wir als *Zustandsindeterminismus* bezeichnen. Das Motiv für
diese Benennung liegt darin, daß derartige Systeme eine probabilistische
Struktur allein über den Zustandsbegriff, nicht jedoch über die sie beherr-
schenden Gesetze erhalten. Wir wollen versuchen, diesen merkwürdigen
Sachverhalt am Beispiel einer diskreten Miniaturtheorie über Systeme zu
erläutern, die von ähnlich einfacher Beschaffenheit sind wie diejenigen
RESCHERS.

Während das Verhalten der DS-Systeme von RESCHER nur durch
Sukzessionsgesetze bestimmt wird, gibt es diesmal zwei Arten von Gesetzen:
Zustandsgesetze und *Ablaufgesetze*. Was hier prima facie als rätselhaft erscheinen
mag, läßt sich im folgenden Satz ausdrücken: *Obwohl diese beiden Klassen von*

Gesetzen ausnahmslos deterministisch sind, ermöglichen sie keine strikten, sondern nur probabilistische Voraussagen in bezug auf die realen Zustände, in denen sich ein derartiges System befinden kann. Wie ist so etwas möglich?

Die eben getroffene Feststellung entspricht genau der Situation in der Quantenmechanik und hat deshalb auch häufig Anlaß zur Verwunderung gegeben. Insbesondere hat die Tatsache, daß der zeitliche Ablauf einem deterministischen Gesetz unterliegt, die Auffassung begünstigt, daß auch die Quantenmechanik eine deterministische Theorie sei. So etwa heißt es bei HANS REICHENBACH: „SCHRÖDINGERS zweite Gleichung" – gemeint ist die zeitabhängige SCHRÖDINGER-Gleichung – „entspricht dem Kausalgesetz, das die Änderung der Werte physikalischer Größen im Laufe der Zeit bestimmt" (*Philosophische Grundlagen der Quantenmechanik*, Basel 1949, S. 105). In der Tat handelt es sich hierbei um eine zeitabhängige Differentialgleichung. Und eine solche gilt als Prototyp einer deterministischen Gesetzmäßigkeit (bei Benützung der Kontinuumsmathematik): Kennt man den Wert der Funktion, im vorliegenden Fall der Ψ-Funktion, für einen einzigen, also etwa den gegenwärtigen Zeitpunkt, so kann man die Zustandswerte für alle künftigen Zeitpunkte vorausberechnen.

Daraus ergibt sich ganz offensichtlich folgendes: Wenn ein derartiges System dennoch als indeterministisch zu bezeichnen ist, so kann dies allein auf einer Eigenart der die Zustände zu den verschiedenen Zeitpunkten beschreibenden Ψ-Funktion beruhen. Und so verhält es sich auch tatsächlich. Die Werte derjenigen Größen, an welchen der Physiker interessiert ist – wie Ort, Geschwindigkeit, Impuls, Energie, Elektronenspin –, lassen sich aus einer Kenntnis des Wertes der Ψ-Funktion nicht genau ermitteln, da sie nur *bis auf Wahrscheinlichkeiten* festgelegt sind. Für diesen Sachverhalt müssen wir im gesuchten diskreten Analogiemodell eine Entsprechung finden.

Diejenige Eigentümlichkeit. für die wir ein elementares Modell suchen, kann schlagwortartig so charakterisiert werden: Es müssen Gesetzmäßigkeiten angegeben werden, die es zwar *nicht* gestatten, aus bekannten gegenwärtigen physikalischen Merkmalen strenge Schlüsse auf künftige derartige Merkmale zu ziehen, die es jedoch ermöglichen, aus *gegenwärtigen Wahrscheinlichkeitsverteilungen* für solche Merkmale deren *künftige Wahrscheinlichkeitsverteilungen* streng zu erschließen. Dann liegen nämlich deterministische Ablaufgesetze vor. Aber dasjenige, was diese Gesetze miteinander strikt verknüpfen, sind nicht physikalische Merkmale (in quantitativer oder in qualitativer Sprache), sondern Wahrscheinlichkeitsverteilungen solcher Merkmale.

Um diese Verschiebung des probabilistischen Aspektes von den Gesetzen, wie er in den DS-Systemen zutage tritt, zu den Zuständen in einfacher und anschaulicher Weise beschreiben zu können, werden wir *zwei Arten von Zuständen* unterscheiden, nämlich einerseits die *realen Zustände*, die den Systemen zukommen können (und die den üblichen physikalischen Größen entsprechen), und andererseits die *Wahrscheinlichkeitszustände* oder *Pseudozustän-*

de. Schon jetzt sei vorweggenommen, daß der zeitabhängigen SCHRÖDINGER-Gleichung Ablaufgesetze zwischen solchen Wahrscheinlichkeitszuständen entsprechen werden.

Diese Verlagerung der Statistik von den Gesetzen auf die Zustände ist nur *eine* der beiden Besonderheiten, die wir herauszuarbeiten haben. Die zweite Besonderheit betrifft die *Heisenbergsche Unschärferelation* (in der Standardinterpretation). Um auch deren Grundidee reproduzieren zu können, müssen wir zunächst ein diskretes Analogon zu *kanonisch konjugierten* oder *komplementären* Größen – dies sind Größen, deren Werte sich nicht gleichzeitig genau messen lassen – konstruieren. Dies wiederum setzt voraus, daß wir uns, in einem zweiten wesentlichen Unterschied zu den Rescherschen Systemen, nicht mit *einem* Typ von realen Zuständen begnügen können, sondern *mindestens zwei* Typen solcher Zustände unterscheiden müssen. Da wir ein für das Verständnis ausreichendes *Minimalmodell* anstreben, werden wir auch mit zwei derartigen Typen auskommen. Das Analogon zur Unschärferelation soll dann durch Gesetze formuliert werden, die allerdings keine Ablaufgesetze, sondern *Zustandsgesetze* sind, da sie sich auf ein und denselben Zeitpunkt beziehen.

2. Der Weg der Vereinfachung

Das in seiner Grundstruktur zu schildernde System möge Σ heißen. Es soll ein **D**iskretes **A**nalogie-**M**odell zur **Q**uantenmechanik, oder kurz: ein *DAMQ-System,* sein. Wie bei den DS-Systemen wird der Zeitparameter diskret vorausgesetzt. Außerdem soll Σ keine Größen, sondern nur qualitativ charakterisierbare Zustände enthalten. Um ein Analogon zu zwei kanonisch konjugierten Größen zu bekommen, müssen wir zwei Zustands*typen* unterscheiden, nämlich Zustände vom Typ S (kurz: S-Zustände) und Zustände vom Typ T (kurz: T-Zustände). In wörtlicher Übernahme der quantenphysikalischen Terminologie sagen wir, daß die Zustände dieser beiden Typen *konjugierte* oder *komplementäre* Zustände sind. Σ soll die 5 S-Zustände S_1, S_2, ..., S_5 und die 7 T-Zustände T_1, T_2, ... T_7 annehmen können. Die Zustände beider Typen nennen wir *Realzustände.* Zwecks späterer terminologischer Unterscheidung sagen wir, daß die Realzustände insgesamt die *erste Zustandsart* ausmachen. Die 5 möglichen S-Zustände kann man z.B. als die qualitativ-diskreten Analoga zu den möglichen Ortskoordinaten und die 7 möglichen T-Zustände als die qualitativ-diskreten Analoga zu den möglichen Impulswerten eines Teilchens deuten.

Um die folgenden Schritte zu motivieren, müssen wir genau erklären, was wir reproduzieren und worauf wir verzichten wollen. Wie bereits erwähnt, ist es unser Ziel, als Ablaufgesetz ein wenn auch recht primitives diskretes Analogon zur zeitabhängigen Schrödinger-Gleichung zu gewinnen. Und außerdem möchten wir ein ähnlich einfaches diskretes Analogon zur Heisenbergschen Unschärferelation erhalten. Dafür ist es unerläßlich, ein diskretes Gegenstück zur Schrödingerschen Ψ-Funktion einzuführen, die zu jedem Zeitpunkt ein physikalisches System in dem bekannten quantenphysikalisch verallgemeinerten Sinn beschreibt. Dies geschieht in der Weise, daß wir eine von den Realzuständen verschiedene, *zweite Zustandsart* einführen, die *Pseudozustände* oder *Wahrscheinlichkeitszustände*. Diese Zustandsart wird durch die Symbole „W" und „$W*$" bezeichnet, wobei untere Zahlenindizes zur Unterscheidung zwischen Zuständen dieser Art dienen. Die Pseudozustände W_i und W_j^* entsprechen den möglichen Werten der Schrödingerschen Ψ-Funktion. (Der Grund dafür, warum wir nicht, wie die Quantenphysiker, mit *einem* Symbol auskommen, sondern zwei benötigen, wird weiter unten angegeben.)

Genauer ist diese Entsprechung die folgende: Wenn ein Physiker den Wert der Ψ-Funktion kennt, so kann er daraus zwar (im Normalfall) nicht die genauen Werte der ihn eigentlich interessierenden physikalischen Größen ermitteln; aber er kann daraus die *Wahrscheinlichkeitsverteilung* für diese Werte erschließen. (Dies geschieht über einen relativ komplizierten mathematischen Umweg, nämlich über die Regel der spektralen Zerlegung. Dieser Umweg ist für uns ohne Interesse; denn dafür gibt es in unserem Analogiemodell Σ keine Entsprechung.) Ähnlich soll in unserem Fall die Kenntnis eines Pseudozustandes das Wissen um eine bestimmte Wahrscheinlichkeitsverteilung der entsprechenden Realzustände einschließen. Was heißt hier „entsprechend"? Gemeint ist folgendes: W-Zustände beschreiben Wahrscheinlichkeitsverteilungen der S-Zustände und $W*$-Zustände Wahrscheinlichkeitsverteilungen der T-Zustände. Der Unterschied der beiden Typen von realen Zuständen spiegelt sich somit auf der Ebene der Pseudozustände wider, so daß wir analog von zwei Typen von Pseudozuständen sprechen dürfen. Konkreter gesprochen: W_1 z.B. beschreibt eine Wahrscheinlichkeitsverteilung bezüglich der 5 S-Zustände S_1, ..., S_5, W_2 eine andere Wahrscheinlichkeitsverteilung bezüglich dieser 5 möglichen S-Zustände usw. Entsprechend beschreiben W_1^*, W_2^* etc. verschiedene Wahrscheinlichkeitsverteilungen bezüglich der 7 T-Zustände.

Was wir im Rahmen unserer Konstruktion unbedingt vermeiden wollen, ist jegliches Analogon zu den sog. *Operatoren*. In der Quantenphysik werden physikalische Größen mit Hilfe solcher Operatoren dargestellt. Obwohl sich viele Autoren darauf beschränken, diese Operatoren anhand von Beispielen einzuführen und den Umgang mit ihnen intuitiv zu erläutern, darf doch nicht übersehen werden, daß der präzise Umgang mit diesen Gebilden einen aufwendigen mathematischen Apparat voraussetzt, nämlich die Spektralanalyse linearer Operatoren im Hilbertraum. Wenn wir es vermeiden wollen, bei der Konstruktion eines Analogiemodells mit einer ähnlich aufwendigen mathematischen Apparatur arbeiten zu müssen, dann dürfte der genannte Verzicht nicht zu umgehen sein. Dafür müssen wir jedoch einen Preis bezahlen, der allerdings nicht sehr hoch ist.

Unsere Pseudozustände W_i (i = 1, 2, ...) und W_j^* (j = 1, 2, ...) entsprechen Werten der quantenphysikalischen Ψ-Funktion. Der eben erwähnte Preis besteht darin, daß wir für jeden der beiden Typen von Realzuständen S und T einen eigenen Typ von Pseudozuständen, eben W und W^*, einführen müssen.

Anmerkung. Es sei kurz angedeutet, warum wir diese Komplikation in Kauf nehmen müssen. (Diese Bemerkungen sind nur für Kenner des quantentheoretischen Formalismus bestimmt; Nichtkenner mögen diese Anmerkung überspringen.) In der Quantenphysik reicht die Ψ-Funktion *allein* aus, um für einen gegebenen Zeitpunkt die Wahrscheinlichkeitsverteilungen für die Werte *sämtlicher* physikalischer Größen (Observablen) zu liefern. Dies geschieht bei Benützung des Schrödinger-Formalismus im wesentlichen in zwei Schritten: Im ersten Schritt setzt man den eine Observable repräsentierenden Operator in die erste Schrödinger-Gleichung ein und erhält als Lösungen die Eigenfunktionen der Größe sowie die dazugehörigen, als mögliche Meßwerte dieser Größe in Frage kommenden Eigenwerte. Im zweiten Schritt entwickelt man die vorgegebene Ψ-Funktion in diese bereits gewonnenen Eigenfunktionen. Mittels der Entwicklungskoeffizienten (genauer: über die Quadrate dieser Koeffizienten) erhält man die Wahrscheinlichkeiten für die Messung „korrespondierender" Eigenwerte. (Philosophische Leser, welche diese technischen Details nicht mehr in Erinnerung haben, können sich diese rasch durch die Lektüre von S. 86–98 des oben zitierten Buches von REICHENBACH aneignen.)

Um *ein und dieselbe* Ψ-Funktion dafür zu benützen, Wahrscheinlichkeitsverteilungen für die Meßwerte *verschiedener* Observablen zu gewinnen, ist somit die Verwendung der Theorie der linearen Operatoren eine wesentliche Voraussetzung. Da wir ohne eine derartige mathematische Theorie auskommen wollen, wählen wir den einfachen *Kunstgriff*, verschiedenen Typen von Realzuständen (die ja konjugierten, also nicht simultan meßbaren Größen entsprechen) auch verschiedene Typen von Pseudozuständen zuzuordnen, welche die Wahrscheinlichkeitsverteilung der zugehörigen Realzustände bestimmen. Ein Auseinanderfallen der Theorie in zusammenhanglos nebeneinander stehende Aussagen über Wahrscheinlichkeitsverteilungen wird trotzdem verhindert, und zwar dadurch, daß die Pseudozustände gesetzmäßig miteinander verknüpft werden.

3. DAMQ-Systeme: Trotz strikter Gesetze sind nur probabilistische Voraussagen (Erklärungen) möglich

Wir brauchen die das System Σ regelnden Gesetze nicht vollständig anzugeben. Es genügt, einen prinzipiellen Einblick in den Sachverhalt zu gewinnen. Für das Verhältnis von Pseudozuständen und Realzuständen ist folgendes von Wichtigkeit: Aus der Kenntnis eines W-Zustandes kann nur darauf geschlossen werden, mit welcher Wahrscheinlichkeit eine experimentelle Ermittlung des realen S-Zustandes einen der 5 verschiedenen Zustände $S_1, \ldots, S_5$ liefert. Analoges gilt für das Verhältnis der W^*-Zustände zu den 7 möglichen T-Zuständen. Wenn z.B. der Zustand W_1 die folgende Gestalt hat:

$$W_1: \begin{cases} p(S_1) = 0{,}8 \\ p(S_5) = p(S_2) = 0{,}09 \\ p(S_3) = p(S_4) = 0{,}01, \end{cases}$$

so besagt dies, daß man bei Vorliegen von W_1 mit einer Wahrscheinlichkeit von 0,8 auf einen realen Zustand S_1, mit einer Wahrscheinlichkeit von jeweils 0,09 auf einen der beiden Realzustände S_5 oder S_2 und mit einer Wahrscheinlichkeit von jeweils 0,01 auf einen der zwei Realzustände S_3 oder S_4 stoßen wird. Das Wissen um einen W-Zustand legt also das Wissen um die realen S-Zustände nur bis auf Wahrscheinlichkeiten fest. In genau demselben Sinn legt die Kenntnis eines W^*-Zustandes das Wissen um die T-Zustände nur bis auf Wahrscheinlichkeiten fest.

Der Leser wird vermutlich bereits ahnen, wie die Analogiekonstruktion in bezug auf die zeitlichen Änderungen weitergeht: Den Ausgangspunkt bilde die Tatsache, daß prinzipiell zu jedem Zeitpunkt unsere gesamte Information, die wir über das System Σ haben können, auf die Kenntnis des W- bzw. W^*-Zustandes beschränkt ist. Die für Σ geltenden Sukzessions- oder Ablaufgesetze seien deterministisch, aber so geartet, daß sie nur Pseudozustände zu verschiedenen Zeitpunkten miteinander verbinden. Dann verknüpfen diese Gesetze gegenwärtige mit künftigen Wahrscheinlichkeitsverteilungen und sind daher im Normalfall nur für probabilistische Voraussagen von Realzuständen geeignet.

Die Schilderung enthält noch zwei Lücken. Erstens haben wir stets so getan, als wären die beiden Klassen der Realzustände und der Pseudozustände disjunkt. Dies machen wir teilweise dadurch wieder rückgängig, daß wir S-Zustände (T-Zustände) als solche Spezialfälle von W-Zuständen (W^*-Zuständen) auffassen, in denen ein bestimmter S-Zustand (T-Zustand) den Wahrscheinlichkeitswert 1, alle übrigen S-Zustände (T-Zustände) den Wert 0 erhalten. In allen solchen Fällen können wir wieder die S- und T-Symbolik verwenden, d.h. z.B. statt „derjenige W-Zustand ist verwirklicht, für den $p(S_1) = 1$, dagegen $p(S_i) = 0$ für i = 2, . . . , 5" sagen wir „der Zustand S_1 ist verwirklicht". Durch diese Festsetzung können Bezeichnungen für S- bzw. T-Zustände in die Formulierung von Gesetzen Eingang finden.

Zweitens muß noch etwas über den Zusammenhang von W- und W^*-Zuständen gesagt werden. Es handelt sich dabei, woran nochmals erinnert werde, um *konjugierte* Pseudozustände. Dies bedeutet: Eine simultane empirische Ermittlung der entsprechenden Realzustände ist unmöglich. Je genauer unsere Kenntnis über die S-Zustände ist, desto ungenauer ist unsere Kenntnis über die T-Zustände und umgekehrt.

Um dieses Analogon zur Unschärferelation präzise formulieren zu können, führen wir die folgende Abkürzung ein: Unter *unbestimmten Zuständen* oder *U-Zuständen* verstehen wir jene speziellen Fälle von W- bzw. W^*-Zuständen, in denen eine probabilistische Gleichverteilung besteht. Die beiden in Frage kommenden Fälle kürzen wir durch „$U(S)$" bzw. „$U(T)$" ab. „$U(S)$ liegt vor" bedeutet dasselbe wie: „Es liegt jener spezielle W-Zustand vor, in welchem für die 5 elementaren S-Zustände $S_1, \ldots, S_5$ dieselbe Wahrscheinlichkeit, also 1/5, besteht, bei empirischer Ermittlung des S-Zustandes beobachtet zu werden". Und „$U(T)$ liegt vor" heißt: „Es liegt jener spezielle Pseudozustand vom Typ W^* vor, in welchem für die 7 elementaren T-Zustände $T_1, \ldots, T_7$ dieselbe Wahrscheinlichkeit, also 1/7 besteht, bei der empirischen Bestimmung des T-Zustandes angetroffen zu werden".

Für Zustandsgesetze verwenden wir die beiden Symbole „$\vec{Z}$" und „$\overleftrightarrow{Z}$", für Ablaufgesetze das Symbol „$\vec{A}$". Die beiden ersten Zustandsgesetze lauten:

(1) $\qquad\qquad$ Für alle i $= 1, \ldots, 5$: $S_i \vec{Z} U(T)$

(2) $\qquad\qquad$ Für alle j $= 1, \ldots, 7$: $T_j \vec{Z} U(S)$

Das erste Gesetz besagt: Die genaue Kenntnis eines Zustandes vom Typ S ist mit totaler Unkenntnis der Zustände vom Typ T verbunden, d.h. von den T-Zuständen weiß man in einem solchen Fall nichts anderes, als daß sie alle gleichwahrscheinlich sind. Das zweite Gesetz besagt das Umgekehrte für den Fall, daß ein T-Zustand bekannt ist.

Offenbar handelt es sich hierbei um diskrete Analogien zur Unschärferelation und zwar um diejenigen extremen Fälle, in denen der Zustand eines der beiden Typen genau ermittelt worden ist. Diese beiden Gesetze sind noch zum probabilistischen Fall zu verallgemeinern. Wir setzen voraus, daß es ebenso viele W-Zustände wie W^*-Zustände gibt, so daß wir die durch ein Zustandsgesetz miteinander verknüpften Pseudozustände beider Typen durch dieselben Indizes bezeichnen können. Die probabilistische Verallgemeinerung von (1) und (2) lautet dann:

(3$_i$) $\qquad\qquad\qquad\qquad$ $W_i \overleftrightarrow{Z} W_i^*$

Und zwar soll für *alle* W- bzw. W^*-Zustände ein solches Gesetz gelten. Damit auch hier die Intention erfüllt wird: „Je genauer die Kenntnis der S-Zustände, desto ungenauer die der T-Zustände und umgekehrt", müssen alle Zustandsgesetze der Gestalt (3$_i$) die folgende *probabilistische Nebenbedingung* erfüllen: Je steiler die Verteilung W_i, desto flacher die Verteilung W_i^*; und je flacher die Verteilung W_i, desto steiler die Verteilung W_i^*.

Wir können es offen lassen, ob die Anzahl der Pseudozustände von Σ endlich oder unendlich ist, und damit auch, ob es endlich oder unendlich viele Zustandsgesetze (3$_i$) gibt. Beide Möglichkeiten sind mit der Diskretheitsannahme verträglich.

Wegen der eben formulierten Zustandsgesetze genügt es, die Ablaufgesetze für einen Zustandstyp, also etwa für die Pseudozustände vom Typ W, zu formulieren; denn der Übergang zu den für die W^*-Zustände geltenden Ablaufgesetze ergibt sich dann unter Heranziehung der Gesetze (3$_i$). Sämtliche Ablaufgesetze haben somit die folgende einfache Gestalt:

(4_{ij}) $\qquad$ $W_i \vec{A} W_j$ $\qquad$ („wenn zu einer Zeit t der Zustand W_i
$\qquad\qquad\qquad\qquad$ verwirklicht ist, dann zur Zeit $t+1$
$\qquad\qquad\qquad\qquad$ der Zustand W_j")

Und zwar muß es für jeden W-Zustand W_i, der in der Systembeschreibung von Σ vorkommt, genau einen durch ein derartiges Gesetz festgelegten Nachfolgezustand geben. Wenn es unendlich viele W-Zustände gibt, dann ist auch die Anzahl der Ablaufgesetze (4_{ij}) unendlich groß; sonst erhalten wir eine endliche Anzahl derartiger Gesetze. Die Totalität dieser Ablaufgesetze kann man als *das diskrete Analogon zur zeitabhängigen Schrödinger-Gleichung* interpretieren, ebenso wie wir (1), (2) und (3_i) (mit Nebenbedingung) als *das diskrete Analogon zur Unschärferelation* gedeutet haben.

Nach Voraussetzung ist für jeden Zeitpunkt unser Gesamtwissen über die Beschaffenheit des Systems Σ, welches S- sowie T-Zustände umfaßt, auf die Kenntnis eines Pseudozustandes, etwa vom Typ W, beschränkt. Die Gesetze (3_i) und (4_{ij}) gestatten uns dann lediglich, *probabilistische* Schlüsse über die in Zukunft beobachteten S- und T-Zustände zu machen. Und haben wir zu einem Zeitpunkt einen bestimmten S-Zustand oder T-Zustand ermittelt, so befinden wir uns wegen der Gesetze (1) und (2) bezüglich des konjugierten Zustandes in *totaler Unwissenheit*, d. h. alle möglichen Zustände vom konjugierten Typ sind gleichwahrscheinlich.

In dieser rein probabilistischen Wissenssituation hinsichtlich künftiger sowie konjugierter Realzustände befinden wir uns trotz der Tatsache, daß alle angegebenen, das System Σ beherrschenden Gesetzmäßigkeiten (1), (2), (3_i) und (4_{ij}) strikte oder deterministische Gesetze sind.

Kapitel IV
Der Gegenstand wissenschaftlicher Systematisierungen
Zur Frage der ontologischen Interpretation

1. Ist das Explanandum ein Konkretum?

Was bildet den Gegenstand einer wissenschaftlichen Erklärung? Die naheliegende Antwort in realistischer Sprache lautet: *Ereignisse* oder *Phänomene*, die wir in der Natur oder in der geistigen Welt antreffen. Unter „Ereignis“ wird dabei ein raum-zeitlich abgegrenztes Stück der Wirklichkeit verstanden, also etwas, das ein Gebiet der vierdimensionalen Raum-Zeit-Welt einnimmt bzw. im Grenzfall einen Raum-Zeit-Punkt. Da der Übergang zwischen prozessualen Weltgebieten, die wir im vorwissenschaftlichen Sprachgebrauch als Ereignisse bezeichnen, und nichtprozessualen Weltgebieten, die im Alltag Dinge genannt werden, fließend ist, müßte man auch die *Dinge* zu dem, was erklärt wird, hinzurechnen. Der Erklärungsbegriff wäre danach als eine zweistellige Relation R zu konstruieren, wobei wir als Vorbereich dieser Relation etwa die Klasse der Sätze nehmen könnten und als Nachbereich die Klasse der konkreten Weltereignisse und Dinge zu wählen hätten. „xRy“ würde also eine Relation zwischen Sätzen und konkreten Ereignissen ausdrücken.

Eine solche Deutung führt zweifellos zu unerwünschten Konsequenzen. I. Scheffler vertritt sogar die Auffassung, daß diese Interpretation logische Widersprüche hervorrufe[1]. Es sei etwa c ein derartiges Stück Wirklichkeit. „Hc“ besage „c ist hart“ und „Bc“ besage „c ist blau“. i sei eine Konjunktion von wahren Sätzen, aus denen der Satz „Bc“, nicht jedoch der Satz „Hc“ logisch deduziert werden kann, und welche alle übrigen Bedingungen eines adäquaten Explanans von „Bc“ erfüllen. i könnte z. B. aus der Konjunktion der folgenden drei Sätze bestehen:

$$(1) \quad \wedge x \wedge y (Mx \wedge Nxy \to By), \qquad (2) \quad Ma, \qquad (3) \quad Nac.$$

Diese drei Sätze seien wahr und mögen alle einen empirischen Gehalt besitzen. (1) erfülle außerdem die Erfordernisse der Gesetzesartigkeit. „Bc“

---

[1] [Anatomy], S. 58—59.

ist daraus ableitbar. Gemäß der obigen Deutung ist c dasjenige, was erklärt wird. Wir müßten somit, da i ein adäquates Explanans für „Bc" darstellt, behaupten, daß das Ereignis c durch i erklärt wird, oder daß der Satz gilt:

$$(4) \qquad iRc.$$

Andererseits ist „Hc" aus i nicht deduzierbar. Man könnte daher mit demselben Recht behaupten, daß das Ereignis, über welches in „Hc" etwas ausgesagt wird, durch i *nicht* erklärt wird, d. h. also, daß der Satz gilt:

$$(5) \qquad \text{non } iRc.$$

Dies ist SCHEFFLERs Konstruktion des Widerspruchs. Gegen diese Ableitung eines *formalen* Widerspruchs ließe sich einwenden, daß die Gewinnung von (5) stillschweigend ein Prinzip von etwa der folgenden Art voraussetzt: „Wenn der Satz j das Objekt c erwähnt und i kein Explanans für j darstellt, so gilt: non iRc". Dies aber erscheint als eine sehr unplausible Annahme. Tatsächlich müßte man die Gebrauchsregel der Relation R über die oben gegebene Erläuterung hinaus präzisieren. Eine solche Präzision könnte etwa so aussehen: „„„xRy" soll genau dann gelten, wenn es einen Satz Y gibt, der y erwähnt, so daß Y aus x herleitbar ist und x auch die übrigen Adäquatheitsbedingungen für ein Explanans erfüllt". Die Behauptung (5) ließe sich dann nicht mehr herleiten. In dieser zuletzt gegebenen Bestimmung kommt allerdings bereits zum Ausdruck, daß die Wendung „ein Ereignis erklären" eine bloße façon de parler darstellt, nämlich eine sprachliche Abkürzung für die Aussage „irgendeine dieses Ereignis betreffende Tatsache erklären".

Und darin zeigt sich nun, daß tatsächlich ein Widerspruch vorliegt, zwar keine aus der Definition von „R" formal ableitbare Kontradiktion, aber *ein Widerspruch zwischen dem voranalytischen Gebrauch des Begriffs der Erklärung* — man könnte auch sagen, zwischen dem, was man von einer Erklärung erwartet — *einerseits und der These, daß man den Erklärungsbegriff als eine zweistellige Relation zwischen Sätzen und Ereignissen einzuführen habe, andererseits.* Eine Erklärung für ein konkretes Ereignis oder dingartiges Realitätsstück wäre ja gemäß dieser These immer schon dann geliefert, wenn man einen Explanandum-Satz, der *irgendeine* für dieses Ereignis geltende Tatsache beschreibt, aus einem geeigneten Explanans deduziert hätte. Die Wahl dieser Tatsache wäre völlig in das Belieben des Erklärenden gestellt. Kein Ding oder Ereignis besitzt nur ein einziges Merkmal und daher gibt es auch von keinem Ding nur eine einzige korrekte Beschreibung. Strenggenommen müßte eine vollständige Beschreibung eines Ereignisses unendlich lang sein, da sie sämtliche Relationen, insbesondere alle räumlichen und zeitlichen Relationen, zu allen übrigen Dingen und Ereignissen enthalten müßte. Da der Erklärende nur *eine* dieser Beschreibungen herauszugreifen braucht, um für sie ein geeignetes Explanans aufzufinden, könnte er zwischen unbegrenzt vielen Möglichkeiten frei wählen, um der Aufforderung nachzukommen, ein bestimmtes Ereignis zu erklären. Formal gesprochen: Die Relation R, wie sie oben eingeführt wurde, ist nicht nur nicht umkehrbar eindeutig; sondern $x_1 Ry$ und $x_2 Ry$ können für dasselbe y auch dann gelten, wenn x_1 und x_2 keine analytisch äquivalenten Sätze sind.

Die Absurdität des obigen Vorschlages wird besonders deutlich, wenn man sich nach diesem Schema einen konkreten Dialog zwischen einer Erklärung heischenden Person A und einem Erklärenden B ausmalt. A fragt: „Kannst du dieses Haus erklären?" B erwidert: „Gewiß. Am 3. VIII. vergangenen Jahres schlug der Blitz in den Blitzableiter ein. Dieser wurde erneuert; denn immer, wenn der Blitz in den Blitzableiter einschlägt, wird dieser dabei ruiniert". A: „Dies ist doch keine Erklärung!" Sowohl die Frage wie die Antwort sind hier ungereimt. Da A nicht deutlich zum Ausdruck bringt, welchen Sachverhalt er erklärt haben wolle, ist seine an B gerichtete Aufforderung unendlich vieldeutig. Tatsächlich schwebte ihm aber offenbar ein bestimmter derartiger Sachverhalt vor. B versuchte dagegen nicht, die eigentliche Intention des A zu erraten, sondern machte von seiner Wahlfreiheit Gebrauch und lieferte eine Erklärungskizze für eine das Haus betreffende Tatsache, an die A sicherlich nicht gedacht hat. Was A meinte, war vielmehr eines von den folgenden Dingen: „warum steht gerade an dieser Stelle ein Haus?"; „warum hat das Haus diese seltsame Struktur?"; „warum wurden seine Außenwände mit diesen merkwürdigen Malereien versehen?" etc.

Der Versuch, „x erklärt y" als eine zweistellige Relation „xRy" zu konstruieren, die Sätze mit konkreten Ereignissen verknüpft, führt also zu inadäquaten Resultaten. Daran würde sich auch nichts ändern, wenn man an der ersten Argumentstelle die Sätze durch deren Designata ersetzen wollte. Die Inadäquatheit hatte ja ihre Wurzeln in der versuchsweisen Deutung des Gegenstandsbereiches der *zweiten* Argumentstelle „y" von „R". Es sollen jetzt drei Lösungsvorschläge zur Behebung dieser Inadäquatheit betrachtet werden.

2. Einführung von Sachverhalten und Tatsachen als spezieller Entitäten

Nach dem ersten Lösungsvorschlag treten an die Stelle konkreter Objekte der Erklärung bestimmte *abstrakte Entitäten*. Diese Ersetzung von Konkretem durch Abstraktes wird auf Grund der folgenden Erwägung nahegelegt: Konkrete Dinge, Phänomene oder konkrete Ereignisse, also herausgerissene „Stücke" der raum-zeitlichen Wirklichkeit, kamen deshalb nicht als Gegenstände wissenschaftlicher Erklärungen in Frage, weil es von keiner konkreten Realität dieser Art nur *eine* begriffliche und sprachliche Charakterisierung oder Beschreibung gibt. Die Explanandumäußerung ist aber stets eine solche ganze bestimmte Beschreibung. Verschiedene miteinander nicht analytisch äquivalente Beschreibungen können sich auf „ein und dasselbe" beziehen, wenn darunter ein konkretes Stück Wirklichkeit verstanden wird. Wenn jedoch i adäquates Explanans für k ist, so ist es nicht zugleich adäquates Explanans für ein praktisch beliebiges k^*, das mit k nicht analytisch äquivalent ist.

Wenn man also auf die Frage, was den Gegenstand einer Erklärung bildet, eine befriedigende Antwort geben will, dabei aber weiterhin eine Sprache benützen möchte, in der nur auf Konkretes Bezug genommen wird, so müßte man sagen, daß das Erklärte *in bestimmter Hinsicht qualifizierte* Dinge (Ereignisse, Phänomene) sind, oder besser: daß „erklärt" eine zweistellige Relation ist, die in jeder speziellen Anwendung zwischen einem Explanans und einem Ding (Ereignis, Phänomen) *als etwas so und so Qualifiziertem* besteht. Dies ist allerdings eine recht umständliche Redeweise, die durch eine bündigere ersetzt werden sollte. Der dafür in der Philosophie, aber auch schon im Alltag übliche prägnante Ausdruck heißt „Tatsache". Das Explanandum bestehe etwa in der Aussage, daß das Ding a rot ist, abgekürzt: Ra. Die Aussage, daß ein bestimmtes Argument das Ding oder Phänomen a erkläre, müssen wir aus den oben angeführten Gründen als sinnlos betrachten. Vielmehr hätten wir zu sagen, daß das fragliche Argument nicht a erkläre, sondern a-als-durch-„Ra"-beschrieben, oder inhaltlich: a-als-rot-Qualifiziertes. Statt uns aber in dieser umständlichen und vermutlich auch mißverständlichen Weise auszudrücken, sagen wir kürzer, *es werde die Tatsache erklärt, daß a rot sei.*

Ein anderes Wort, das sich hier anbietet, ist der Ausdruck „Sachverhalt". Aus folgendem Grund ist es empfehlenswert, diesen Ausdruck zu verwenden. Von „Tatsache" sprechen wir in der Regel nur dann, wenn es sich um etwas handelt, das wirklich der Fall ist, mit anderen Worten, wenn der die Tatsache beschreibende Satz wahr ist. Ein Sachverhalt kann dagegen auch etwas „bloß Mögliches" sein. Ein solcher möglicher Sachverhalt wird durch einen beliebigen nicht kontradiktorischen, wahren oder falschen, Satz beschrieben. Würden wir uns lediglich auf Erklärungen beschränken und zugleich beschließen, von einer Erklärung nur dann zu reden, wenn das Erklärte wirklich der Fall war oder ist, so wäre der Begriff der Tatsache ausreichend. Nun müssen wir aber auch andere Fälle von wissenschaftlichen Systematisierungen berücksichtigen, insbesondere Voraussagen. *Da selbst rationale oder wissenschaftliche Voraussagen falsch sein können, ist es somit erforderlich, Sachverhalte als „Gegenstände" von wissenschaftlichen Systematisierungen mit einzubeziehen, die keine Tatsachen sind.* Die beiden Begriffe „Sachverhalt" und

„Tatsache" schließen sich natürlich nicht aus: der letztere ist vielmehr der speziellere: durch wahre Sätze beschriebene Sachverhalte sind Tatsachen. In allen folgenden Beispielen, in denen wir annehmen, daß der Explanandum-Satz eine richtige Behauptung darstellt, können wir daher von Tatsachen reden, die erklärt werden.

Die Begriffe des Sachverhaltes sowie der Tatsache brauchen keineswegs in dem engen Sinn verstanden zu werden, daß nur *singuläre Tatsachen* oder *Einzeltatsachen* darunter fallen. Wir können auch von den durch generelle Sätze beschriebenen Sachverhalten oder Tatsachen reden. Man müßte sie dementsprechend als *generelle Sachverhalte* und *generelle Tatsachen* bezeichnen. Daß diese letzteren für unsere gegenwärtigen Überlegungen zunächst keine Wichtigkeit besitzen, beruht darauf, daß wir beschlossen haben, Erklärungen von Gesetzen und Theorien nicht in unsere Diskussion einzubeziehen. Sowie wir diese „höheren" Formen von Erklärungen mitberücksichtigen würden, könnten wir es nicht vermeiden, den Tatsachenbegriff vom singulären Fall auf den generellen Fall zu erweitern. Es kann übrigens, eine spätere Erörterung vorwegnehmend, bereits jetzt darauf hingewiesen werden, daß diese Unterscheidung zwischen singulären und generellen Sachverhalten nicht trivial ist. Als Kriterium für diesen Unterschied genügt keineswegs die syntaktische Form der Sätze, so daß wir etwa sagen könnten: was immer durch einen Atomsatz oder durch einen Molekularsatz beschrieben wird, ist eine singuläre Tatsache; was hingegen durch einen Satz beschrieben wird, der mindestens einen Quantor enthält, ist eine generelle Tatsache. Diese Charakterisierung funktioniert schon allein aus dem Grunde nicht, daß zu jeder singulären Aussage eine mit ihr logisch äquivalente generelle Aussage konstruiert werden kann. Der Satz „Sokrates ist sterblich" ist z. B. logisch äquivalent mit der Aussage „alles, was mit Sokrates identisch ist, ist sterblich". Und diese letztere Aussage ist eine Allbehauptung (sie braucht nicht einmal so gedeutet zu werden, daß sie über alle Menschen spricht, sondern läßt sich so interpretieren, daß sie sich auf alle Dinge im raum-zeitlichen Universum bezieht). Der mit logischen Transformationsmöglichkeiten nicht vertraute Leser wird vielleicht bei diesem und ähnlichen Beispielen den Eindruck eines Sophismas gewinnen. In Wahrheit verbirgt sich hinter dieser unserer Unfähigkeit, ein einfaches linguistisches Kriterium für den Unterschied von singulären und generellen Tatsachen formulieren, ein äußerst schwieriges erkenntnistheoretisches Problem, für das bis heute keine befriedigende Lösung gefunden worden ist, nämlich das Problem, *zwischen Einzeltatsachen und Gesetzestatsachen zu unterscheiden.* Wenn wir Aussagen, welche Gesetzestatsachen zum Inhalt haben, *Gesetzesaussagen* nennen, Aussagen hingegen, die Einzeltatsachen beschreiben, als *wahre akzidentelle Aussagen* bezeichnen, so kann dieses Problem auch (in einer mehr formalen Weise) so formuliert werden, daß es sich darum handle, ein Kriterium für den Unterschied zwischen diesen beiden Aussagetypen zu formulieren. Man kann dabei offenbar auch noch von der Frage der Wahrheit abstrahieren. Da es sich um eine vollständige Disjunktion handelt, läßt sich das ganze Problem schließlich auf die Frage eines *Kriteriums für Gesetzesartigkeit* reduzieren. Doch soll dieses Problem erst an späterer Stelle eingehender diskutiert werden.

Bevor wir auf den ersten Lösungsvorschlag zurückkommen, möge noch eine weitere Ausdrucksweise erwähnt werden, die heute weit verbreitet ist, insbesondere in der modernen *Wahrscheinlichkeitstheorie*. Statt von Sachverhalten spricht man dort von *Ereignissen*. Dies scheint auf den ersten Anblick unverträglich zu sein mit unserer Ausgangsfeststellung, daß es inadäquat ist, von der Erklärung von Ereignissen zu reden, ebenso wie es inadäquat ist, von der Erklärung von Dingen zu sprechen. Doch kommt darin bloß *eine kategoriale Doppeldeutigkeit von „Ereignis"* zum Ausdruck. Darunter kann entweder etwas Konkretes verstanden werden, nämlich ein Stück raum-zeitlicher Wirklichkeit, das allein wegen seiner Zeitgestalt, d. h. seines prozessualen Charakters, nicht als Ding bezeichnet wird. Nur von solchen konkreten Ereignissen war an früheren Stellen die Rede. Oder aber es wird darunter eine Tatsache bzw. bei Einbeziehung „unverwirklichter Möglichkeiten" ein Sachverhalt verstanden. Diese Doppeldeutigkeit kann keinen Schaden anrichten, wenn man sich in jeder speziellen Anwendung darüber im klaren ist, in welcher dieser beiden Verwendungsweisen der Ausdruck gebraucht wird. Da *im gegenwärtigen Kontext* wegen unseres bisherigen Usus, von konkreten Ereignissen zu sprechen, aber leicht Mißverständnisse auftreten können, soll in diesem Kapitel nur von Tatsachen und Sachverhalten die Rede sein. „Ereignis" soll so wie bisher stets nur im konkreten Sinn verstanden werden. An späteren Stellen des Buches, wo wir die Ontologiediskussion bereits hinter uns gebracht haben und daher keine Gefahr einer Fehldeutung mehr besteht, werden wir dagegen wieder häufig zu der laxeren Terminologie zurückkehren und von der Erklärung von Ereignissen sprechen.

Sobald man Sachverhalte als Objekte wissenschaftlicher Erklärungen und Voraussagen einführt, kann man nicht mehr behaupten, daß es konkrete raum-zeitlich lokalisierte Objekte seien, die erklärt oder vorausgesagt würden. Sachverhalte sind vielmehr neue Arten von *abstrakten* Entitäten. Es ist wichtig, sich dies ganz klar zu machen. Ein Mensch wird geboren und stirbt; er hat einen zeitlichen Beginn und ein zeitliches Ende; außerdem ist er ein räumlich begrenztes organisches Wesen. Die *Tatsache* hingegen, *daß* dieser Mensch (an dem und dem Ort und zu der und der Zeit) geboren wurde und starb, ist weder ein räumlich begrenztes Objekt, noch hat sie einen zeitlichen Beginn oder ein zeitliches Ende. Mit der Geburt des Sokrates ist nicht die Tatsache seiner Geburt zur Welt gekommen und mit seinem Tode ist nicht die Tatsache seines Ablebens gestorben. Sachverhalte und Tatsachen sind vielmehr *zeitlose Entitäten*. Sie sind daher selbstverständlich auch nicht mit den sprachlichen Gebilden identifizierbar, durch die sie beschrieben werden. Dies gilt offenbar auch dann, wenn wir diese sprachlichen Gebilde nicht als Äußerungen, sondern als Ausdrucksgestalten oder als Ausdrucksklassen deuten. Sachverhalte sollen ja gerade das sein, *was beschrieben wird*, und nicht das, was beschreibt.

Bildlich gesprochen handelt es sich bei diesen Sachverhalten um Entitäten, die zwischen die Beschreibungen und die beschriebenen konkreten Dinge und Vorgänge „eingeschoben" werden. Wer diesen ersten Lösungsvorschlag akzeptiert, bekennt sich daher zu einer bestimmten Version eines *platonistischen Realismus* (auch *Hyperrealismus* genannt), wonach es sinnvoll ist, ernsthaft von der Existenz nichtkonkreter Entitäten zu reden. Manche, denen der erste Lösungsvorschlag zunächst als akzeptabel erschien, werden davor zurückschrecken, eine solche Konsequenz zu ziehen. Dies würde darauf hinauslaufen, daß sie die Rede von Sachverhalten und Tatsachen als eine bloße façon de parler betrachten. Sie müßten daher einen der späteren Lösungsvorschläge akzeptieren. Im Augenblick soll aber noch untersucht werden, ob und wie sich der „ernsthafte" Platonismus der Sachverhalte als Lösungsvorschlag eignet.

Dazu muß eine Vorfrage geklärt werden: *Unter welchen Bedingungen soll von der Identität von Sachverhalten oder Tatsachen gesprochen werden?* Der alltagssprachlichen Verwendung dieser Ausdrücke können wir keine präzisen Regeln entnehmen. Wie die Betrachtung einfacher Beispiele zeigt, legt dieser alltägliche Gebrauch allerdings gewisse Festsetzungen nahe. Wenn man z. B. weiß, daß Cicero dieselbe Person war wie Marcus Tullius, wird man geneigt sein, von der Identität der beiden singulären Tatsachen, daß Cicero ermordet wurde und daß Marcus Tullius ermordet wurde, zu sprechen. Und wenn man die Annahme für richtig hält, daß alle und nur die Menschen ungefiederte Zweibeiner sind, so wird man die generelle Tatsache, daß alle Menschen sterblich sind, identifizieren mit der Tatsache, daß alle ungefiederten Zweibeiner sterblich sind. Daraus könnte man das folgende allgemeine Identitätskriterium für Tatsachen zu gewinnen versuchen: *Zwei Sätze beschreiben genau dann denselben Sachverhalt, wenn sie sich höchstens dadurch voneinander unterscheiden, daß sie an denselben Stellen verschiedene Namen mit demselben Designatum oder verschiedene Prädikate mit derselben Extension enthalten (Kriterium I).* Dieses Kriterium könnte man durch die folgende Plausibilitätsbetrachtung zu rechtfertigen versuchen, wobei wir uns der Einfachheit halber auf atomare Subjekt-Prädikat-Sätze beschränken: Wenn in zwei solchen Aussagen dasselbe Prädikat verwendet wird (z. B. „wurde getötet"), so sagen diese Sätze offenbar genau dasselbe über einen Gegenstand aus. Wenn sich dann außerdem herausstellt, daß der Gegenstand, über den etwas ausgesagt wird, derselbe ist, so ist die durch beide Sätze behauptete Tatsache dieselbe, gleichgültig, ob der fragliche Gegenstand durch denselben oder durch verschiedene Namen bezeichnet wird. Dasselbe soll auch dann gelten, wenn die Namen identisch, die beiden Prädikate dagegen zwar verschieden, aber *extensionsgleich* sind. Die Verallgemeinerung dieser Überlegung auf den Fall beliebiger Aussagen ergibt dann genau das Kriterium I.

Man erkennt leicht, daß ein solches Kriterium der Tatsachenidentität für unsere gegenwärtigen Zwecke inadäquat wäre. Das gesuchte Kriterium muß nämlich damit in Einklag gebracht werden, daß wir von der *Erklärung von Tatsachen* sprechen. Wenn wir uns wieder auf den deduktiv-nomologischen Fall beschränken, so besteht eine logische Folgebeziehung zwischen Explanans und Explanandum. Diese Beziehung ist aber nur *invariant in bezug auf analytisch äquivalente Transformationen*, d. h. aus einer korrekten logischen Folgebeziehung entsteht nur dann wieder eine korrekte Folgebeziehung, wenn die Prämissen bzw. die Conclusio durch analytisch äquivalente Aussagen ersetzt werden. Wenn wir, um auf unser Beispiel zurückzukommen, vernünftigerweise annehmen, daß der Ausdruck „Cicero" nicht synonym sei mit „Marcus Tullius", so daß die Aussage „Cicero ist identisch mit Marcus Tullius" *keine analytische Wahrheit, sondern eine historische Tatsachenfeststellung beinhaltet*, so geraten wir in Schwierigkeiten, wenn wir dennoch von einer Identität dieser beiden Tatsachen sprechen wollen. Nehmen wir nämlich an, daß ein Explanans für die Aussage vorgeschlagen wird, daß Cicero ermordet wurde, so daß dieser letztere Satz daraus abgeleitet werden kann, während der Satz „Marcus Tullius wurde ermordet" daraus nicht zu folgern ist — welcher Fall wegen der erwähnten Eigenschaften der logischen Folgebeziehung und der angenommen fehlenden analytischen Äquivalenz zwischen den beiden Aussagen eintreten kann —, so ist unser Explanans für das erste nicht ein solches für das zweite.

Wir akzeptieren nun die folgende naheliegende Konvention: *Was immer eine Tatsache erklärt, das erklärt auch jede damit identische Tatsache.* Diese Konvention erscheint als so selbstverständlich, daß ihre Preisgabe nicht in Betracht gezogen werden kann. Dann aber hätten wir den logischen Widerspruch erzeugt, daß die beiden fraglichen Tatsachen identisch sind (auf Grund unseres Identitätskriteriums I) und nicht identisch sind (mittels der Konstruktion eines deduktiv-nomologischen Argumentes, welches die eine, nicht jedoch die andere erklärt). Die Beispiele ließen sich beliebig vermehren. Wer eine Erklärung dafür liefert, daß der Abendstern unbelebt ist, der hat damit noch keine Erklärung dafür gegeben, daß der Morgenstern unbelebt ist. Vorausgesetzt ist dabei, daß der Satz „der Abendstern ist identisch mit dem Morgenstern" keine logische Wahrheit, sondern eine astronomische Tatsache beinhaltet. Und wer eine Erklärung dafür liefert, daß alle Menschen vor der Erreichung ihres zweihundertsten Lebensjahres sterben, der hat noch keine Erklärung dafür gegeben, daß der Tod alle ungefiederten Zweibeiner vor Erreichung ihres zweihundertsten Lebensjahres heimsucht. Prinzipiell braucht der Erklärende von der Tatsache, daß die Klasse der Menschen mit der der ungefiederten Zweibeiner identisch ist, überhaupt nichts zu wissen. Diese letzte Bemerkung zeigt, daß es nicht zweckmäßig wäre, am Kriterium I festzuhalten und die Relation der Erklärung so zu verallgemeinern, daß mit der Erklärung einer Tatsache F_1 auch eine im Sinn von Kriterium I mit F_1 identische Tatsache F_2 selbst dann erklärt wird, wenn der F_2 beschreibende Satz aus dem Explanans nicht folgt. Die allgemeine Regel würde hier (mit „E" als Bezeichnung für die Erklärungsrelation) so lauten: „xEy" soll genau dann gelten, wenn entweder x ein Explanans für den die Tatsache y beschreibenden Satz ist oder wenn x das Explanans für einen Satz bildet, der eine mit y im Sinn von Kriterium I identische Tatsache beschreibt. Die beiden Explanandum-Sätze müssen dann zwar material äquivalent sein, es braucht zwischen ihnen jedoch keine logische oder analytische Äquivalenz zu bestehen. Wir müßten dann die etwas paradoxe Konsequenz ziehen, es könne vorkommen, daß ein Wissenschaftler Tatsachen zu erklären versuche, von denen er gar nichts weiß.

Eine adäquate Behebung unserer Schwierigkeit kann nicht in der Preisgabe der obigen Konvention bestehen. Sie muß vielmehr darin liegen, daß *ein schärferes Kriterium für Tatsachenidentität* angegeben wird. Ein solches Kriterium ist auch leicht zu formulieren, vorausgesetzt, daß wir keine Bedenken haben, vom Begriff der Analytizität Gebrauch zu machen. Wir können dann sagen: *Zwei Sätze i und k beschreiben genau dann denselben Sachverhalt, wenn sie analytisch äquivalent sind, d. h. wenn der Satz, der die Äquivalenz von i und k behauptet, eine analytische Wahrheit ist (Kriterium II).* Nach diesem Kriterium ist also die Tatsache, daß Cicero auf Befehl des Antonius ermordet wurde, nicht identisch mit der Tatsache, daß Marcus Tullius auf Befehl des Antonius ermordet worden ist (und beide sind nicht identisch mit der Tatsache, daß derjenige, welcher die Catilinarische Verschwörung niedergeschlagen hat, auf Befehl des Antonius ermordet worden ist); noch ist der Sachverhalt, daß der Abendstern unbelebt ist, identisch mit dem Sachverhalt, daß der Morgenstern unbelebt ist. Auch die beiden generellen Tatsachen, daß alle Menschen sterblich sind und daß alle ungefiederten Zweibeiner sterblich sind, müssen nach diesem Kriterium als verschieden betrachtet werden.

Durch die vorangehenden Überlegungen ist allerdings für das Kriterium II noch keine vollständige Rechtfertigung gegeben worden. Wir waren ja nur zu der negativen Feststellung gelangt, daß das Kriterium I im gegenwärtigen Kontext unzulänglich ist und ein schärferes Identitätskriterium benötigt wird. Daß dies gerade das Kriterium II und nicht z. B. ein noch engeres Kriterium sein soll, lag darin nicht beschlossen. Man würde also noch eine zusätzliche Rechtfertigung erwarten. Eine solche kann aber leicht gegeben werden. Sie besteht in der früheren Konstatierung, daß die Grundrelation der deduktiv-nomologischen Erklärung die logische Folgebeziehung ist und daß jede logische Folgerung invariant ist gegenüber analytisch äquivalenten Ersetzungen in den Prämissen oder in der Conclusio. Wenn also

z. B. i ein adäquates deduktiv-nomologisches Explanans von „Ra" ist, so ist es auch ein adäquates deduktiv-nomologisches Explanans von „$\neg\neg Ra$" (da wir im gegenwärtigen Kontext die Gültigkeit der klassischen Logik voraussetzen). Die erklärten Tatsachen sollten daher als identisch betrachtet werden. Dies ist auf Grund von Kriterium II auch wirklich der Fall. Die durch einen Satz j beschriebene Tatsache werde durch $\sigma(j)$ wiedergegeben (bezüglich der genaueren Charakterisierung von „σ" siehe unten). Wegen der logischen Äquivalenz der beiden Sätze ist $\sigma(Ra)=\sigma(\neg\neg Ra)$. Ganz analog würde sich ergeben: $\sigma(Ra)=\sigma(R'a)$, wenn die Äquivalenz „$\wedge x\,(Rx\leftrightarrow R'x)$" aus Bedeutungspostulaten für „R" und „R'" gefolgert werden könnte. Und ebenso würde gelten: $\sigma(Ra)=\sigma(Ra')$, wenn die Identität „$a=a'$" nicht auf einer empirischen Feststellung beruhte, sondern eine logische Konsequenz bestimmter Definitionen oder Bedeutungspostulate wäre.

Der Begriff der Analytizität ist der vermutlich wichtigste intensionale Begriff. Da das Kriterium II mit seiner Hilfe formuliert wurde, während das Kriterium I nur von den Begriffen der Extension und der Extensionsgleichheit Gebrauch machte, müssen wir somit feststellen, daß die Präzisierung des Begriffs „Erklärung einer Tatsache" uns dazu zwingt, *den Begriff des Sachverhaltes bzw. der Tatsache als intensionalen Begriff zu konstruieren.* Ausdrücklich sei aber nochmals darauf hingewiesen, daß diese Deutung der Tatsachen als intensionaler Entitäten nur im gegenwärtigen Zusammenhang erforderlich ist. In *anderen* Kontexten mag es sich als zweckmäßig erweisen, den Begriff der Tatsache so zu verwenden, daß dafür das Identitätskriterium I oder ein drittes Kriterium gilt. Es ist nur jedesmal zu überprüfen, ob man bei diesem Gebrauch nicht mit anderen Festsetzungen in Konflikt gerät. Der Umstand, daß weder im alltäglichen noch im übrigen wissenschaftlichen Gebrauch dieser Ausdrücke scharf zwischen den beiden Fällen unterschieden wird, zeigt, daß diese Verwendung von „Sachverhalt" und „Tatsache" in einer wesentlichen Hinsicht *mehrdeutig,* zumindest *zweideutig* ist.

Die Annahme des Kriteriums II hat offenbar die Konsequenz, daß die Zahl der Sachverhalte viel größer ist als es bei Verwendung von Kriterium I der Fall wäre. Der erste Lösungsvorschlag zieht also auch dies nach sich, daß unser platonischer Himmel wesentlich stärker mit nichtkonkreten Entitäten angereichert wird, als es zunächst den Anschein hatte.

Nach Klärung dieser Vorfrage versuchen wir, die Wendung „x erklärt die Tatsache y" in der Weise zu präzisieren, daß wir zwei logische Operatoren einführen. Der erste Operator soll wie bei dem zunächst ins Auge gefaßten untauglichen Lösungsvorschlag ein *zweistelliger Relationsausdruck* „E" für „erklärt" sein. Die erste Argumentstelle „x" von „xEy" soll sich dabei so wie dort auf linguistische Gebilde beziehen. Die zweite Variable hingegen hat als Wertbereich Tatsachen. Um uns auf diese zu beziehen, müssen wir einen zweiten, etwas ungebräuchlichen Operator σ einführen.

Ungebräuchlich ist er deshalb, weil er weder vom kategorialen Typus der Namen oder Kennzeichnungen (namenbildenden Operatoren mit Prädikatargument) noch von dem der Prädikate (satzbildenden Operatoren mit Namensargument) noch von dem der logischen Konstanten (satzbildenden Operatoren mit Satzargument) ist. Der Operator σ soll vielmehr ein namenbildender Operator mit Satzargument sein und zwar *ein Operator, der bei Anwendung auf einen Satz einen Namen erzeugt, welcher den durch diesen Satz beschriebenen Sachverhalt bezeichnet.* Nach dem Logiker H. CURRY nennen wir einen Operator von dieser Art einen *Subnector.*

Damit sind die *syntaktischen* Merkmale unserer beiden Operatoren „E" und „σ" bereits festgelegt. Aber auch ihre *semantischen* Eigentümlichkeiten sind durch die vorangehenden Überlegungen fixiert worden. Für zwei Aussagen i und k soll dann und nur dann gelten, daß $\sigma(i) = \sigma(k)$, wenn i und k analytisch äquivalent sind. Und die Semantik von „E" ist im Einklang mit unserer Intention so zu charakterisieren, daß eine Aussage von der Gestalt „$sE\sigma(k)$" genau dann richtig sein soll, wenn s ein adäquates Explanans für den durch k beschriebenen Sachverhalt ist. Insbesondere werden durch ein und dasselbe Explanans nur identische Sachverhalte erklärt: aus „sEt_1" folgt „sEt_2" genau dann, wenn auf Grund des Kriteriums II $t_1 = t_2$ gilt, d. h. wenn diese beiden Sachverhalte t_1 und t_2 identisch sind.

Die in Abschnitt 1 diskutierte Schwierigkeit tritt bei der jetzt vorgenommenen Konstruktion nicht mehr auf. Es kann zwar nicht ein und dasselbe Explanans i gleichzeitig ein Stück Wirklichkeit a erklären und nicht erklären; *aber i kann einen a betreffenden Sachverhalt erklären* (z. B. den durch den Satz „Ra" beschriebenen Sachverhalt), *ohne zugleich einen anderen Sachverhalt über a zu erklären* (z. B. den durch den Satz „Pa" beschriebenen Sachverhalt). Formal äußert sich dies darin, daß die metatheoretischen Aussagen „$iE\sigma(Ra)$" und „$\mathrm{non}(iE\sigma(Pa))$" gleichzeitig richtig sein können, sofern „Ra" und „Pa" nicht analytisch äquivalent sind.

Der Relationsausdruck „E" besitzt noch einen ästhetischen Formfehler: er ist in dem Sinn ein *gemischter* Operator, als sich die erste Argumentstelle auf *sprachliche* Gebilde bezieht, die zweite hingegen auf *nichtlinguistische* Entitäten, nämlich Sachverhalte. Wenn man schon keine Bedenken hat, Wesenheiten von dieser letzteren Art einzuführen, so erscheint es als sinnvoller, *auch die erste Argumentstelle auf diese Entitäten zu beziehen.* Dazu haben wir bloß den Operator σ auch auf das Explanans anzuwenden, wodurch ein Name für die Explananstatsache erzeugt wird. Statt „$sE\sigma(k)$" (a) hätten wir also zu schreiben „$\sigma(s)E\sigma(k)$" (b). Sowohl bei der Deutung (a) wie bei der Deutung (b) stehen an beiden Argumentstellen Namen. Während aber in (a) das Symbol „s" der Name eines Satzes und „$\sigma(k)$" der Name eines Sachverhaltes ist, stehen in (b) an beiden Argumentstellen Sachverhaltsnamen. Zu beachten ist jedoch, daß es sich bei $\sigma(s)$ zum Unterschied von $\sigma(k)$ um eine *sehr komplexe Tatsache handelt*. Der Satz *s* ist ja die konjunktive Zusammenfassung *aller* im Explanans vorkommenden Aussagen, sowohl der Antecedensbedingungen wie der Gesetzesaussagen. Da in jeder Erklärung einer Tatsache mindestens eine Gesetzesaussage vorkommen muß, wird also $\sigma(s)$ sowohl akzidentelle Einzeltatsachen wie Gesetzestatsachen als Komponenten enthalten.

Betrachten wir zur Veranschaulichung noch ein einfaches schematisiertes Beispiel. „Ra_1" („a_1 ist rot") sei die Explanandumäußerung. Das Explanans bestehe aus den beiden Prämissen „$\wedge x(Gx \rightarrow Rx)$" (Gesetzeshypothese) und „Ga_1" (Antecedensbedingung). „i" sei ein Name für die Konjunktion dieser beiden Prämissen. Dann stehen uns die beiden Alternativen offen, nämlich entweder zu sagen: „$iE\sigma(Ra_1)$", d. h. die *Aussage i* erklärt den Sachverhalt, daß a_1 rot ist; oder zu sagen: „$\sigma(i)E\sigma(Ra_1)$", d. h. der durch *i* beschriebene *Sachverhalt* erklärt den Sachverhalt, daß a_1 rot ist. Falls „$a_1 = a_2$" gilt, ohne daß diese Identitätsfeststellung eine analytische Wahrheit darstellt, so dürften wir dagegen nicht sagen, daß auch „$iE\sigma(Ra_2)$" bzw. „$\sigma(i)E\sigma(Ra_2)$" zutreffe.

Die Relation E umfaßt nicht nur den Fall der Tatsachenerklärung, sondern soll auf *alle* Arten von wissenschaftlichen Systematisierungen anwendbar sein. Ob durch „$\sigma(x)$" ein Sachverhalt oder eine Tatsache bezeichnet wird, hängt allein vom Wahrheitswert des an der Argumentstelle stehenden Satzes ab. „$\sigma(i)E\sigma(k)$" besagt, daß ein bestimmter Sachverhalt einen anderen erklärt. Sind *i* und *k* wahre Sätze, so dürfen wir diese Formulierung zu der Feststellung verschärfen, daß eine bestimmte Tatsache eine andere erklärt.

In *logischer* Hinsicht ist dieser erste Lösungsvorschlag also in Ordnung, wenn man die geeigneten syntaktischen und semantischen Festsetzungen trifft. Ob man der Auffassung ist, daß er auch in *ontologischer* Hinsicht in Ordnung ist, hängt davon ab, ob man gewillt ist, sich mit der hyperrealistischen Theorie möglicher oder wirklicher Sachverhalte abzufinden. Zweifellos hätte dieser erste Lösungsvorschlag das größte Mißfallen von OCKHAM erregt und er erregt ein solches auch heute noch bei dessen modernen Anhängern: den Nominalisten der Gegenwart. Tatsächlich ist es ja auch recht merkwürdig, daß man für die adäquate Beantwortung der Frage, was den Gegenstand einer Erklärung bilde, neue Arten von nichtkonkreten (nichtrealen) Entitäten zwischen die sprachlichen Ausdrücke und die Wirklichkeit einschieben muß. Das Prinzip „entia non sunt multiplicanda sine necessitate" ist verletzt, sofern es andere Deutungsmöglichkeiten gibt, die ohne diese problematische Ontologie auskommen. Die neuen Wesenheiten würden dann OCKHAMS Rasiermesser zum Opfer fallen und den anderen Deutungsmöglichkeiten wäre der Vorzug zu geben. Redewendungen wie „Beschreibungen eines Sachverhaltes", „Erklärung einer Tatsache", „vorausgesagter Sachverhalt" usw. dürften dann nur mehr als façon de parler benützt werden. Existieren jedoch andere Deutungsmöglichkeiten? In den beiden nächsten Abschnitten sollen solche versucht werden.

Daß man beim ersten Lösungsvorschlag dem Hyperrealismus nicht entkommt, läßt sich auch in der Weise verdeutlichen, daß man das logische Prinzip anwendet, wonach aus einem Satz, der einem Individuum eine Eigenschaft zuschreibt, durch Abschwächung eine Existenzbehauptung mit demselben Prädikat ableitbar ist. Aus „Ra" folgt „$\lor x Rx$". Wenn wir nun die richtige Aussage „$iE\sigma(k)$" („i erklärt den Sachverhalt, daß k") zur Verfügung haben und bedenken, daß „$\sigma(k)$" ein *Name* ist, so können wir aus dieser Relationsfeststellung die Existenzaussage ableiten: „$\lor y(iEy)$" („es gibt etwas, das durch i erklärt wird"). Was ist dieses y? Offenbar etwas, das durch einen Ausdruck von der Gestalt „$\sigma(x)$" (wobei x ein Satz ist) benannt werden kann, d. h. ein Sachverhalt. Bei Verwendung unseres ersten Präzisierungsversuchs des Erklärungsbegriffs können wir also aus jeder richtigen elementaren Aussage mit dem Relationsausdruck „E" eine andere Behauptung logisch ableiten, die *explizit* die Existenz von etwas nicht Konkretem, nämlich die Existenz eines Sachverhaltes, behauptet.

3. Nominalistische Rekonstruktion des Erklärungsbegriffs
Erste Variante:
Einführung eines Operators für „erklärt die Tatsache, daß"

Der jetzt zu erörternde zweite Lösungsvorschlag vermeidet den Hyperrealismus des ersten. Er bildet damit zugleich ein Beispiel für nominalistische Neuformulierungen platonistischer Kontexte. Der Trick dieses Vorgehens besteht darin, *daß man die beiden im ersten Lösungsvorschlag getrennten Operatoren „E" und „σ" zu einem einzigen Operator „η_σ" verschmelzen läßt*, der alltagssprachlich etwa wiedergegeben werden kann durch „*erklärt die Tatsache, daß*" oder einfach durch „*erklärt, daß*". Der Operator ist wieder von einer etwas ungewöhnlichen syntaktischen Struktur. Ein mit seiner Hilfe gebildeter Vollsatz hat die Gestalt: „$x\eta_\sigma p$" („x erklärt die Tatsache, daß p"). Dabei darf die erste Variable durch Satznamen und die zweite durch Sätze (und nicht etwa Namen von Sätzen!) ersetzt werden. Im Gegensatz zu „E" darf man diesen Operator nicht als einen zweistelligen Relationsausdruck auffassen. Man kann ihn so erklären: Wenn an der zweiten Argumentstelle, also für „p", ein Satz, z. B. „Ra", eingesetzt wird, so entsteht ein einstelliges Prädikat von Sätzen, also etwa „$x\eta_\sigma Ra$" („x erklärt die Tatsache, daß Ra"). Wenn wir einstellige Prädikate kurz 1-Prädikate nennen, so können wir also sagen, daß η_σ *ein 1-Prädikate-erzeugender Operator mit einem Satzargument* sei. Stattdessen könnte man η_σ auch syntaktisch deuten als einen *Satz-erzeugenden Operator mit einem Namens- und einem Satzargu-*

ment. Bei der ersten Interpretation wird η_σ als einstelliger Operator aufgefaßt, bei der zweiten Interpretation als zweistelliger Operator.

Bei der alltagssprachlichen Wiedergabe unseres neuen Operators ist Vorsicht am Platze. In einer der benützten Formulierungen kamen die Worte „Tatsache" bzw. „Sachverhalt" wieder vor. Diese „quasi-platonistische" Redeweise ist aber harmlos; denn diese beiden Worte dürfen jetzt nicht mehr isoliert betrachtet werden. Vielmehr stellt innerhalb einer Aussage von der Gestalt „ . . . erklärt die Tatsache, daß —" (bzw. „. . . erklärt den Sachverhalt, daß —") der Ausdruck „die Tatsache" („der Sachverhalt") *einen unselbständigen sprachlichen Bestandteil* dar, der nur zur Bildung dieses einheitlichen Operators dient[2]. Dabei können die drei Punkte „ . . . " durch einen Namen ersetzt werden, der in jedem Wahrheitsfall der Name eines Explanans-Satzes sein wird. Für den Strich „—" hingegen darf niemals ein Name eingesetzt werden, sondern nur eine Aussage. Dies steht sprachlich im Einklang damit, *daß wir mit einem Daß-Satz keinen Gegenstand bezeichnen, sondern eine Beschreibung liefern.*

Ein konkreter Anwendungsfall des neuen Operators wäre etwa die Aussage: $i\eta_\sigma(Ra)$ (1)[3]. Diese Aussage ist richtig, wenn i ein adäquates Explanans von „Ra" ist. Das „σ" darf im Gegensatz zum ersten Lösungsvorschlag nicht aus dem „η" herausgebrochen werden. Würden wir dies zulassen, so hätten wir genauso wie früher ein zweistelliges Relationssymbol „η" und einen namenbildenden Operator „σ". Damit wären wir abermals genötigt, abstrakte Entitäten einzuführen. Es kommt zwar auch in unserer Aussage ein Prädikat vor; aber dieses wird durch den *komplexen* Ausdruck „$\eta_\sigma(Ra)$" gebildet. Und dieses Prädikat trifft zu oder trifft nicht zu auf einen Satz i, je nachdem, ob dieser ein adäquates Explanans für „Ra" liefert oder nicht.

Um die früheren Schwierigkeiten zu vermeiden, sind eigene Vorsichtsmaßregeln über die statthaften Quantifizierungen erforderlich. Eine Quantifikation bezüglich der ersten Argumentstelle ist jedenfalls zulässig[4]. Aus (1) würden wir z. B. erhalten: $\vee x[x\eta_\sigma(Ra)]$. „i" ist ja der Name von etwas, nämlich eines Satzes. Aus „i erklärt die Tatsache, daß Ra" kann daher auf „es gibt etwas, das die Tatsache erklärt, daß Ra" geschlossen werden. Ein strenger Nominalist wird dabei unter „i" nicht mehr einen Satz im Sinn einer abstrakten Satzgestalt verstehen, sondern eine (schriftliche oder sprachliche) raum-zeitlich lokalisierte *Äußerung.* Ebenso scheint es zunächst, als sei

---

[2] Man kann dieses unselbständige Vorkommen von „Tatsache" innerhalb von „erklärt die Tatsache, daß" analog auffassen wie das unselbständige Vorkommen von „alt" innerhalb von „halten".

[3] Größerer Anschaulichkeit halber klammern wir stets den Satz, der als zweites Argument des Operators auftritt, ein.

[4] Wir setzen in diesem Abschnitt stets voraus, daß zum Wertbereich von „x" in „$x\eta_\sigma p$" Sätze bzw. Äußerungen gehören. Die im ersten Lösungsvorschlag erwogene Alternativdeutung, wonach dieser Wertbereich aus Sachverhalten besteht, fällt jetzt hinweg.

eine Quantifizierung bezüglich des „a" unproblematisch, da ja dieses Symbol ebenfalls ein konkretes Objekt bezeichnet. Wir würden daher aus dem Satz (1) auch die Folgerung gewinnen: $\vee y[i\eta_\sigma(Ry)]$ (2) (alltagssprachlich: „es gibt etwas, von dem i erklärt, daß es die Eigenschaft R hat"). Man könnte dann beide Generalisierungen miteinander verbinden und zu dem Satz übergehen: $\vee x \vee y[x\eta_\sigma(Ry)]$. Es scheint also, daß wir tatsächlich imstande sind, den Begriff der Erklärung zu präzisieren, ohne die Existenz von etwas Weiterem vorauszusetzen als von Sätzen (im Sinn von Inschriften) und von konkreten Ereignissen oder Dingen. Wir werden allerdings sogleich sehen, daß die zweite eben erwähnte Quantifikation aus einem anderen Grunde bedenklich ist.

Von vornherein muß der Nominalist jedenfalls verbieten, daß von einem Ausdruck der Gestalt „$x\eta_\sigma p$" zu „$\vee p(x\eta_\sigma p)$" übergegangen, daß also eine Quantifikation bezüglich des hinter dem neuen Operator stehenden Satzes vorgenommen wird. Was sollten denn die p's von dieser Art sein, deren Existenz hier behauptet wird? Wir hätten keine andere Wahl als zu sagen: Sachverhalte oder Propositionen, also gerade etwas, dessen Einführung vermieden werden sollte. Aus diesem Grunde erscheint es als zweckmäßiger, die Verwendung von Satzvariablen ganz zu vermeiden und stattdessen von dem *Schema* „$x\eta_\sigma - $" auszugehen. Einsetzungen von Sätzen in die Leerstelle „$ - $" dieses Schemas erzeugen Aussageformen mit einem einstelligen Prädikat von Sätzen[5].

Die syntaktischen Eigentümlichkeiten des Operators „η_σ" sind damit hinreichend beschrieben worden. Auch dieser Operator ist aber selbstverständlich erst dann in seiner Funktion vollständig erklärt, wenn die syntaktische durch eine *semantische Charakterisierung* ergänzt worden ist, d. h. wenn die Wahrheitsbedingungen für die durch ihn gebildeten Aussagen genauer angegeben worden sind. Diese Angabe ist höchst einfach: *„$i\eta_\sigma p$" soll dann und nur dann gelten, wenn der Satz i ein adäquates Explanans von p ist.* So wie früher setzen wir auch hier voraus, daß dieser Begriff des adäquaten Explanans präzisiert worden ist. Wie diese Präzisierung genauer aussieht, braucht uns im gegenwärtigen Zusammenhang nicht zu beschäftigen. Es genügt für unsere Zwecke, die formale Forderung als erfüllt anzusehen, daß Explanans und Explanandum nur *bis auf analytische Äquivalenz* eindeutig bestimmt sind. Insbesondere gilt mit $i\eta_\sigma p$ auch $i\eta_\sigma p^*$, falls p^* analytisch äquivalent ist mit p[6] (analog, wenn für i ein analytisch äquivalenter Satz i' eingesetzt wird).

---

[5] Die Verwendung von Ausdrucksschemata läßt sich durch Benützung geeigneter syntaktischer *metasprachlicher* Variablen vermeiden. Die Erörterungen dieses Abschnittes sollen jedoch mit dieser zusätzlichen technischen Komplikation nicht belastet werden.

[6] Nach den eben gemachten Bemerkungen ist eine Schreibweise von der Art „$i\eta_\sigma p$" nicht ganz korrekt; denn „p" darf hier nicht als quantifizierbare Satzvariable aufgefaßt werden.

Vergleicht man den Inhalt des letzten Absatzes mit den semantischen Festsetzungen des ersten Lösungsvorschlages, so sieht es fast so aus, als hätten wir hier genau dasselbe getan wie dort. Auch an jener Stelle ist für die Angabe der Wahrheitsbedingungen von „E" auf den Begriff des adäquaten Explanans zurückgegriffen worden. Und für die Tatsachenidentität wurde der Begriff der analytischen Äquivalenz verwendet. Trotzdem besteht, abgesehen von der anderen Art der Darstellung, ein wesentlicher Unterschied: Der Begriff des Sachverhaltes war beim ersten Vorschlag nicht zu vermeiden. Formal kam dies in der Verwendung des namenbildenden Operators σ zum Ausdruck. Daher mußte dort auch ein eigenes *Kriterium für Sachverhaltsidentität* (bzw. Tatsachenidentität) formuliert werden. Jetzt hingegen machen wir vom Begriff des Sachverhaltes überhaupt keinen Gebrauch und sprechen nur mehr von der analytischen Äquivalenz von Sätzen. Zwar kann man auch innerhalb des zweiten Lösungsvorschlages bei Vorliegen dieser Äquivalenz von Sachverhaltsidentität sprechen; doch wäre das diesmal im Gegensatz zu früher eine „ontologisch unschuldige" Redeweise. Dabei ist übrigens zu beachten, daß wir zwar seinerzeit das Kriterium II benötigten, um die Wahrheitsbedingungen für σ-Identitäten formulieren zu können, daß wir diesmal hingegen keine analoge Bestimmung in die semantischen Festsetzungen aufnehmen mußten, da sich die Invarianz in bezug auf analytisch äquivalente Transformationen bereits aus der semantischen Regel für den Gebrauch des Operators „η_σ" ergibt.

Die Lösung der *ursprünglichen* Schwierigkeit ist auf der zweiten Stufe analog zu der auf der ersten: die beiden Sätze „$i\eta_\sigma(Ra)$" und „non $[i\eta_\sigma(Pa)]$" sind miteinander verträglich, obwohl das Explanans in beiden Fällen dasselbe ist und auch das Explanandum sich beidemal auf ein und dasselbe Objekt a bezieht.

Es ist noch zu schildern, weshalb die oben angeführte zweite Existenzquantifikation problematisch ist. Der Übergang von „$i\eta_\sigma(Ra)$" zu „$\vee y[i\eta_\sigma(Ry)]$" scheint ja zunächst logisch ganz unbedenklich zu sein. Man könnte dafür sogar noch eine zusätzliche Rechtfertigung durch eine andersartige Deutung des Operators „η_σ" versuchen. Wenn wir uns für den Augenblick auf die einfachsten Fälle beschränken, in denen an der zweiten Argumentstelle Atomsätze mit einstelligen Prädikaten eingesetzt werden, so kann diese Deutung so wiedergegeben werden: Wir fassen den Operator „η_σ" gegenüber den früheren Interpretationen als einen *2-Prädikat-bildenden Operator mit einem 1-Prädikat-Argument* auf. Statt also zu sagen, daß aus dem Schema „$x\eta_\sigma-$" durch Einsetzung des Satzes „Ra" die Aussageform „$x\eta_\sigma(Ra)$" mit dem einstelligen Satzprädikat „$\eta_\sigma(Ra)$" („erklärt-den-Sachverhalt-daß-a-rot-ist") entsteht, entschließen wir uns für die Interpretation, wonach aus demselben Schema durch Einsetzung des *Prädikates* „R" die Aussageform „$x\eta_\sigma(Ry)$" (3) mit einem *zweistelligen* Prädikat — schematisch etwa durch „$\ldots\eta_\sigma(R-)$" angedeutet — gebildet wird. Alltagssprachlich könnte man das neue, mittels des Operators „η_σ" erzeugte Prädikat etwa so wiedergeben: „. . . erklärt die Tatsache, daß—rot ist".

Was soeben am Fall einstelliger Prädikate illustriert wurde, läßt sich analog auf den mehrstelligen Fall übertragen. „$x\eta_\sigma-$" wäre danach allgemein als ein Schema zu bezeichnen, das in Anwendung auf ein n-stelliges Prädikat „$R(y_1, . . ., y_n)$" ein $n+1$-stelliges Prädikat „$x\eta_\sigma\,(R(y_1, . . ., y_n))$" erzeugt. Dieses letztere Prädikat ist allerdings in der Regel von *gemischter* Art; denn der Wertbereich der ersten Variablen „x" besteht immer aus Sätzen, während die Wertbereiche der Variablen „y_i" je nach dem Kontext andere sind. Da Erklärungen nur in sehr seltenen Fällen Tatsachen über sprachliche Gebilde zum Inhalt haben, werden die Individuenbereiche der Variablen „y_i" gewöhnlich nicht aus sprachlichen Entitäten bestehen, sondern z. B. aus Raum-Zeit-Punkten, physischen Objekten, Organismen u. dgl.

Könnte man sich ohne Bedenken für eine solche Analyse des Operators „η_σ" entscheiden, so wäre es auch innerhalb des zweiten Lösungsvorschlages möglich, von Erklärungs*prädikaten* zu sprechen, in Analogie zum ersten Fall, wo wir „E" das Erklärungsprädikat nannten. Der Operator „η_σ" selbst ist zwar kein Prädikat. Doch haben wir gerade gesehen, daß die Anwendung dieses Operators auf ein n-stelliges Prädikat an der zweiten Argumentstelle ein $n+1$-stelliges Prädikat liefert. Es ist allerdings nicht mehr möglich, von *einem* Erklärungsprädikat zu reden, da je nach dem für die zweite Argumentstelle gewählten n-stelligen Prädikat ein anderes $n+1$-stelliges Prädikat entsteht. Jedes dieser letzteren Prädikate können wir als ein *spezielles Erklärungsprädikat* bezeichnen. Anstelle des einheitlichen *generellen* Erklärungsprädikates „xEy" („x erklärt y") des ersten Lösungsvorschlages tritt also jetzt eine potentiell unendliche Liste spezieller Erklärungsprädikate. Das Prädikat „$x\,\eta_\sigma(Ry)$" („x erklärt, daß y rot ist") war eines aus dieser Liste.

Bei der geschilderten Deutung stoßen wir auf eine wenn auch nur praktische Grenze. Selbst die eben skizzierte Verallgemeinerung auf den n-stelligen Fall liefert nämlich noch immer viel weniger als die ursprüngliche Deutung des Operators „η_σ". Wir können ja jetzt nur *Atomsätze*, also Sätze ohne logische Zeichen, in die zweite Argumentstelle von „η_σ" einsetzen. Wenn Explanandum-Aussagen stets diese einfache Gestalt hätten, so bedeutete dies keinen Nachteil. Wir wissen jedoch, daß wir selbst bei Außerachtlassung des Phänomens der Erklärung von Gesetzen und Theorien auch komplexere Aussagen als Explanandum-Äußerungen zulassen müssen. Strenggenommen sind ja *alle nicht gesetzesartigen synthetischen Sätze* als Explanandum-Sätze wählbar. Und solche Sätze können offenbar auch logische Zeichen wie Konjunktion, Negation etc. enthalten. Es wäre zwar im Prinzip möglich, aber doch recht umständlich, durch eine weitere Verallgemeinerung auch diese Fälle in die neue Deutung von „η_σ" mit einzubeziehen.

Der entscheidende *theoretische* Grund, der gegen diese Deutung von „η_σ" spricht, ist jedoch ein anderer. Er läßt sich wieder am einstelligen Fall illustrieren. Die Methode unserer Konstruktion wird die sein, daß wir zwei Sätze bilden, die „genau dasselbe" über ein und denselben Gegenstand aussagen und die trotzdem verschiedene Wahrheitswerte haben. Angenommen, das Objekt a könne auch durch eine Kennzeichnung von der Gestalt charakterisiert werden: „dasjenige y, welches die Eigenschaft F besitzt", in symbolischer Abbkürzung: „$\imath y F y$". „a" kann z. B. der Name eines physischen Objektes sein, während die Kennzeichnung dieses Objekt durch eine Angabe der Umstände seiner Auffindung charakterisiert, etwa „dasjenige Objekt, welches von der Person NN. zur Zeit t am Ort x gefunden wurde". Oder „a" kann der Name eines chemischen Prozesses, aufgefaßt als eine raum-zeitlich umgrenzte Entität in einem Laboratorium, sein, während „$\imath y F y$" eine Kennzeichnung von etwa der Gestalt liefert: „die Flamme, welche im chemischen Laboratorium L zur Zeit t an der Stelle x beobachtet werden konnte" (in diesen Beispielen sind für „x", „t", „L" stets feste Werte zu wählen). Ein anderes Beispiel wäre dies: „n" sei eine Abkürzung für den Namen „Napoleon", während die Kennzeichnung dasselbe besage wie „der Verlierer der Schlacht bei Waterloo".

Nehmen wir weiter an, daß „$a = \imath y F y$" (4) zwar, wie in den obigen Beispielen, wahr, aber nicht analytisch sei. Es soll also bloß eine Erfahrungstatsache, jedoch keine logische Tatsache bilden, daß das namentlich benannte Objekt mit dem durch die fragliche Kennzeichnung charakterisierten Gegenstand identisch ist. Unter dieser Voraussetzung haben die beiden Sätze „Ra" und „$R[\imath y F y]$" zwar denselben Wahrheitswert; sie sind jedoch nicht analytisch äquivalent. Nun wissen wir aber, daß im Fall einer deduktiv-nomologischen Erklärung nur eine *Austauschbarkeit salva analyticitate* bezüglich der Explanans- und Explanandum-Sätze besteht, nicht hingegen generell eine Austauschbarkeit salva veritate; d. h. ein richtiger Erklärungsfall geht nur dann wieder in einen richtigen Erklärungsfall über, wenn entweder das neue Explanans oder das neue Explanandum mit dem ursprünglichen analytisch äquivalent ist. In unserem Beispiel wird also zwar nach Voraussetzung „Ra" vom Satz i logisch impliziert, nicht jedoch der Satz „$R[\imath y F y]$". Wir haben also gleichzeitig die *wahre* metatheoretische Aussage

$$(1) \qquad i \eta_\sigma (Ra)$$

und die *falsche* metatheoretische Behauptung

$$(5) \qquad i \eta_\sigma (R[\imath y F y]).$$

Man kann diesen Sachverhalt so ausdrücken, daß man sagt: Die Wahrheit des Satzes (1) ist nicht bereits damit gegeben, daß dieser Satz etwas über das Objekt a aussagt. *Denn der Satz (5) sagt ja genau dasselbe über dasselbe Objekt aus,* wie der Vergleich ihrer Strukturen zusammen mit Satz (4) lehrt. Trotzdem ist (5) falsch. Für die Wahrheit von (1) muß also noch etwas anderes maßgebend sein, *nämlich die Art und Weise, wie das fragliche Ereignis sprachlich charakterisiert wird*. Nach einer Terminologie von W. V. QUINE ist das Vorkommen eines Ausdruckes „*a*" in (1) „nicht rein bezeichnend" („not purely referential") und der Satz selbst ist „beziehungsundurchsichtig" („referentially opaque"). Um Mißverständnisse auszuschließen, sei ausdrücklich darauf hingewiesen, daß eine analoge Situation für den Teilsatz „*Ra*" nicht auftritt. Hier kommt „*a*" rein bezeichnend vor und die Ersetzung von „*a*" durch „$\imath y\,Fy$" führt von einem wahren Satz wieder zu einem wahren Satz. In beiden Fällen wird ja von ein und demselben Ding gesagt, daß es rot sei.

Die bisherige Schilderung enthält noch keine Schwierigkeiten. Man könnte meinen, daß man die in der Wahrheit von (1) und in der Falschheit von (5) zum Ausdruck kommende merkwürdige Tatsache eben zur Kenntnis zu nehmen und sich damit abzufinden habe. Die Situation ändert sich jedoch schlagartig, wenn man zu einer Existenzgeneralisierung übergeht. Da (1) so interpretiert wurde, daß es aus einem zweistelligen Prädikat durch Ersetzung der Variablen mittels geeigneter Individuenkonstanten (den Satznamen „*i*" und die Gegenstandsbezeichnung „*a*") hervorging, muß daraus auch die folgende Aussage, welche mit dem früheren Satz (2) identisch ist, logisch ableitbar sein:

$$(2) \qquad \vee\!\chi[i\eta_\sigma(R\chi)] \quad (\text{„}i \text{ erklärt, daß etwas rot ist"}).$$

Was ist dieses χ, dessen Existenz hier behauptet wird? Offenbar das Objekt *a*. Aber dieses ist identisch mit dem durch „$\imath y\,Fy$" gekennzeichneten Objekt. Wie das vorangehende Resultat bezüglich (5) zeigte, wissen wir aber, daß das so gekennzeichnete Objekt zu der unrichtigen Erklärungsbehauptung (5) führt. Die Annahme, daß die Wahrheit von (2) aus der Wahrheit von (1) gefolgert werden könne, ist daher nicht verträglich mit der Falschheit von (5).

Man könnte sich zwar auch hier wieder dadurch zu behelfen versuchen, daß man neue *intensionale* Begriffe einführt. Es würde sich dabei um das handeln, was R. CARNAP *Individualbegriffe* nennt. Doch würde damit das Programm des zweiten Lösungsvorschlages teilweise wieder preisgegeben. Dieses bestand ja darin, daß eine Präzisierung des Erklärungsbegriffs und der damit verwandten Begriffe erreicht werden sollte, ohne eine hyperrealistische Ontologie abstrakter Gegenstände einführen zu müssen. Gerade das aber würde jetzt geschehen. Man hätte bloß eine Kategorie von intensionalen Entitäten für eine andere Kategorie solcher intensionaler Wesenheiten (der Sachverhalte) eingetauscht.

Damit ist nun keineswegs gesagt, daß der zweite Lösungsvorschlag preisgegeben werden müsse. Es war nur die Deutung von „η_σ" als eines

Operators *mit Prädikatargument*, die zu der geschilderten Schwierigkeit führte. Wenn wir zu der ursprünglichen Deutung des Operators zurückkehren, so verschwindet die Schwierigkeit. Dabei aber ist die Interpretation des Schemas „. . .η_σ—“ genau zu beachten. Substitution eines bestimmten Satzes für „—“, z. B. „Ra“, erzeugt ein einstelliges Satzprädikat, etwa „$\eta_\sigma(Ra)$“, das *als unzerteilbare Einheit* aufgefaßt werden muß. Quantifikationen dürfen hier also *weder* in bezug auf darin vorkommende Individuenkonstante *noch* in bezug auf Prädikate *noch* in bezug auf den Satz als Ganzes vorgenommen werden. Man kann, wenn man will, die zu dieser potentiell unendlichen Liste gehörenden Prädikate noch immer *Erklärungsprädikate* nennen. Doch ist dann nicht zu übersehen, daß es sich im Gegensatz zu den früheren Fällen um einstellige Satzprädikate handelt, etwa von der Gestalt des einstelligen Prädikates „erklärt-die-Tatsache-daß-a-rot-ist“. Die in dem Verhältnis der Sätze (1) und (5) zum Ausdruck kommende Schwierigkeit tritt jetzt nicht mehr auf. Unter Zugrundelegung der eben geschilderten allein akzeptierbaren Interpretation von „η_σ“ können wir ohne weiteres sagen, daß (1) wahr und (5) falsch ist. Denn in diesen beiden Sätzen werden vollkommen verschiedene Prädikate verwendet, nämlich in (1) das Prädikat „$\eta_\sigma(Ra)$“ und in (5) das Prädikat „$\eta_\sigma(R[\imath y\, Fy])$“.

4. Nominalistische Rekonstruktion des Erklärungsbegriffs Zweite Variante: Der Erklärungsbegriff als Relation zwischen Sätzen

Im ersten Lösungsvorschlag der Ausgangsschwierigkeit wurde, im Einklang mit dem intuitiven Sprachgebrauch, der Begriff der Erklärung als zweistellige Relation eingeführt. Dies war aber nur auf Kosten einer maßvollen Ontologie möglich; denn es geschah durch eine Erweiterung unserer Welt konkreter Gegenstände um neue intensionale Entitäten. Der zweite Lösungsvorschlag beschränkte sich dagegen auf eine konkrete Ontologie. Dafür mußte darin der Gedanke fallengelassen werden, den Begriff der Erklärung als einen zweistelligen Relationsbegriff zu konstruieren. Nicht einmal die Ersetzung der generellen Erklärungsrelation von der Art des im ersten Lösungsvorschlag benützten Begriffs durch eine potentiell unendliche Liste konkreter Erklärungsrelationen erwies sich als durchführbar. Stattdessen mußte ein ungewöhnlicher Operator „erklärt die Tatsache, daß“ eingeführt werden, der, auf spezielle Sätze angewendet, einstellige Satzprädikate erzeugt.

In dem noch kurz zu besprechenden dritten Lösungsvorschlag soll wieder in stärkerem Maße dem ursprünglichen Sprachgebrauch Rechnung getragen werden, ohne daß dabei die früheren Nachteile auftreten könnten.

Genauer gesagt, soll *dreierlei* erreicht werden: Die Ausgangsschwierigkeit soll vermieden werden; auf eine Ontologie von Tatsachen oder anderer problematischer abstrakter Entitäten soll verzichtet werden; und der Begriff der Erklärung soll als zweistellige Relation eingeführt werden. Dieser Lösungsvorschlag hat eine äußerliche Ähnlichkeit mit dem ersten, unterscheidet sich von diesem aber dadurch, daß jetzt durch die Relation „erklärt" nicht mehr Sätze mit Tatsachen, auch nicht Tatsachen mit Tatsachen, *sondern nur mehr Sätze mit Sätzen verknüpft werden.* Diese Deutung lehnt sich am engsten an die H-O-Explikation an; denn auch dort werden „Explanans" und „Explanandum" als Sätze bzw. Satzklassen verstanden.

Zur Verdeutlichung dieses dritten Lösungsvorschlages kann man nach dem Vorschlag von I. SCHEFFLER so vorgehen, daß man nochmals einen neu Operator „... erklärt, warum —", abgekürzt: „EW", einführt. Durch Verknüpfung von Sätzen mit Sätzen wird mittels dieses Operators ein neuer (metasprachlicher) Satz erzeugt. Während aber im zweiten Lösungsvorschlag der neue Operator eine unteilbare Einheit bildete, wird im Operator „EW" das „W" vom „E" abgesplittert. In dieser formalen Hinsicht gleicht das jetzige Vorgehen mehr dem ersten. Um eine Verwechslung mit dem „E" des ersten Vorschlages zu vermeiden, verwenden wir diesmal das Symbol E^*. E^* soll also eine *zweistellige Relation zwischen Sätzen* sein. Und „W" soll, angewendet auf einen Satz, ein *einstelliges Satzprädikat* erzeugen.

Ein Beispiel möge das jetzige Verfahren illustrieren. „Ra" sei wieder der Satz „a ist rot". Anwendung von „W" auf diesen Satz erzeugt das Prädikat „$W(Ra)$", alltagssprachlich etwa so formuliert: „warum a rot ist". Der metasprachliche Satz „i erklärt, warum a rot ist" kann dann als eine auf zwei Sätze i und k Bezug nehmende Relationsaussage aufgefaßt werden, wobei zusätzlich dem Satz k das eben eingeführte Attribut $W(Ra)$ zugesprochen wird. Die genaue Formulierung des metasprachlichen Satzes lautet also: „i erklärt k (d. h. i steht in der E^*-Relation zu k) und k ist ein Warum-a-rot-ist-Satz"; in symbolischer Abkürzung:

$$(6) \qquad\qquad iE^*k \wedge W(Ra)k$$

Die Analogie zum ersten Lösungsvorschlag wird deutlich, wenn man den Satz (6) in der dortigen Sprechweise ausdrückt. Wie wir bereits wissen, erhält man dann:

$$(7) \qquad\qquad iE\sigma(Ra).$$

Obwohl wir es in (7) nur mit *einem* metasprachlichen Atomsatz zu tun haben, gelangen darin ebenso wie in (6) *zwei verschiedene Operatoren* zur Anwendung. Sie können in (7) „verschachtelt" auftreten, weil der Relationsterm „E" so konstruiert ist, daß sich seine zweite Argumentstelle auf abstrakte Entitäten von der Art der durch „$\sigma(Ra)$" bezeichneten erstreckt.

Demgegenüber drückt „E*" eine zweistellige Relation zwischen Sätzen aus. Deshalb mußte in (6) das zweite Relationsglied noch zusätzlich qualifiziert werden, um das „erklärt, warum a rot ist" adäquat wiederzugeben. Es ist übrigens ohne weiteres möglich, auch in (7) die beiden Operatoren in der Weise auseinanderzureißen, daß man stattdessen schreibt:

$$(7) \qquad \bigvee z (iEz \wedge z = \sigma(Ra)).$$

Der entscheidende Unterschied zwischen (6) und (7) ist ontologischer Natur: In (6) dürfen nur „i" und „k" durch Variable ersetzt und darüber quantifiziert werden. i und k aber sind Sätze, die in nominalistischer Denkweise als konkrete Entitäten deutbar sind. Aus (7) hingegen ist der Satz:

$$(8) \qquad \bigvee z \, (iEz)$$

ableitbar, wobei die Variable „z" über Sachverhalte läuft.

Die obige Feststellung, daß (6) die Behauptung „i erklärt, warum a rot ist" wiedergebe, war noch nicht ganz korrekt. Wir hatten in (6) *einen ganz bestimmten Satz k* herausgegriffen, der die Aussageform „$iE^*y \wedge W(Ra)y$" wahr macht. In der eben zitierten alltagssprachlichen Wendung ist jedoch *keine Bezugnahme auf einen ganz bestimmten Satz* enthalten. Man muß daher alle überhaupt denkbaren Kandidaten, welche diese Aussageform erfüllen, berücksichtigen. Die adäquate Wiedergabe unserer Behauptung lautet somit:

$$(9) \qquad \bigvee y \, (iE^*y \wedge W(Ra)y)$$ („es gibt einen Satz y, den i im Sinn der E^*-Relation erklärt und der ein Warum-a-rot-ist-Satz ist").

Zwischen (7′) und (9) besteht jetzt auch jene formale Analogie, die wir bei der Gegenüberstellung von (6) und (7) vermißten.

Wir stehen noch vor der Aufgabe, die syntaktischen und semantischen Eigenschaften von „E^*" und „W" genauer zu charakterisieren. Bezüglich der Syntax von „E^*" braucht zu den bereits gegebenen Erläuterungen nichts hinzugefügt zu werden: es ist *eine zweistellige Relation zwischen Sätzen*. Zu der Syntax von „W" wäre ergänzend hervorzuheben, daß dieser Operator dem Typus nach vollkommen analog ist dem Operator „η_σ" des zweiten Lösungsvorschlages. Wir haben bloß eine etwas andere Schreibweise gewählt. Der Argumentstelle rechts vom „η_σ" entspricht in „W" die erste Argumentstelle und der Argumentstelle links von „η_σ" die zweite Argumentstelle von „W". Auch „W" kann also entweder aufgefaßt werden als ein *1-Prädikat-erzeugender Operator mit Satzargument* oder als ein *Satz-erzeugender Operator mit einem Satz- und einem Namensargument*. Die syntaktische Formregel für „W" läßt sich in nominalistischer Sprechweise so formulieren: *Aus dem Schema „$W(-)$" wird durch Einsetzung von konkreten Sätzen für*

„—" *eine potentiell unendliche Liste einstelliger Satzprädikate erzeugt.* Selbstverständlich muß der Nominalist verbieten, daß bezüglich der ersten Argumentstelle dieses Operators quantifiziert wird.

Die eben gegebene syntaktische Charakterisierung von „W" scheint zu zeigen, daß die Annahme, man könne ohne einen Operator von der Art auskommen, wie er im zweiten Lösungsvorschlag verwendet wurde, in gewissem Sinne doch wieder illusorisch ist. Was wir gewonnen haben, war nur dies, den Erklärungsbegriff statt durch einen solchen Operator durch einen zweistelligen Relationsdruck wiedergeben zu können. In Ergänzung dazu aber müssen wir an anderer Stelle den gemischten Operator „W" benützen.

Für die Fixierung der Semantik von „E^*" muß, ebenso wie in den analogen früheren Fällen, vorausgesetzt werden, daß wir über Adäquatheitsbedingungen für den Begriff der wissenschaftlichen Erklärung verfügen — seien dies nun H-O-Bedingungen oder andere. Dann können wir sagen: *Die Relation E^* trifft auf ein Paar von Sätzen i, k genau dann zu, wenn i ein adäquates Explanans für k ist.*

Wie sind die Wahrheitsbedingungen für „W" festzulegen? Auch hierauf ergibt sich aus dem Bisherigen eine zwanglose Antwort. Wegen der Invarianz jeder adäquaten Erklärung gegenüber analytisch äquivalenten Transformationen legen wir *die Wahrheitsbedingungen für die mit dem Operator* „W" *zu erzeugenden Sätze* so fest: Dafür, daß aus „$W(-)x$" eine richtige Aussage entsteht, ist es notwendig und hinreichend, daß für „$-$" ein Satz und für „x" der Name eines solchen Satzes eingeführt wird, der mit dem für „$-$" substituierten Satz analytisch äquivalent ist. Wenn also z. B. „k" der Name irgendeines mit „Ra" analytisch äquivalenten Satzes ist, so ist „$W(Ra)k$" eine richtige Aussage. Gilt außerdem iE^*k, so können wir behaupten, beides zusammen gebe die Aussage wieder, daß i erkläre, warum a rot ist, selbst wenn k nicht mit der Aussage „Ra" identisch sein sollte. Da die Relation der analytischen Äquivalenz reflexiv ist, liegt ein Wahrheitsfall von „W" insbesondere dann vor, wenn für die zweite Argumentstelle ein Name des an der ersten Argumentstelle stehenden Satzes eingeführt wird.

Der Vollständigkeit halber machen wir uns noch kurz klar, daß die soeben gegebene semantische Charakterisierung auch *in nominalistischer Sprechweise* korrekt ausdrückbar ist, falls der Begriff der analytischen Äquivalenz so eingeführt wird, daß man ihn statt auf Sätze in abstracto auf Satzinschriften bezieht.

Wir führen zunächst einen Hilfsbegriff ein: Eine *W-Prädikat-Inschrift* ist ein sprachliches Gebilde, welches dadurch entsteht, daß man eine Satzinschrift zwischen ein vorderes und ein hinteres Klammervorkommnis setzt und eine W-Inschrift (d. h. eine Inschrift von der Art des Buchstabens „W") davorsetzt. Aus einer solchen W-Prädikat-Inschrift entsteht eine *richtige Satz-Inschrift* dadurch, daß man dieser Prädikat-Inschrift eine Namens-Inschrift anfügt, welche eine Satz-Inschrift bezeichnet, die mit der in der W-Prädikat-Inschrift zwischen den Klammervorkommnissen stehenden Satz-Inschrift analytisch äquivalent ist. Dies ist eine recht umständliche Formulierung. Man braucht auf sie nicht immer zurückzugreifen, wenn man zeigen will, daß eine bestimmte Deutung mit der nominalistischen Denkweise verträglich ist. Es genügt, wenn man einmal darüber eine prinzipielle Klarheit gewonnen hat. Dann kann auch der Nominalist eine handlichere Sprechweise, die des vorigen Absatzes, benützen. Er darf nur nicht vergessen, daß diese Sprechweise nicht wörtlich zu nehmen, sondern als eine Art von sprachlicher Stenographie für etwas, das komplizierter auszudrücken wäre, aufzufassen ist. Und eine stenographische Methode anzuwenden, kann man natürlich niemandem verwehren.

Es liegt nahe zu versuchen, den „lästigen" Operator „W" ganz fallen zu lassen und sich mit der Relation $E*$ allein zufrieden zu geben. Wenn wir „$A\ddot{A}$" für die Relation der analytischen Äquivalenz einführen, so könnte die Wendung „i erklärt den durch k beschriebenen Sachverhalt" so expliziert werden: „$iE*k \lor \bigvee y\,(iE*y \land yA\ddot{A}k)$"[7]. Der Begriff des Sachverhaltes kommt auch diesmal im Definiens nicht mehr vor. Man könnte hier von einem *vierten Lösungsvorschlag* sprechen, der ebenfalls die Ausgangsschwierigkeit einer Ontologie abstrakter Wesenheiten vermeidet. Ein ungewöhnlicher Operator von der Art des Operators „W" wird jetzt nicht einmal als Hilfsbegriff verwendet. Der zweite und dritte Lösungsvorschlag haben demgegenüber nur den Vorteil, daß sie eine zugleich genaue und *möglichst wortgetreue* nominalistische Wiedergabe solcher Wendungen liefern wie „die Prämissen so-und-so erklären die Tatsache, daß das und das der Fall ist" oder „. . . erklären, warum das und das der Fall ist". Wer geneigt ist, ohne Bedauern diese voranalytische Ausdrucksweise gänzlich preiszugeben, der wird vermutlich dem vierten Vorschlag den Vorzug geben, falls er nicht ohnehin bereit ist, sich mit dem Platonismus des ersten Vorschlages abzufinden.

Abschließend sei noch auf einen Punkt hingewiesen. In allen Lösungsvorschlägen außer dem ersten wird die Einführung neuer abstrakter Wesenheiten vermieden. Dagegen ist die Analyse in *allen* Fällen in dem Sinn *abstrakt*, als sie nicht auf das in dem jeweiligen Explanandum erwähnte konkrete Ereignis Bezug nimmt, sondern auf einen der zahllosen kontingenten Sätze, welche dieses Ereignis erwähnen und darüber hinaus wahre Beschreibungen von ihm liefern. Nur analytisch äquivalente Sätze können dabei

---

[7] Der Leser überlege sich, daß hier das erste Adjunktionsglied weggelassen werden kann.

miteinander vertauscht werden, nicht dagegen Sätze über dieses Ereignis, die zu verschiedenen logischen Äquivalenzklassen gehören. Der Forscher, dem es darum geht, etwas zu erklären, muß sich auf einen oder mehrere Aspekte eines Ereignisses beschränken und von allen übrigen Aspekten *abstrahieren*. Diese Art von Auswahl, von einigen Philosophen irrtümlich als besondere Eigentümlichkeit der historischen Beschreibung angesehen, ist für alle Untersuchungen charakteristisch, deren Ziel in der Gewinnung einer nomologischen oder statistischen Systematisierung besteht.

Kapitel V
Das Problem des Naturgesetzes, der irrealen Konditionalsätze und des hypothetischen Räsonierens

1. Einleitung

Eine der für wissenschaftliche Erklärungen aufgestellten Adäquatheitsbedingungen lautete: Das Explanans muß mindestens ein Gesetz oder eine Theorie enthalten. *Was aber ist das Kriterium der Gesetzesartigkeit bzw. der Theorienartigkeit?* Unter einer *gesetzesartigen* Aussage wollen wir dabei entsprechend einem Vorschlag von N. GOODMAN eine solche Aussage verstehen, die alle Merkmale eines Gesetzes besitzt außer evtl. dem Merkmal der Wahrheit. Von der Frage der Richtigkeit soll also abstrahiert werden. Da es einerseits viele wahre Aussagen gibt, die keine Gesetze sind, andererseits im Verlauf der Wissenschaft immer wieder Gesetze hypothetisch angenommen wurden, die sich zur Bestürzung der Wissenschaftler im nachhinein als falsch erwiesen, ist diese Abstraktion sicherlich berechtigt. Wahrheit ist weder eine hinreichende noch eine notwendige Bedingung der Gesetzesartigkeit. Das Analoge gilt von der Theorienartigkeit. Da das Problem in beiden Fällen analog ist und Theorien im Vergleich zu Gesetzen kompliziertere Gebilde darstellen, beschränken wir uns für die folgende Diskussion auf den einfacheren Fall der Gesetzesartigkeit. Wir bleiben dabei dessen eingedenk, daß das gesuchte Kriterium ebenso auf den komplexeren Fall anwendbar sein muß, daß es also ebenso die Unterscheidung von Gesetzen und Nichtgesetzen wie die von Theorien und Nichttheorien ermöglichen soll. Aussagen, die das gesuchte Kriterium nicht erfüllen, sollen *akzidentelle* oder *kontingente* Aussagen heißen. Meist werden wir von akzidentellen Aussagen sprechen und das Wort „Kontingenz" nur als Substantiv verwenden. Es handelt sich hier nur um bequemere Ausdrücke gegenüber der spröden Wendung „nichtgesetzesartige Aussagen".

Wer mit dem philosophischen Problem der Gesetzesartigkeit bisher noch nicht in Berührung gekommen ist, wird vermutlich annehmen, daß es nicht schwerfallen könne, ein geeignetes Kriterium zu finden und daß alle weiteren Diskussionen darüber philosophische Spitzfindigkeiten darstellen. Im folgenden soll versucht werden zu zeigen, daß ein solcher Eindruck auf einem Vorurteil beruht. *Alle sich zunächst anbietenden naheliegenden Methoden der Abgrenzung gesetzesartiger von akzidentellen Aussagen erweisen sich bei genauerem Zusehen als untauglich.* Hat man dies einmal erkannt, so besteht die Gefahr einer anderen inadäquaten Reaktion auf dieses negative Ergebnis, nämlich die Unwichtigkeit dieses Problems — vom wissenschaftlichen oder vom philosophischen Standpunkt oder von beiden aus — zu erklären. Der Irrtum in dieser Hinsicht wäre noch viel bedenklicher als der erste. Denn es ist leichter, jemanden von der Schwierigkeit eines Problems durch Widerlegung seiner Lösungsversuche zu überzeugen, als ihn überhaupt zur Beschäftigung mit einem Problem zu bewegen, das er als unwichtig und uninteressant beiseite gelegt hat. *Tatsächlich ist das Problem der Gesetzesartigkeit eines der grundlegendsten und schwierigsten Probleme der Theorie der Erfahrungserkenntnis.* Seine Lösung ist nicht nur eine Voraussetzung für eine erfolgreiche Explikation von Begriffen der wissenschaftlichen Erklärung, Voraussage und Systematisierung, sondern auch für die Beantwortung anderer wissenschaftstheoretisch bedeutsamer Fragen, z. B. für die Lösung des Problems der induktiven Bestätigung. Wir beginnen zunächst damit, die Relevanz dieses Problems in drei Bereichen der Wissenschaftstheorie aufzuzeigen.

2. Erklärung und Gesetzesartigkeit

In den bisherigen Beispielen von Erklärungen haben wir, soweit diese in qualitativer Sprache abgefaßt waren, stets Allsätze von einfacher Konditionalform als Gesetze verwendet, also Sätze von der Gestalt: $\wedge x(Fx \to Gx)$. Angenommen, wir würden keine weiteren einschränkenden Bedingungen der Gesetzesartigkeit formulieren und jede Art von Allsätzen als gesetzesartige Aussagen zulassen. Dann können wir sofort absurde Beispiele von Argumenten konstruieren, die sämtliche Adäquatheitsbedingungen für wissenschaftliche Systematisierungen erfüllen und die daher auf Grund dessen als erklärende Argumente akzeptiert werden müßten, die aber ganz offensichtlich keinerlei Erklärungen liefern. Angenommen, Fritz ist kurzsichtig und lebt in einem Haus, in dem sämtliche Bewohner kurzsichtig sind. Mit „Kx" für „x ist kurzsichtig", „Hx" für „x ist ein Bewohner jenes Hauses" und „f" als Namen für Fritz erhalten wir folgende Deduktionen:

$$(1) \qquad \begin{array}{c} \wedge x(Hx \to Kx) \\ Hf \\ \hline Kf \end{array}$$

Es wäre aber offenbar — von ganz besonders gelagerten speziellen Fällen abgesehen — unsinnig, allgemein die Krankheit einer Person damit erklären zu wollen, daß diese Person in einem Haus lebt, dessen sämtliche Bewohner von dieser Krankeit befallen sind.

Oder betrachten wir das folgende Beispiel: k sei ein bestimmter Korb, und „Ax" sei eine Abkürzung für „x ist ein Apfel und befindet sich im Korb k"; „Rx" besage dasselbe wie „x ist rot"; die Individuenkonstante „a" bezeichne einen ganz bestimmten Apfel. Wir mögen die empirische Information besitzen, daß a einer der Äpfel aus dem Korb k ist und daß alle Äpfel in k rot sind. Dann können wir das folgende Argument bilden:

$$(2) \qquad \begin{array}{c} \wedge x(Ax \to Rx) \\ Aa \\ \hline Ra \end{array}$$

Lassen wir die erste Prämisse *als gesetzesartige Aussage* zu, so sind wieder alle Adäquatheitsbedingungen für korrekte wissenschaftliche Erklärungen erfüllt: Die beiden Prämissen sind *empirische* Aussagen; sie sind *bestens bestätigt* und, wie wir voraussetzen wollen, überdies *richtig*; die Deduktion ist *logisch korrekt*. Trotzdem wird niemand ein derartiges Argument als eine wissenschaftliche Erklärung akzeptieren wollen. Diese Erklärung würde ja der alltagssprachlichen Behauptung entsprechen, daß der Apfel a deshalb eine rote Farbe besitze, weil er sich in einem Korb mit lauter roten Äpfeln befindet. Analoge Beispiele von Pseudoerklärungen könnte man in beliebiger Fülle konstruieren. Um das Vorliegen eines Merkmales F an einem Objekt c zu erklären, hätte man nichts weiter zu tun als eine Gesamtheit aufzusuchen, deren sämtliche Elemente dieses Merkmal F besitzen und zu der das Objekt c gehört. Würde man keine weiteren Einschränkungen hinzufügen, so würde man auf diese Weise sogar zum Einschluß vollständiger Selbsterklärungen gelangen, da sich eine singuläre Aussage stets in eine Allaussage umformulieren läßt. Statt „Fc" können wir auch sagen „alle mit c identischen Gegenstände haben die Eigenschaft F". Als fragliche Gesamtheit wäre also einfach die Einerklasse des betreffenden Dinges zu bilden. Diese besonders extremen Fälle könnte man zwar durch eine zusätzliche Forderung von der Art eliminieren, daß Prämissen und Conclusio einer wissenschaftlichen Erklärung nicht logisch äquivalent sein dürfen. Die potentiell unbegrenzte Vielfalt von Pseudoerklärungen der oben beschriebenen Art würde davon jedoch unberührt bleiben.

Vom inhaltlichen Standpunkt aus ist es prinzipiell klar, wie diese Pseudoerklärungen zu eliminieren sind: Die beiden Allsätze in den Prämissen von (1) und (2) sind keine Gesetzeshypothesen, sondern *akzidentelle* Aussagen. Die Adäquatheitsbedingung $\mathbf{B_2}$, welche verlangt, daß unter den Prämissen mindestens eine Gesetzesaussage vorkommen müsse, ist also verletzt. Um allerdings eine solche Verletzung auch *nachweisen* zu können, müßte ein Kriterium der Gesetzesartigkeit verfügbar sein. Der angesichts der beiden obigen Beispiele naheliegendste Vorschlag würde vermutlich dahin gehen, Allsätze mit bloß endlich vielen Anwendungsfällen nicht als Gesetze zuzulassen. Denn in diesen Beispielen haben wir es mit solchen Endlichkeitsfällen zu tun (der Klasse der Personen in jenem Haus bzw. der Klasse der Äpfel im Korb). Dieser sowie andere Lösungsvorschläge, die sich leider alle nicht als tauglich erweisen, sollen an späterer Stelle genauer erörtert werden.

3. Induktion und Gesetzesartigkeit

3.a Wie N. Goodman gezeigt hat, wird ein Kriterium der Gesetzesartigkeit auch innerhalb der Theorie der Induktion benötigt[1]. Es spielt dabei keine Rolle, welche spezielle Gestalt diese Theorie annimmt, insbesondere auch nicht, ob es sich um eine qualitative Theorie der induktiven Bestätigung handelt oder um eine quantitative Theorie des Bestätigungsgrades oder etwa um eine im Rahmen einer Theorie der statistischen Wahrscheinlichkeit entwickelte Testtheorie oder eine Theorie der Stützung statistischer Hypothesen.

Für das Folgende genügt die außerordentlich schwache Voraussetzung, daß ein qualitativer Bestätigungsbegriff für einfache Allhypothesen, also für Aussagen von der Gestalt $\wedge x(Ax{\to}Bx)$, zur Verfügung steht. Wir übernehmen nun einige Termini von N. Goodman. Eine einfache Allhypothese heiße *nicht erschöpft*, wenn nicht alle Objekte, welche die Bedingung Ax erfüllen, überprüft wurden. Für prognostische Zwecke sind offenbar nur nicht erschöpfte Hypothesen von Interesse. Erschöpfte Hypothesen kann es nur im Endlichkeitsfall geben. Eine einfache Allhypothese wird *erschüttert* oder *falsifiziert* genannt, wenn ein Objekt c entdeckt wurde, für das $Ac\wedge\neg Bc$ gilt, d. h. also welches die Bedingung des Antecedens der Hypothese und zugleich die Negation des Konsequens erfüllt[2]. Eine erschütterte Hypothese ist ebenso wie eine erschöpfte für uns ohne Interesse, aber aus einem anderen Grund: nicht weil wir bereits alle Anwendungen „hinter uns gelassen" haben, sondern weil wir mit der Beobachtung von c und seiner Eigenschaften erkannt haben, daß sie falsch ist, so daß wir uns für Voraussagen nicht auf sie stützen können. Unter einem *positiven Einzelfall*

---

[1] N. Goodman, [Forecast], III, S. 59 ff. Vgl. auch I. Scheffler [Inductive Interference] und [Anatomy], S. 298 ff.

[2] Es sei daran erinnert, daß wir unter dem Antecedens der obigen universellen Hypothese den Teilausdruck „Ax" und unter dem Konsequens den Teilausdruck „Bx" verstehen.

einer einfachen Allhypothese verstehen wir ein beobachtetes Individuum b, welches sowohl das Antecedens wie das Konsequens erfüllt; d. h. von einem positiven Einzelfall muß gelten: $Ab \wedge Bb$. Für die Bestätigungs*fähigkeit* eines Satzes ist es zwar nicht von Bedeutung, ob positive Fälle gefunden wurden oder nicht. Aber von der *tatsächlichen Bestätigung* einer solchen Hypothese kann frühestens dann gesprochen werden, wenn mindestens ein positiver Einzelfall dieser Hypothese entdeckt worden ist. Wir sprechen daher gelegentlich unter dieser Voraussetzung auch von *positiver Bestätigung* einer Hypothese, wobei wir aber stets dessen eingedenk bleiben müssen, daß damit nicht mehr gemeint ist, als daß positive Einzelfälle existieren.

Nehmen wir an, H sei eine nicht erschöpfte und nicht erschütterte einfache Allhypothese, für die es auf Grund von gewonnenem Beobachtungswissen positive Einzelfälle gibt. Unter diesen Voraussetzungen können wir noch nicht ohne weiteres davon sprechen, daß H induktiv bestätigt sei. Diese letztere Behauptung schließt nämlich den Gedanken ein, daß es vernünftig sei, für die noch nicht geprüften Fälle, welche die Antecedensbedingung von H erfüllen, anzunehmen, sie würden auch die Konsequensbedingung erfüllen. Falls H eine *gesetzesartige* Aussage darstellt, ist eine derartige Annahme vernünftig. H sei etwa der Satz, daß alles Kupfer Elektrizität leitet. Einige positive Fälle bestätigen diese Hypothese, d. h. diese positiven Fälle erhöhen beträchtlich die Glaubhaftigkeit der Behauptung, daß auch andere Kupfergegenstände elektrische Leiter sind. Wenn hingegen H eine akzidentelle Aussage ist, so erscheint ein solcher Schluß von den tatsächlich überprüften positiven Einzelfällen auf noch nicht überprüfte Fälle als unberechtigt. Wenn ich erfahre, daß einige Männer, die sich in einem Vortragssaal oder bei einer Opernveranstaltung aufhalten, dritte Söhne sind, so erhöht dies, auch wenn kein Gegenbeispiel vorhanden ist, nicht die Glaubhaftigkeit der Hypothese H, daß alle Männer in diesem Raum dritte Söhne sind. Der Übergang von den geprüften zu den nichtgeprüften Fällen erscheint also im gesetzesartigen Fall als vernünftig, nicht dagegen im Fall zufälliger oder akzidenteller Allbehauptungen[3].

Die üblichen Theorien der Bestätigung beantworten dieses Problem nicht; denn sie differenzieren nicht zwischen diesen beiden Aussagetypen. Nach GOODMANS Überzeugung setzt daher die Lösung des Induktionproblems die Formulierung eines Kriteriums der Gesetzesartigkeit voraus. Solange man kein solches Kriterium zur Verfügung hat, müßte man sich entweder auf vage intuitive Vorstellungen von Gesetzesartigkeit

---

[3] Die hier vorgetragene Gedankenführung knüpft an die Überlegungen von N. GOODMAN an. Gegen die obige Behauptung sowie das vorgebrachte Beispiel könnte eingewendet werden, daß auch im akzidentellen Fall einige positive Instanzen die generelle Hypothese bestätigen, wenn auch in einem viel geringeren Grade als eine gesetzesartige Aussage durch diese positiven Instanzen bestätigt würde. Für die folgenden Betrachtungen lassen wir diesen potentiellen Einwand unberücksichtigt.

stützen, was zugleich ein Eingeständnis des Bestehens dieses erkenntnistheoretischen Problems sowie seiner Ungelöstheit bedeuten würde. Oder aber man leugnet die Notwendigkeit einer klaren Unterscheidung zwischen gesetzesartigen und akzidentellen Aussagen. Dann müßte man nach Goodmans Auffassung alle Arten von Aussagen in puncto Bestätigungsfähigkeit gleich behandeln und gänzlich unplausible Resultate wie das eben erwähnte akzeptieren: Beobachtungen einiger roter Katzen in einer Stadt X würden die unerschütterte Hypothese, daß alle Katzen von X rot sind, gut bestätigen; das Ergebnis einer Befragung der beiden ersten männlichen Opernbesucher, nach der sich diese als dritte Söhne erweisen, müßte uns zu der Annahme verleiten, daß aller Wahrscheinlichkeit nach sämtliche männlichen Opernbesucher dritte Söhne sind etc. Die Theorie der Bestätigung hätte nicht eine vorsichtige rationale Abwägung und Beurteilung der Wahrscheinlichkeiten im Gefolge, sondern wäre ein Freibillet für ungehemmte Leichtfertigkeit.

Goodman konnte aber noch mehr beweisen: Negiert man den Unterschied zwischen gesetzesartigen und akzidentellen Aussagen oder läßt man beide als potientiell gleichberechtigte Kandidaten für induktive Bestätigung zu, so gelangt man nicht nur zu unplausiblen Resultaten, sondern sogar zu *logischen Widersprüchen*. Wir zeigen dies an zwei Beispielen. Das erste Beispiel ist vollkommen analog den von Goodman gewählten Beispielen. Das zweite Beispiel soll dazu dienen, den Sachverhalt nochmals zu illustrieren und den sich häufig, aber unberechtigterweise einstellenden Verdacht zu entkräften, daß bei der Konstruktion der Goodmanschen Beispiele ein Fehler begangen worden sei[4].

3.b Die Prädikate „*S*" und „*G*" seien Abkürzungen für „Smaragd" und „grün". Wir betrachten zunächst den Satz:

$$(3) \qquad \wedge x\,(Sx \rightarrow Gx) \quad \text{(alle Smaragde sind grün)}$$

Es werde vorausgesetzt, daß die grüne Farbe kein Definitionsbestandteil des Begriffes des Smaragdes ist, so daß wir (3) als *empirische Hypothese* auffassen können. Da bis zum heutigen Tage zahlreiche grüne, aber keine nichtgrünen Smaragde gefunden wurden und sicherlich zahlreiche Smaragde bisher unentdeckt geblieben sind, handelt es sich um eine unerschöpfte, unerschütterte Hypothese mit positiven Einzelfällen. Die positiven Fälle sind sehr zahlreich; daher werden wir diese Hypothese als besonders gut bestätigt ansehen. Aus diesem Grund betrachten wir die Annahme als in höchstem Grade glaubhaft, daß sich auch alle künftig gefundenen Smaragde bei Überprüfung als grün erweisen werden.

---

[4] Vgl. für das Folgende auch die ausführlichere Diskussion der Gedanken Goodmans in W. Stegmüller, [Conditio Irrealis].

Solange wir nicht zwischen Gesetzen und Nichtgesetzen unterscheiden, können wir nun das folgende paradoxe Resultat erzielen: Die Annahme, daß alle künftig gefundenen Smaragde *rot* sein werden, ist *ebenso gut bestätigt wie die Annahme, daß diese grün sein werden, und zwar auf Grund von genau denselben vergangenen Beobachtungen grüner Smaragde, welche die Hypothese* (3) *bestätigen.* Um dies beweisen zu können, brauchen wir nur ein geeignetes neues Prädikat einzuführen und dieses an die Stelle des Prädikates „grün" im Konsequens unseres Gesetzes treten zu lassen. Dieses Prädikat heiße „grot", symbolisch „G^*", und sei folgendermaßen definiert: G^*x soll genau dann gelten, *wenn x entweder vor dem gegenwärtigen Zeitpunkt t_0 auf seine Farbe untersucht wurde und sich dabei als grün herausstellte oder wenn x nicht vor t_0 bezüglich seiner Farbe untersucht wurde und rot ist*[5]. Unsere Hypothese laute diesmal:

$$(4) \qquad \bigwedge x\,(Sx \to G^*x) \qquad \text{(alle Smaragde sind grot)}$$

Wir behaupten nun: (a) alle bisher beobachteten positiven Einzelfälle von (3) sind auch positive Einzelfälle von (4). Die bis zum gegenwärtigen Zeitpunkt beobachteten Smaragde sind ja alle grün und somit per definitionem grot; denn alles, was vor t_0 auf seine Farbe untersucht und dabei für grün befunden wurde, soll als grot bezeichnet werden. Vom Standpunkt der Bestätigung durch positive Einzelfälle muß daher (4) als gleich gut bestätigt angesehen werden wie (3).

(b) Die sich auf (4) stützenden Zukunftserwartungen sind logisch unverträglich mit denjenigen, die auf (3) basieren. Wenn wir die Hypothese akzeptieren, daß alle Smaragde grün sind, so müssen wir davon überzeugt sein, daß alle künftig gefundenen Smaragde grün sein werden. Wenn wir hingegen die Hypothese akzeptieren, daß alle Smaragde grot sind, so müssen wir davon überzeugt sein, daß alle künftig gefundenen Smaragde rot sein werden; denn ein nach t_0 gefundener und auf seine Farbe untersuchter Gegenstand ist per definitionem nur dann grot, wenn er rot ist.

Wir erhalten also das paradoxe Resultat, daß dieselben zahllosen bisherigen Beobachtungen grüner Smaragde anscheinend ebenso die Hypothese bestätigen, daß auch alle künftig gefundenen Smaragde grün sein werden,

---

[5] Der Leser beachte den genauen Wortlaut im Definiens dieses Prädikates. In den meisten Schilderungen der Theorie GOODMANs wird diese Definition inkorrekt wiedergegeben. Insbesondere impliziert eine Aussage, wonach ein Objekt *a* grot sei, *keineswegs* eine Behauptung über einen Farbwechsel von *a* zu *t_0* (vor *t_0* grün, danach rot). Wurde *a vor t_0 beobachtet* und für grün befunden, so ist *a* grot und zwar auch dann, wenn *a* über *t_0* hinaus bis ans Ende seiner Existenz grün bleibt. Und wurde *a nicht vor t_0 auf seine Farbe untersucht*, so ist *a* grot dann und nur dann, wenn es *vor t_0* wie *nach t_0* rot ist. Um für die Konstruktion dieses Beispiels unwesentliche Komplikationen zu vermeiden, nehmen wir an, daß Farbeigenschaften keine Augenblickseigenschaften, sondern dauerhafte Merkmale sind.

wie sie die damit unverträgliche Hypothese bestätigen, daß alle künftig gefundenen Smaragde rot sein werden. Durch Einführung geeigneter anderer Prädikate könnte man so viele miteinander unverträgliche Zukunftserwartungen über die Farbeigenschaften von Smaragden erzeugen, als es voneinander verschiedene Farbprädikate gibt. Es dürfte auch deutlich geworden sein, daß man nach demselben Schema unter Verwendung geeigneter Prädikate beliebige Zukunftserwartungen auf bisher beobachtete Regelmäßigkeiten stützen könnte.

Diese Paradoxie bleibt nach der These GOODMANS solange bestehen, als es nicht gelingt, unabhängig vom Begriff der Bestätigung ein Kriterium dafür anzuführen, welche Aussagen überhaupt *einer Bestätigung fähig* sind. In der Erkenntnispraxis würden wir dieser Paradoxie dadurch zu entgehen suchen, daß wir auf Grund eines Appells an die intuitive, nicht präzisierte Unterscheidung zwischen gesetzesartigen und akzidentellen Sätzen sagen würden: „Nur (3) ist eine gesetzesartige Hypothese, (4) hingegen nicht. Daher betrachten wir auch nur die erste, nicht jedoch die zweite Aussage als empirisch bestätigungs*fähig*. Bei Vorliegen positiver Einzelfälle glauben wir somit nur an die Richtigkeit der ersten, nicht jedoch an die der zweiten Hypothese". Mit dieser Reaktion gestehen wir ein, daß der springende Punkt die Unterscheidung zwischen gesetzesartigen oder bestätigungsfähigen Allaussagen einerseits, akzidentellen oder nicht bestätigungsfähigen Allhypothesen andererseits ist, daß wir aber nicht imstande sind, diesen Unterschied zu definieren.

Wie dieses Beispiel zeigt, läßt sich das Problem von Sätzen auf Prädikate transformieren. GOODMAN nennt Prädikate wie „grün" *projektierbar* oder *übertragbar*, Prädikate wie „grot" *nichtprojektierbar* oder *nichtübertragbar*. Bei Prädikaten der ersteren Art erscheint es als vernünftig, eine induktive Übertragung von beobachteten Fällen auf nicht beobachtete vorzunehmen; bei Prädikaten der zweiten Art erscheint dies als unvernünftig. Statt nach einem Kriterium der Gesetzesartigkeit zu fragen, könnte man nach einem *Kriterium der Übertragbarkeit von Prädikaten* suchen. Daß (4) akzidentell und nicht gesetzesartig ist, spiegelt sich darin wider, daß das Konsequensprädikat nicht projektierbar ist. Bei intuitiver Betrachtungsweise würden wir analog zum obigen Vorgehen etwa so reagieren: „‚verrückte' Prädikate von der Art des Prädikates ‚grot' sind für die Bildung von bestätigungsfähigen Hypothesen nicht geeignet. ‚Grün' hingegen ist ein übertragbares Prädikat. Darum ist zwar (3) einer induktiven Bestätigung zugänglich, nicht aber (4)".

Diesmal könnte sich als naheliegender Lösungsvorschlag der folgende aufdrängen: „Das Prädikat ‚grot' wurde durch Bezugnahme auf einen ganz bestimmten Zeitpunkt t_0 definiert, der damit in die Bedeutung dieses Prädikates explizit eingeht. Solche Prädikate sind nicht projektierbar und für die Bildung von Gesetzesaussagen nicht verwendbar. Das Prädikat ‚grün' hingegen ist von solcher Bezugnahme frei und läßt sich daher für die Bildung von Gesetzeshypothesen verwenden". Wir werden auf die Frage der Brauchbarkeit dieses Gedankens für eine Lösung des Problems zurückkommen.

Das Prädikat „grot" bzw. „G^*" wurde in formal einwandfreier Weise definiert. Da manche Leser vielleicht trotzdem den Eindruck nicht loswerden, daß bei der Definition dieses Prädikates irgendein Hokuspokus begangen worden sei, soll im zweiten Beispiel, das dem ersten im übrigen formal analog ist, kein eigener neuer Prädikatausdruck eingeführt werden.

3.c „Kx" bedeute „x besteht aus Kupfer" und „Ex" sei das Prädikat „x ist ein elektrischer Leiter". Dann ist die folgende Hypothese:

$$(5) \qquad \wedge x \, (Kx \rightarrow Ex)$$

positiv bestätigt (auf Grund beobachteter Elektrizität leitender Kupferobjekte), nicht erschüttert und nicht erschöpft, während die konträre Hypothese

$$(6) \qquad \wedge x \, (Kx \rightarrow \neg Ex)$$

offenbar erschüttert ist und zwar auf Grund derselben Fälle, welche (5) bestätigen. Man würde daher annehmen, daß für ein neues, bisher auf die elektrische Leitfähigkeit nicht überprüftes Kupferstück d die Prognose seiner elektrischen Leitfähigkeit, also die Aussage:

$$(7) \qquad Ed$$

gut bestätigt ist. Zur Rechtfertigung würde man sich auf das Wissen Kd sowie auf die positiv bestätigte Hypothese (5) berufen.

Tatsächlich läßt sich jedoch auch das gegenteilige Resultat gewinnen, daß die Negation von Ed gut bestätigt ist. Mit Hilfe des weiteren Prädikates „Px" mit der Bedeutung „x wurde vor dem gegenwärtigen Zeitpunkt t_0 auf seine elektrische Leitfähigkeit überprüft" bilden wir die Allhypothese:

$$(8) \qquad \wedge x \, \{Kx \rightarrow [(Px \wedge Ex) \vee (\neg Px \wedge \neg Ex)]\}$$

(für alle Kupferobjekte gilt, daß sie entweder vor t_0 auf ihre Leitfähigkeit geprüft wurden und Leiter sind oder daß keine solche Prüfung erfolgte und daß sie keine Leiter sind).

Für einen positiven Einzelfall a von (5) muß neben Ka und Ea auch Pa gelten, da die Überprüfung bis zu t_0 vorgenommen sein muß. Wegen der Richtigkeit der Konjunktion $Ka \wedge Ea \wedge Pa$ ist a damit automatisch auch *ein positiver Einzelfall* von (8). Ferner ist (8) *nicht erschüttert;* denn da ein diese Aussage erschütternder Einzelfall *e* vor t_0 geprüft worden sein müßte, also neben *Ke* auch *Pe* für ihn zu gelten hätte, würden wir wegen $\neg Ee$ eine Falsifikation der ex hypothesi nicht erschütterten Hypothese (5) erhalten. Schließlich wurden nicht alle Objekte, die das Antecedens von (8) erfüllen, bis zu t_0 geprüft, so daß diese Hypothese auch *nicht erschöpft* ist.

Mit (8) haben wir somit eine nicht erschöpfte, nicht erschütterte und positiv bestätigte Hypothese mit denselben positiven Einzelfällen wie (5) gewonnen. In derselben Weise sieht man ein, daß die (6) erschütternden Instanzen auch die zu (8) konträre Hypothese, nämlich:

$$(9) \qquad \wedge x \, \{Kx \to [(Px \wedge \neg Ex) \vee (\neg Px \wedge Ex)]\}$$

falsifizieren.

Wir wenden uns jetzt wieder dem neuen Kupferstück *d* zu. Nach Voraussetzung gilt von ihm sowohl *Kd* als auch $\neg\, Pd$. Aus der ersten dieser zusätzlichen Informationen ergibt sich aus (8) zunächst mittels Allspezialisierung und modus ponens: $(Pd \wedge Ed) \vee (\neg Pd \wedge \neg Ed)$ und wegen der zweiten zusätzlichen Information: $\neg Pd \wedge \neg Ed$ und damit schließlich:

$$(10) \qquad\qquad\qquad \neg Ed.$$

Unsere Behauptung ist damit bewiesen. Im Widerspruch zum Resultat (7) haben wir das Ergebnis gewonnen, daß dieses neue Kupferobjekt nicht Elektrizität leiten wird. Als Begründung für diese Behauptung benötigen wir nichts weiter als die Hypothese (8), welche zu t_0 durch alle Einzelfälle positiv bestätigt wird, welche den Satz bestätigen, daß alles Kupfer Elektrizität leitet. Damit ist von neuem die Behauptung GOODMANS bewiesen, daß man unter der Annahme der Gültigkeit recht allgemeiner und sehr plausibler Methoden des induktiven Räsonierens zu inkonsistenten Resultaten gelangt, wenn man nicht zwischen gesetzesartigen und akzidentellen Aussagen unterscheidet. Im gegenwärtigen Fall wäre es natürlich die Aussage (8), der die Eigenschaft, gesetzesartig zu sein, abgesprochen werden müßte.

Der Leser möge beachten, daß wir nur bezüglich *neuer* Einzelfälle zu widersprechenden Induktionen gelangen. Wäre *d* ein vor t_0 überprüftes Exemplar gewesen, so hätte (8) zu genau *demselben* Resultat geführt wie (5), nämlich daß *d* Elektrizität leitet.

Die vorangehenden Betrachtungen dürften hinreichend deutlich gemacht haben, daß ohne die Explikation des Gesetzesbegriffs keine befriedigende Klärung des Problemkomplexes „induktive Bestätigung von Aussagen" erwartet werden kann. Wir können auf das Induktionsproblem in diesem Buch nicht weiter zu sprechen kommen. Es sollte hier nur die Relevanz des Gesetzesbegriffs für dieses Problem deutlich gemacht werden. Dagegen soll das nächste Problem, die Frage der irrealen Konditionalsätze, detaillierter erörtert werden.

4. Gesetzesartigkeit und das Problem der irrealen Konditionalsätze
N. Goodmans Formulierung des Problems

4.a Es seien A und K zwei beliebige, im Indikativ formulierte Sätze. Wir bilden einen Wenn-Dann-Satz mit A als Antecedensaussage und K als Konsequensaussage, wobei wir aber gleichzeitig sowohl A wie K nicht mehr im Indikativ, sondern im grammatikalischen Konjunktiv ausdrücken. Eine so gebildete Aussage nennen wir einen *irrealen Konditionalsatz mit A als Antecedens und K als Konsequens*. Symbolisch kürzen wir ihn durch $A \leadsto K$ ab. Der geschwungene Pfeil bringe zum Ausdruck, daß die beiden Teilsätze im Konjunktiv formuliert sind. Alltagssprachlich könnte man das allgemeine Schema für irreale Konditionalsätze etwa so wiedergeben „wenn es der Fall wäre, daß A, dann wäre es auch der Fall, daß K". Ein Beispiel für eine irreale Konditionalaussage bildet der Satz: „Wenn es gestern nicht geschneit hätte, so wäre ich zu dir gekommen".

Das philosophische Problem der irrealen Konditionalsätze besteht, kurz gesagt, darin, die *Wahrheitsbedingung* oder das *Wahrheitskriterium* für solche Sätze anzugeben. Es sollen also in allgemeiner Weise die Bedingungen beschrieben werden, bei deren Erfüllung wir einen solchen Satz als wahr anzunehmen haben. Die Angabe der Wahrheitsbedingungen wird als eine Minimalvoraussetzung für eine Bedeutungsanalyse angesehen. Weiß ich nicht, unter welchen Bedingungen ein Satz als wahr zu betrachten ist, so kann ich erst recht nicht behaupten, die Bedeutung dieses Satzes zu verstehen.

Zunächst müssen wir uns klarmachen, warum diese Aufgabe der Aufstellung eines Wahrheitskriteriums gerade bei den irrealen Konditionalsätzen zu besonderen Schwierigkeiten führt. Dazu vergleichen wir den irrealen Konditionalsatz $A \leadsto K$ mit dem im Indikativ formulierten Konditionalsatz $A \to K$. Diese letztere komplexe Aussage ist eine *Wahrheitsfunktion* der beiden Teilsätze A und K. Ihr Wahrheitswert liegt fest, sobald die Wahrheitswerte der beiden Teilsätze gegeben sind. Das Zeichen für materiale Implikation, das an die Stelle des im Indikativ formulierten alltagssprachlichen „wenn ... dann − − −" tritt, ist ja nur eines der aussagenlogischen Verknüpfungssymbole, die alle durch die Wahrheitstabellenmethode in ihrer Bedeutung festgelegt sind.

Der radikalste Vorschlag für das gesuchte Wahrheitskriterium von Sätzen der Gestalt $A \leadsto K$ würde lauten, dieses Kriterium sei mit dem für materiale Implikationen zu identifizieren, also $A \leadsto K$ müsse genauso behandelt werden wie der Satz $A \to K$. Dies hätte jedoch eine verheerende Konsequenz, die praktisch auf dasselbe hinauslaufen würde wie die Behauptung, daß alle irrealen Konditionalsätze sinnlos seien. $A \to K$ ist nämlich dann und nur dann falsch, wenn A wahr und K falsch ist; in allen übrigen Fällen von Wahrheitswerteverteilungen auf die beiden Teilsätze A und K ist diese Aussage dagegen richtig, insbesondere immer dann, wenn das Antecedens A falsch ist. Nun haben irreale Konditionalsätze die folgende Besonderheit: Wer einen solchen Satz behauptet, gibt damit implizit zu, daß sowohl das Antecedens wie das Konsequens dieser Behauptung falsch ist. Der grammatikalische Konjunktiv hat gerade die Funktion, dies auszudrücken. Wenn ich versichere: „wenn es gestern nicht geschneit hätte, dann wäre ich zu dir gekommen", so drücke ich damit gleichzeitig die Überzeugung aus, daß es gestern *doch* geschneit hat und daß ich *nicht* zu dir gekommen bin. Und die Behauptung: „wenn Hannibal Rom erobert hätte, dann hätte die europäische Geschichte diesen und diesen andersartigen Verlauf genommen" kann nur einer aufstellen, der weiß, daß Hannibal Rom *nicht* erobert hat und daß die abendländische Geschichte *nicht* den angegebenen andersartigen Verlauf genommen hat[6].

Wie diese Beispiele zeigen, sind Antecedens- und Konsequens irrealer Konditionalsätze falsch. Würde man irreale Konditionalsätze so behandeln wie materiale Implikationen, *so wären sie alle richtig*. Es wäre dann gegenstandslos, Sätze von der Gestalt $A \leadsto K$ zu behaupten. Entweder würde nämlich der Behauptende mit seiner durch die Verwendung des Konjunktivs zum Ausdruck gebrachten Annahme, daß A und K falsch seien, unrecht haben und die Formulierung des Satzes aus diesem Grunde gegenstandslos sein. Oder aber er hätte mit seiner Annahme recht und seine Behauptung wäre dann auf alle Fälle wegen der Falschheit von A richtig, *wie immer auch K lauten möge*. Es wäre unmöglich, über die Wahrheit von irrealen Konditionalsätzen zu diskutieren: $A \leadsto K$ wäre ebenso richtig wie $A \leadsto \neg K$. Tatsächlich wird jedoch jeder, der die Wahrheit von $A \leadsto K$ behauptet, die Wahrheit von $A \leadsto \neg K$ leugnen und umgekehrt.

4.b Eine wahrheitsfunktionelle Interpretation irrealer Konditionalsätze ist somit ausgeschlossen. Es gäbe bei solcher Deutung nur wahre Aussagen dieser Art; sie wären daher für theoretische wie für praktische Überlegungen vollkommen wertlos. Dieser letztere Standpunkt ist allerdings angesichts der unerwarteten Schwierigkeiten bei der Sinnanalyse irrealer Konditionalsätze tatsächlich eingenommen worden. Wer den Standpunkt der Wertlosigkeit aller solcher Aussagen ernsthaft vertritt, sollte allerdings nicht die rein wahrheitsfunktionelle Deutung zugrunde legen, sondern sich

---

[6] Man sollte von dem irrealen den *subjunktiven* Fall unterscheiden, bei dem der Sprechende es offenläßt, ob die durch A und K beschriebenen möglichen Sachverhalte Tatsachen sind oder nicht. Alltagssprachlich werden auch subjunktive Konditionalsätze gewöhnlich durch den grammatikalischen Konjunktiv ausgedrückt. Die erkenntnistheoretische Problemlage, insbesondere der Zusammenhang mit der Frage der Gesetzesartigkeit, ist dieselbe wie bei den irrealen Konditionalsätzen, so daß kein Anlaß besteht, in den folgenden Überlegungen diesen Fall besonders auszuzeichnen.

besser gleich zu der Auffassung bekennen, daß irreale Konditionalsätze eine „spekulative" Sprachform darstellen, mit der kein vernünftiger Sinn zu verbinden ist.

Bevor man eine solche Konsequenz zieht, sollte man es mit einer positiven Lösung versuchen. Denn in der Wissenschaft wie im Alltag machen wir ständig Gebrauch von solchen Aussagen, und der Glaube an die Wahrheit gewisser unter ihnen ist oft für unser Handeln von größter Relevanz. Betrachten wir dazu einige alltägliche Beispiele. (a) Ein Arzt macht nach Untersuchung eines schwer verletzten Patienten die Aussage: „Wäre der Stich nur um 1 mm tiefer gedrungen, so wäre er für sein ganzes Leben gelähmt geblieben". (b) Einige Schulkinder haben ohne Erlaubnis eine gefährliche Schlittenpartie über einen schwach zugefrorenen See unternommen. Nachdem die Eltern davon erfahren haben, stellen sie mit Entsetzen fest: „Wäre die dünne Eisdecke gebrochen, so wären die Kinder allesamt ertrunken". (c) Während einer gewissen Zeit im vergangenen Winter bestand die Gefahr, daß über einer Ortschaft eine Lawine losginge. Ein Lawinenfachmann behauptet im nachhinein: „Wäre die Lawine losgegangen, so wären mindestens diese sechs Bauernhäuser vollkommen zerstört worden". Hier haben wir zugleich einen Fall, wo die Relevanz für das *praktische Handeln* besonders deutlich wird. Falls die Behauptung dieses Fachmannes von maßgebender Seite akzeptiert wird, so hat dies vielleicht die Konsequenz, daß im kommenden Jahr an der fraglichen Stelle ein Lawinenschutz errichtet wird. In all diesen Fällen wird im Wenn-Satz eine tatsachenwiderstreitende Hypothese aufgestellt, während im Dann-Satz eine ebenfalls *tatsachenwiderstreitende Folgerung* aus dieser Hypothese formuliert wird. *Diese Folgerung ist, wie noch genauer zu erörtern sein wird, in der Regel keine rein logische, sondern eine naturgesetzliche.*

Auch innerhalb rein theoretischer Überlegungen treten, mehr oder weniger verschleiert, irreale Konditionalsätze in Erscheinung. In vielen systematischen Realwissenschaften ist man häufig genötigt, mit gedanklichen *Idealisierungen* zu operieren. So etwa zieht ein theoretischer Nationalökonom einen Schluß von der Art: „Wenn sich in der angegebenen Marktsituation alle am Wirtschaftsprozeß beteiligten Subjekte streng rational verhielten, so würde sich die und die Endkonstellation ergeben". GALILEIS Grundannahme für die Dynamik beruht auf der Überlegung, was geschehen würde, wenn ein Körper frei von äußeren Kräften wäre: „Wenn auf einen Körper keine äußeren Kräfte einwirkten, dann würde er sich geradlinig gleichförmig fortbewegen". Bisweilen werden tatsachenwiderstreitende Hypothesen herangezogen, um das faktische Geschehen besser zu verstehen. So etwa kann sich ein Historiker die *kausale Bedeutung eines geschichtlichen Vorkommnisses* durch eine irreale Annahme klarzumachen versuchen: „Wenn die Bedingungen des Versailler Friedensvertrages in diesem und diesem Punkt anders gelautet hätten, dann wäre die politische Entwicklung in

Deutschland in den folgenden beiden Jahrzehnten (vermutlich oder mit großer Wahrscheinlichkeit) eine andere gewesen und es wäre auch nicht zum Ausbruch des zweiten Weltkrieges gekommen"; „im Entwicklungsland *X* wäre es zu keiner Revolution gekommen, wenn während der letzten Jahre vor dem Abzug der früheren Kolonialmacht eine einheimische Beamtenschaft ausgebildet worden wäre" u. dgl. Selbst die Methode des Beweises durch *reductio ad absurdum* beruht auf einer Überlegung, welche in die Gestalt eines irrealen Konditionalsatzes gekleidet werden könnte; denn aus der Annahme, der zu widerlegende Satz sei wahr, wird hier ein logischer Widerspruch deduziert: „Wenn *S* wahr wäre, so wäre auch der kontradiktorische Satz *W* wahr".

Auch für erkenntnistheoretische und philosophische Überlegungen können irreale Konditionalaussagen von Wichtigkeit werden. So etwa vergegenwärtigen wir uns die Bedeutung der Behauptung, daß ein *Dispositionsprädikat* wie „zerbrechlich" einem bestimmten Ding zukommt, durch die hypothetische Aussage, daß dieses Ding zerbrechen würde, falls bestimmte Bedingungen realisiert wären. Es spielt dabei keine Rolle, ob diese Bedingung jemals tatsächlich realisiert sind. Ein Semantiker, *der die Bedeutung eines Satzes* mit dessen Wahrheitsbedingungen identifiziert, geht dabei von etwa folgender Überlegung aus: „Wenn ich *wüßte*, unter welchen Bedingungen ein gegebener Satz wahr ist, so würde ich seine Bedeutung kennen". In ähnlicher Weise schließt z. B. der Gebrauch des Begriffs der *induktiven Bestätigungsfähigkeit* den Gedanken ein, daß ein Satz nur dann als bestätigungsfähig bezeichnet werden kann, wenn wir *wüßten*, unter welchen *möglichen* Bedingungen der Satz gut bestätigt ist.

Ein anderes philosophisches Beispiel bildet der sogenannte *Phänomenalismus*. In der ursprünglichen Fassung ist die phänomenalistische These im Indikativ formuliert worden, und dadurch ergaben sich bestimmte logische Schwierigkeiten. Nach BERKELEY besteht das, was wir Dinge nennen, nur aus Ansammlungen von „Ideen" („ideas") — Sinnesdaten, wie man heute wohl sagen würde. Wenn ich z. B. von einem Apfel spreche, so beziehe ich mich dabei auf bestimmte Farbwahrnehmungen, Gerüche, einen bestimmten Gestalteindruck etc. Da die Existenz solcher Phänomene in nichts anderem besteht als in ihrem Wahrgenommenwerden, so folgt, daß auch Dinge, d. h. Ideen*gesamtheiten*, nur im Wahrgenommenwerden bestehen. Esse est percipi. Wie steht es nun mit den Dingen, die niemand wahrnimmt? Nur zwei Wege scheinen zunächst offen zu sein. Entweder man nimmt eine „durchlöcherte Wirklichkeit" an, behauptet also allen Ernstes, daß nicht Wahrgenommenes zu existieren aufhört. Diese absurde Schlußfolgerung konnte BERKELEY nicht ziehen. Oder man unterscheidet zwischen dem Wahrgenommenwerden durch endliche Wesen und dem durch ein unendliches Wesen. Im Prinzip war das BERKELEYS Lösung: Das Sein der durch keinen endlichen Geist wahrgenommenen Dinge besteht in ihrem Wahrgenommenwerden durch Gott. Der moderne Phänomenalismus wollte sich von der unangenehmen Alternative „entweder durchlöcherte Wirklichkeit oder Gott" befreien. Dies sollte dadurch ermöglicht werden, daß für die Angabe des Sinnes von Sätzen über Dinge irreale Konditionalsätze zugelassen wurden. Daß in meinem Zimmer ein derzeit von niemandem wahrgenommener schwarzer Tisch steht, soll bedeuten, daß ein Beobachter die und die Sinneseindrücke *hätte*, wenn geeignete Bedingungen realisiert *wären*. Durch Zulassung solcher tatsachenwiderstreitenden Aussagen sollte also die Hilfshypothese eines wahrnehmenden unendlichen Geistes überflüssig gemacht werden.

In allen diesen Fällen irrealer Konditionalsätze, in denen zwei tatsachenwiderstreitende Aussagen durch ein „wenn ... dann — — —" verknüpft werden und diese beiden Aussagen, wie die Verwendung des Konjunktivs anzeigt, dem Behauptenden auch *als tatsachenwiderstreitend bekannt* sind, herrscht die Überzeugung vor, daß es sinnvoll sei, über die Wahrheit oder Falschheit dieser Aussagen zu diskutieren. Damit kommt, wie oben gezeigt, die wahrheitsfunktionelle Deutung des Wenn-Dann nicht mehr in Frage. Aus der Falschheit des Antecedens darf ich nicht auf die Wahrheit des ganzen Satzes schließen. Wer an die *Wahrheit* des Satzes glaubt: „Wäre die Lawine losgegangen, so wäre dieser Bauernhof zerstört worden", der ist von der *Falschheit* des Satzes überzeugt „Wäre die Lawine losgegangen, so wäre dieser Bauernhof nicht beschädigt worden". Da er um die Falschheit des Antecedens weiß, müßte er bei der wahrheitsfunktionellen Interpretation beide Sätze für richtig halten und in bezug auf sein Handeln — z. B. in der Frage des Lawinenschutzes — ewig unschlüssig bleiben. Aus diesem Grund ist auch ein einfacher empirischer Test zur Überprüfung der Wahrheit einer irrealen Konditionalaussage nicht möglich: In diesem Test müßte untersucht werden, ob der durch das Antecedens beschriebene Sachverhalt besteht oder nicht. Und wir wüßten ja vor jeder Untersuchung, daß die Antwort negativ wäre.

4.c Die Rechtfertigung für eine irreale Konditionalaussage muß also in anderer Weise gesucht werden. Als entscheidend dafür wird sich die Art der Verknüpfung zwischen Antecedens und Konsequens erweisen. Mit Ausnahme des mathematischen Beispiels der reductio ad absurdum ist diese Verknüpfung *keine rein logische, sondern eine naturgesetzliche:* Wir müssen uns auf eine oder mehrere *Gesetzes*hypothesen stützen, um eine solche Aussage erhärten zu können. Damit aber tritt auch hier wieder das Problem in den Vordergrund, wie gesetzesartige von akzidentellen Aussagen zu unterscheiden sind. Die Berufung auf generelle wahre, aber nichtgesetzesartige Aussagen würde zur Stützung absurder irrealer Konditionalsätze führen. Dies soll im folgenden deutlich gemacht werden. Nun ist allerdings das Problem der Gesetzesartigkeit nicht das einzige Problem, auf das wir stoßen, wenn wir eine Bedeutungsanalyse irrealer Konditionalsätze zu geben versuchen. Es erscheint als zweckmäßig, im gegenwärtigen Zusammenhang diese Probleme gleich vollständig zu formulieren. Die Fragen, welche hier auftreten, sind in klassischer Weise von N. GOODMAN aufgezeigt worden. Wir knüpfen daher an seine Formulierung des Problems an[7]. Die Goodmanschen Diskussionen haben den Vorzug, daß darin zugleich die Fehlerhaftigkeit einer ganzen Reihe sich aufdrängender Lösungsversuche deutlich wird.

Für den Ausdruck „irrealer Konditionalsatz" verwenden wir im folgenden stets die Abkürzung „IK" (im Plural: „IKs").

Es sei s ein bestimmtes Streichholz, f eine Fläche von genau angegebener physikalischer und chemischer Beschaffenheit. A sei die Aussage: „das Streichholz s wurde an der Fläche f gerieben". K sei eine Abkürzung für: „das Streichholz hat gebrannt". Wir betrachten die Aussage $A {\rightarrow} K$ („wenn das Streichholz an der Fläche gerieben worden wäre, dann hätte es gebrannt"). Wer die Wahrheit dieses Satzes behauptet, ist der Meinung, *daß man K mit Hilfe bekannter Naturgesetze aus A erschließen kann, vorausgesetzt, daß weitere relevante Bedingungen erfüllt sind*, wie z. B. daß sich eine hinreichende Menge von Sauerstoff in der Umgebung befand, daß die Fläche f nicht feucht war, daß das Streichholz s richtig zubereitet war etc. $\mathfrak{R}$ sei die Klasse von Aussagen, welche die relevanten Bedingungen beschreiben. Falls $\mathfrak{R}$ endlich ist, denken wir uns diese Beschreibung der relevanten Bedingungen zu einer einzigen Aussage R summarisch zusammengefaßt. Analog sollen die benötigten Gesetze zu der einen Aussage G vereinigt werden. Unsere vorläufige grobe Vorstellung von dem gesuchten Wahrheitskriterium für irreale Konditionalsätze können wir so ausdrücken: An die Stelle eines direkten empirischen Tests für die Wahrheit unserer Aussage hat die Überprüfung zu treten, ob K in naturgesetzlich gültiger Weise aus A sowie den relevanten Bedingungen erschlossen wurde.

Der Schluß kann formal auf zweierlei Arten charakterisiert werden. Entweder man sagt, daß K logisch aus drei Aussagen erschlossen wurde, nämlich dem Antecedens A, den relevanten Bedingungen R und den benötigten Gesetzen G. Oder man sagt, daß K aus A und R „naturgesetzlich erschlossen" wurde, d. h. mit Hilfe der in G ausgedrückten Gesetze. Obwohl die erste Formulierung die logisch korrektere ist, knüpfen wir hier an die zweite an, da sie die methodische Trennung zweier Probleme erleichtert. Das *erste Problem* lautet: Wie sind die relevanten Bedingungen R genauer zu umgrenzen? Das *zweite* Problem ist in der Frage enthalten: Ist es zur Stützung eines IK wesentlich, daß sich der Schluß auf ein *Gesetz* gründet, oder genügt dafür auch eine akzidentelle Wahrheit? Wenn gezeigt werden kann, daß das letztere zu verneinen ist, so ist damit zugegeben, daß die Explikation des

---

[7] Vgl. insbesondere [Forecast], Teil I, S. 3ff.

Gesetzesbegriffs für eine befriedigende Formulierung eines Wahrheitskriteriums für IKs vorausgesetzt werden muß.

Als Vorbereitung zur Erörterung der Frage nach den relevanten Bedingungen sei auf eine mögliche Fehldeutung hingewiesen, die durch eine nicht korrekte Analogiebetrachtung zu singulären Kausalsätzen hervorgerufen werden könnte. Wenn wir sagen, daß x die Ursache von y sei, so wird in fast allen Fällen x nur eine engere Auswahl aus der Klasse aller relevanten Antecedensbedingungen bilden, die eigentlich hätten angeführt werden müssen. Wir nennen gewöhnlich jene Antecedensbedingung (bzw. jenen Komplex solcher Bedingungen) die Ursache, welche uns besonders in die Augen fällt oder vom Standpunkt des praktischen Handelns als wichtig erscheint. Singuläre Kausalsätze sind also elliptische Aussagen[8]. Analog könnte man meinen, daß im Fall eines irrealen Konditionalsatzes nur *eine* wichtige Bedingung mehr oder weniger willkürlich herausgegriffen und als Antecedens A der Aussage verwendet werde, so daß eine vollständige Beschreibung auch die übrigen Bedingungen R anführen müsse. Eine irreale Konditionalaussage wäre danach also ebenfalls ein elliptischer Satz, der durch Erweiterung des Antecedens A zu $A \wedge R$ zu vervollständigen ist.

Dies wäre jedoch eine ganz falsche Schilderung der Sachlage. Wenn $A \rightsquigarrow K$ (a) richtig ist, so ist A falsch. Die Aussage R hingegen, welche die relevanten Bedingungen beschreibt, muß als richtig vorausgesetzt werden. Würde man R zum Antecedens hinzufügen und den Satz $(A \wedge R) \rightsquigarrow K$ (b) bilden, so käme eine ganz andere, nämlich eine viel schwächere Behauptung heraus, da der Behauptende damit ausdrücklich zugeben würde, daß R falsch ist. Am Beispiel illustriert: Wenn jemand sagt „wenn das Streichholz auf der Fläche gerieben worden wäre, dann hätte es gebrannt" (c), dann behauptet er damit implizit, daß die relevanten Bedingungen *tatsächlich* erfüllt waren, daß also Streichholz und Fläche nicht naß gewesen sind, daß genügend Sauerstoff vorhanden war etc. Darum kann auch jemand, der (c) für falsch hält, z. B. einwenden: „dies stimmt nicht; das Streichholz war ja ganz naß!" Diesen Einwand könnte man natürlich nicht mehr vorbringen, wenn der irreale Konditionalsatz lautete: „wenn das Streichholz auf der Fläche gerieben worden wäre, außerdem trocken gewesen wäre, Sauerstoff sich in hinreichender Menge vorgefunden hätte usw., dann hätte es gebrannt". Denn hier wird bereits vom Behauptenden ausdrücklich zugegeben, daß die obigen relevanten Bedingungen *nicht* erfüllt sind. Wenn ich also $A \rightsquigarrow K$ behaupte, so möchte ich damit nicht ausdrücken, daß dieser Satz wahr *wäre*, falls diese relevanten Bedingungen erfüllt *wären;* auch nicht: daß dieser Satz wahr ist, wenn die relevanten Bedingungen erfüllt sind. Sondern mit der Behauptung $A \rightsquigarrow K$ setze ich die Wahrheit der die relevanten Bedingungen beschreibenden Aussage R bereits voraus, und $A \rightsquigarrow K$ kann nur wahr sein, wenn auch R wahr ist.

---

[8] Für eine genauere Erörterung vgl. VII.

4.d Ein *erster Lösungsvorschlag* des Problems der relevanten Bedingungen könnte von folgender einfacher Überlegung ausgehen: „Alle zur Klasse $\Re$ gehörenden Aussagen sind wahr. Es kann nicht von Schaden sein, wenn wir in die relevanten Bedingungen evtl. zu viele wahre Sätze einbeziehen. Daher wählen wir großzügig als Klasse $\Re$ einfach die Klasse aller wahren Sätze"[9]. Könnten wir voraussetzen, daß sich logische und empirische Wahrheiten scharf voneinander trennen lassen, so würde es genügen, in diesem ersten Lösungsvorschlag die Klasse aller wahren empirischen Sätze zu wählen. Man sieht aber sofort, daß dieser Lösungsvorschlag nichts taugt. Das Wahrheitskriterium für $A \frown\!\!\!\rightarrow K$ würde ja jetzt so zu lauten haben: „*Dieser Satz ist wahr, wenn K aus A und der eben beschriebenen Klasse $\Re$ ableitbar ist*". Nun wissen wir aber: Wenn $A \frown\!\!\!\rightarrow K$ wahr ist, so kann nicht zugleich $A \frown\!\!\!\rightarrow \neg K$ richtig sein. Das eben formulierte Wahrheitskriterium würde jedoch im Widerspruch zu dieser unserer Intention beide Aussagen wahr machen. Denn da A falsch ist, kommt die wahre Aussage $\neg A$ in $\Re$ vor. Die Hinzunahme von A zu $\Re$ erzeugt also eine widerspruchsvolle Prämissenklasse, und aus einer solchen ist alles ableitbar, insbesondere sowohl K wie $\neg K$.

Wir sind offenbar in keiner besseren Lage, wenn wir den Vorschlag dahingehend modifizieren, daß wir statt von der festen Klasse $\Re$ nur von *irgendeiner* Klasse von wahren Sätzen sprechen, daß wir also als Kriterium für die Wahrheit von $A \frown\!\!\!\rightarrow K$ die Existenzbehauptung aufstellen: „*Es gibt eine Klasse $\Re$ von wahren Sätzen, so daß K aus A und $\Re$ ableitbar ist*". Eine solche Klasse gibt es immer, *gleichgültig wie K lauten möge*, nämlich die Klasse, welche als einziges Element $\neg A$ enthält. Wieder würden wir also auf Grund dieses Kriteriums zu dem ungewünschten Ergebnis gelangen, daß jeder IK richtig ist.

Diese Einwendungen gegen den ersten Lösungsvorschlag legen den Gedanken nahe, dessen Versagen beruhe darauf, daß die logische Verträglichkeit der Klasse der relevanten Bedingungen mit A nicht ausdrücklich verlangt worden sei. Ein *zweiter Lösungsvorschlag* würde daher so lauten: $A \frown\!\!\!\rightarrow K$ *ist wahr genau dann, wenn K aus A und der Klasse $\Re$ aller jener wahren Sätze (bzw. der Klasse aller jener wahren akzidentellen empirischen Sätze) ableitbar ist, die mit A logisch verträglich sind*. Daß auch dieser Vorschlag noch nicht ausreicht, kann man sofort an einem Gegenbeispiel sehen. $A \frown\!\!\!\rightarrow K$ besage „wenn dieses Wasserrohr gestern gefroren wäre, dann wäre es geplatzt". Dieser IK kann nur dann wahr sein, wenn die gestrige Witterung so günstig war, daß das Rohr nicht gefroren ist. Zu den Sätzen, die wir nach diesem Lösungsvorschlag in die Klasse $\Re$ aufnehmen müßten, würde z. B. auch der folgende Satz S gehören: „Die Temperatur dieses Wasserrohrs sank gestern nicht unter $+5°$ C". Denn dieser Satz ist nach Voraussetzung wahr und außerdem *logisch verträglich* mit der Aussage, daß dieses Wasserrohr gestern

---

[9] Da dies keine endliche Gesamtheit ist, müssen wir diesmal wieder von der Klasse der relevanten Bedingungen $\Re$ statt vom Satz R sprechen.

gefroren ist. Trotzdem würde die Hinzunahme von S zu A wieder zu demselben Ergebnis führen wie oben, daß auf Grund dieses Kriteriums nicht nur $A \sim K$, sondern auch $A \sim \neg K$ wahr wird: Aus A und S ist ja jede beliebige Behauptung ableitbar, da A und S zwar miteinander logisch verträglich, aber trotzdem faktisch unverträglich sind. Auf Grund der bekannten Naturgesetze ist es ausgeschlossen, daß ein Wasserrohr, dessen Temperatur nicht unter $+5°$ C sinkt, gefriert. Die Ableitung der beiden konträren IKs könnte also z. B. mit Hilfe von A, S sowie der beiden wahren Allbehauptungen erfolgen: „alle Wasserrohre, die gefrieren, deren Temperatur jedoch nicht unter $+5°$ C sinkt, platzen" und „alle Wasserrohre, die gefrieren, deren Temperatur jedoch nicht unter $+5°$ C sinkt, platzen nicht". Die Wahrheit dieser beiden Allsätze beruht auf der faktischen Unerfüllbarkeit der Antecedensbedingung: es gibt keine solchen Wasserrohre.

Die Betrachtung der beiden zuletzt angeführten wahren Allsätze könnte zu dem weiteren Verbesserungsvorschlag Anlaß geben, *leere* einfache Gesetze nicht zuzulassen. Ein einfaches Gesetz, also ein Gesetz von der Gestalt $\wedge x(Fx \rightarrow Gx)$, wird dabei leer genannt, wenn es kein Objekt a gibt, welches die Bedingung F erfüllt, gleichgültig, ob dies logische oder empirische Gründe hat. Wenn wir bedenken, daß wir wegen der methodischen Aufsplitterung in das erste und das zweite Problem für die Ableitung sowohl logische Prinzipien wie Naturgesetze zulassen, so würde der *dritte Lösungsvorschlag* also lauten: *$A \sim K$ ist wahr genau dann, wenn K aus A und der Klasse $\Re$ der mit A logisch verträglichen Sätze logisch oder naturgesetzlich ableitbar ist, wobei für die Ableitung nur nichtleere Gesetze verwendet werden dürfen.*

Die Untauglichkeit dieses Vorschlages kann man allgemein so einsehen: Wenn $\wedge x(Fx \rightarrow Gx)$ ein leeres Gesetz ist, so suchen wir nach einem nichtleeren Gesetz mit demselben Konsequens. $\wedge x(Hx \rightarrow Gx)$ sei ein solches Gesetz. Die Konjunktion dieser beiden Sätze ist äquivalent mit dem ebenfalls nichtleeren Gesetz $\wedge x(Fx \vee Hx \rightarrow Gx)$; und alles, was mit Hilfe des ersteren erklärbar ist, kann auch mittels dieses letzteren erklärt werden. Nehmen wir an, es sei richtig, daß Seifenblasen stets platzen, sowie daß Elektronen nicht platzen. Dann könnten wir in unserem Beispiel auch nach Annahme des dritten Vorschlages für ein Wahrheitskriterium sowohl $A \sim K$ als auch $A \sim \neg K$ wahr machen, da aus A und S mittels des *nichtleeren* Gesetzes „alles, was entweder ein gefrierendes Wasserrohr mit einer Temperatur von mehr als $+5°$ C oder eine Seifenblase ist, platzt" K ableitbar ist, während aus A und S mit Hilfe des *nichtleeren Gesetzes* „alles, was entweder ein gefrierendes Wasserrohr mit einer Temperatur von mehr als $+5°$ C oder ein Elektron ist, platzt nicht" die Aussage $\neg K$ ableitbar ist.

Der zweite Lösungsvorschlag versagt also selbst bei Ausschluß leerer Gesetze. Wieder bietet sich zwanglos eine Verschärfung der bisherigen Bedingungen an. Es ist offenbar nicht ausreichend, die *logische* Verträglichkeit der zu $\Re$ gehörenden Sätze und A zu verlangen. Wir müssen vielmehr zusätzlich auch die *naturgesetzliche Verträglichkeit* dieser Sätze mit A fordern. Dabei sprechen wir von naturgesetzlicher Unverträglichkeit eines Satzes T mit A, wenn aus T, A und gültigen nichtlogischen Gesetzen ein logischer Widerspruch herleitbar ist. Naturgesetzliche Verträglichkeit soll das Nichtvorliegen von naturgesetzlicher Unverträglichkeit bedeuten. Da sich das Operieren mit nichtleeren Gesetzen als eine Sackgasse herausgestellt hat, würde somit der *vierte Lösungsvorschlag* direkt an den zweiten Vorschlag anknüpfen und sich von diesem nur dadurch unterscheiden, daß der letzte Nebensatz „die mit A logisch verträglich sind" zu ersetzen wäre durch: *„die mit A logisch wie naturgesetzlich verträglich sind"*. Statt „logisch oder naturgesetzlich verträglich" sagen wir im folgenden der Einfachheit halber bloß „verträglich". Tatsächlich könnte jetzt das frühere Gegenbeispiel nicht mehr verwendet werden; denn der dort als zu $\Re$ gehörig angenommene Satz S ist mit A naturgesetzlich unverträglich. Daß hier der Begriff des Naturgesetzes vorkommt, braucht nicht zu stören; denn wegen der methodischen Trennung der beiden Problemgruppen kann an dieser Stelle die Lösung des Problems der Gesetzesartigkeit vorausgesetzt werden.

Die abermalige Verschärfung im Definiens reicht noch immer nicht aus. Betrachten wir dazu einen IK, der mit den Worten beginnt: „wenn Franz in Amerika wäre, ... ". Das Antecedens A dieser Aussage sei falsch: Franz ist nicht in Amerika. Mit A ist sowohl die auf Grund der Voraussetzung wahre Aussage „Franz ist nicht in Nordamerika" (a) wie die ebenfalls wahre Aussage „Franz ist nicht in Süd - oder Mittelamerika" (b) verträglich. Da wir nach dem vierten Vorschlag alle jene wahren akzidentellen empirischen Sätze in $\Re$ einbeziehen müssen, die mit A verträglich sind, hätten wir im vorliegenden Fall sowohl (a) wie (b) zu $\Re$ zu rechnen. A, (a) und (b) *zusammen* jedoch sind unverträglich miteinander: Franz kann nicht in Amerika sein und sich trotzdem weder in Nord- noch in Mittel- noch in Südamerika aufhalten[10]. Da aus einer unverträglichen Satzklasse alles Beliebige herleitbar ist, könnten wir dem mit „wenn Franz in Amerika wäre" beginnenden Satz ein beliebiges irreales Konsequens K anhängen und müßten daher auf Grund unseres Wahrheitskriteriums die Wahrheit der ganzen Aussage $A \frown K$ behaupten. Insbesondere würde sich sowohl die Wahrheit von „wenn Franz in Amerika wäre, dann wäre er in Nordamerika" (begründbar unter Heranziehung von (b)) als auch die Wahrheit von „wenn Franz in Amerika wäre, dann wäre er nicht in Nordamerika" (begründbar unter Heranziehung von (a)) ergeben. Aber offenbar können diese Aussagen nicht beide richtig sein.

Es scheint zunächst, als sei bei der Formulierung des vierten Lösungsvorschlages bloß eine kleine logische Inkorrektheit unterlaufen. Es wurde

---

[10] Nordamerika soll natürlich den *ganzen* nördlichen Teil des Kontinents umfassen.

dabei übersehen, daß jede einzelne zu $\Re$ gehörende Aussage mit A verträglich sein, trotzdem aber eine Unverträglichkeit von $\Re$ mit A bestehen kann. Wir sagen, daß $\Re$ (logisch oder naturgesetzlich) *unverträglich* ist mit A, wenn aus der Klasse von Sätzen, die durch Hinzufügung von A zu $\Re$ entsteht, auf logischem Wege oder unter Verwendung von Naturgesetzen zwei einander widersprechende Behauptungen abgeleitet werden können; andernfalls ist $\Re$ *verträglich mit A.*

Wenn wir nun versuchen, die entsprechende Verbesserung in der Formulierung des Wahrheitskriteriums vorzunehmen, so müssen wir bedenken, daß wir jetzt nicht mehr von *der* mit A verträglichen Klasse $\Re$ sprechen können. Es gibt ja verschiedene solche Klassen. Wir müssen daher im *fünften Lösungsvorschlag* erstmals einen Existenzquantor verwenden und definieren: *$A \multimap K$ ist wahr genau dann, wenn es eine Klasse $\Re$ von wahren (empirischen und akzidentellen) Aussagen gibt, die verträglich ist mit A, so daß $\Re$ und A zusammen die logische oder naturgesetzliche Ableitung von K gestatten.* Gerade diese Tatsache jedoch, daß wir hier nicht mehr von einer ein für allemal bestimmten, sondern nur von *irgendeiner* Klasse $\Re$ sprechen können, macht auch diesen Vorschlag, zumindest in der vorliegenden Fassung, unbrauchbar. Durch geeignete Wahl zweier solcher Klassen $\Re_1$ und $\Re_2$ könnte man abermals zu der Wahrheitsbehauptung sowohl von $A \multimap K$ wie von $A \multimap \neg K$ gelangen. Es sei etwa der Satz „Karl ist in Deutschland" falsch. Dann sind die Sätze „Karl ist nicht in Westdeutschland" (c) sowie „Karl ist nicht in der DDR" (d) richtig. Die beiden IKs „wenn Karl in Deutschland wäre, dann wäre er in der DDR" (e) und „wenn Karl in Deutschland wäre, dann wäre er in Westdeutschland" (f) wären nach der neuen Definition beide wahr: Zur Begründung von (e) würde es genügen, als Klasse $\Re_1$ der relevanten Bedingungen die Satzklasse zu wählen, welche nur den wahren Satz (c) enthält; und zur Begründung von (f) würde es ausreichen, als Klasse $\Re_2$ der relevanten Bedingungen die Klasse mit dem einzigen wahren Element (d) zu nehmen. Dies ist ein inadäquates Resultat, da (e) und (f) nicht beide richtig sein können.

Die Umgrenzung muß also nochmals verschärft werden. Vielleicht lag der Fehler darin, daß wir die Aufmerksamkeit nur auf die Begründung von $A \multimap K$ und nicht gleichzeitig ausdrücklich auf den Ausschluß von $A \multimap \neg K$ richteten? Wir suchten nach einer Umgrenzung der Bedingungen $\Re$, aus denen zusammen mit A auf K geschlossen werden kann. Nicht minder wichtig scheint es für die Wahrheit von $A \multimap K$ zu sein, die Existenz einer analogen Klasse $\Re'$ zu verbieten, die zusammen mit A den Schluß auf $\neg K$ gestattet. Der *sechste Lösungsvorschlag* lautet somit: *Für die Wahrheit von $A \multimap K$ ist es notwendig und hinreichend, daß eine Klasse $\Re$ von wahren (empirischen und akzidentellen) Aussagen existiert, die verträglich ist mit A, so daß K aus $\Re$ und A logisch oder naturgesetzlich erschließbar ist, während es keine Klasse $\Re'$*

von wahren (empirischen und akzidentellen) Aussagen gibt, die ebenfalls mit A verträglich ist, so daß aus $\mathfrak{R}'$ und A die Aussage $\neg K$ logisch oder naturgesetzlich erschließbar ist. Man sieht sofort, daß der gegen die fünfte Definition vorgebrachte Einwand hier nicht mehr möglich ist, da in dem letzten Beispiel $A \leadsto K$ nach dem Wahrheitskriterium nicht mehr richtig wäre: Zwar würde die dort verwendete Klasse $\mathfrak{R}_1$ die in der ersten Hälfte der Definition für $\mathfrak{R}$ aufgestellte Bedingung erfüllen; die gleichzeitige Existenz der dortigen Klasse $\mathfrak{R}_2$ verstößt jedoch gegen das in der zweiten Definitionshälfte ausgesprochene Verbot (mit $\mathfrak{R}_2$ für $\mathfrak{R}'$).

Wenn wir trotzdem auch diesmal das Kriterium ablehnen müssen, so hat dies einen ganz anderen Grund als in den früheren Fällen: es ist nicht die logische Inadäquatheit des Kriteriums, die uns dazu zwingt, sondern seine *Unerfüllbarkeit* in allen uns praktisch interessierenden Fällen. Dies kann man so einsehen: Im Fall der Wahrheit von $A \leadsto K$ sind sowohl A wie K unrichtig; $\neg K$ ist also eine wahre Aussage. Wir unterscheiden nun zwei Fälle. Entweder ist $\neg K$ mit A (logisch oder naturgesetzlich) nicht verträglich. Dann folgt K (logisch oder naturgesetzlich) aus A allein, ohne daß für diese Ableitung weitere Prämissen benötigt würden. Dies ist jene Klasse von Fällen, die soeben als „praktisch uninteressant" bezeichnet wurden: Unsere Suche nach einer befriedigenden Umgrenzung der Klasse der relevanten Bedingungen $\mathfrak{R}$ war ja gerade dadurch motiviert, daß es in den meisten Fällen nicht möglich ist, K aus A allein zu erschließen. Es bleibt also der zweite Fall der Verträglichkeit von $\neg K$ mit A. Dann folgt die Unerfüllbarkeit der zweiten Definitionshälfte unseres Wahrheitskriteriums. Während es danach keine Klasse $\mathfrak{R}'$ von wahren Aussagen mit den fraglichen Eigenschaften geben darf, können wir jetzt sofort eine solche Klasse angeben, nämlich jene, die $\neg K$ als einziges Element enthält: $\neg K$ ist richtig, ferner nach der Voraussetzung des zweiten Falles mit A verträglich, und aus A und $\neg K$ ist in trivialer Weise $\neg K$ erschließbar.

Diejenigen Fälle also, in denen das neue Kriterium erfüllbar ist, sind uninteressant, und in den uns interessierenden Fällen sind die darin ausgesprochenen Forderungen fiktiv, d. h. nicht zu erfüllen und damit inhaltsleer.

Wie kann man den Mangel dieses letzten Definitionsvorschlages beseitigen? Wir wir feststellen mußten, läßt sich nach diesem Vorschlag die Erhärtung des zu $A \leadsto K$ konträren IK $A \leadsto \neg K$ in den meisten Fällen nicht verhindern, da wir $\neg K$ als relevante Bedingung für die Ableitung von $\neg K$ selbst wählen können. Nun ist aber dieses $\neg K$ mit dem Konsequens des IK, für den wir die Wahrheitsbedingungen formulieren wollen, nicht verträglich. Dieses Konsequens ist ja gerade das unnegierte K. Vielleicht erreichen wir das gewünschte Ziel dadurch, daß wir außerdem die *Neutralität* der relevanten Bedingungen $\mathfrak{R}$ bzw. $\mathfrak{R}'$ in bezug auf das Konsequens K sowie in bezug auf seine Negation $\neg K$ verlangen. $\mathfrak{R}$ sowie $\mathfrak{R}'$ allein soll also zwischen K und $\neg K$ keine Entscheidung herbeiführen. In formaler Sprechweise ist diese Neutralitätsbedingung als *simultane* Verträglichkeit mit K sowie mit $\neg K$ zu formulieren. Die im obigen Einwand der Unerfüllbarkeit verwendete Bedingung $\neg K$ verletzt diese Neutralitätsforderung. Die eben angestellten Betrachtungen legen es allerdings nur nahe, die Neutralitätsforderung im zweiten Teil des Definiens bezüglich $\mathfrak{R}'$ aufzustellen, nicht dagegen bezüglich des $\mathfrak{R}$ im ersten Teil des Definiens. Daß sie trotzdem auch für $\mathfrak{R}$ zu formulieren ist, kann man sich durch die folgende Überlegung klarmachen. Angenommen, wir hätten bereits ein anderes Kriterium für die Wahrheit von $A \leadsto K$. Dann wüßten wir, daß K falsch und $\neg K$ richtig ist. Da $\mathfrak{R}$ nur aus wahren Aussagen bestehen soll, ist die Verträglichkeit von $\mathfrak{R}$ mit $\neg K$ dann eine Selbstverständlichkeit. Diese stillschweigende Voraussetzung müssen wir explizit machen, da wir das Wahrheitskriterium erst formulieren wollen. Schließlich soll $\mathfrak{R}$ zusammen mit A die Ableitung von K ermöglichen und muß daher a fortiori mit K verträglich sein. Der *siebente Lösungsvorschlag* würde also lauten:

$A \leadsto K$ ist wahr genau dann, wenn es eine Klasse $\mathfrak{R}$ von wahren (empirischen und akzidentellen) Aussagen gibt, so daß   1) *$\mathfrak{R}$ verträglich ist sowohl mit K wie mit $\neg K$,*

2) *$\mathfrak{R}$ verträglich ist mit A,*[11]

3) *aus $\mathfrak{R}$ und A zusammen K (logisch oder naturgesetzlich) ableitbar ist,*

während es keine Menge $\mathfrak{R}'$ von wahren (empirischen und akzidentellen) Aussagen gibt, so daß   1') *$\mathfrak{R}'$ verträglich ist sowohl mit K wie mit $\neg K$,*

2') *$\mathfrak{R}'$ verträglich ist mit A,*

3') *aus $\mathfrak{R}'$ und A zusammen $\neg K$ (logisch oder naturgesetzlich) ableitbar ist.*

Daß auch diese Fassung des Wahrheitskriteriums noch immer nicht ausreicht, kann man sich wieder am Streichholzbeispiel klarmachen. Die IKs (α) „wenn das Streichholz an dieser Fläche gerieben worden wäre, dann hätte es gebrannt" (symbolisch: $A \leadsto K$) und (β) „wenn das Streichholz an dieser Fläche gerieben worden wäre, dann wäre es nicht trocken gewesen" (symbolisch: $A \leadsto L$) können nicht beide richtig sein; denn wir wollen voraussetzen, daß nur ein trockenes Streichholz brennt. Andererseits würde auf Grund des zuletzt formulierten Wahrheitskriteriums die Wahrheit von

---

[11] Es wäre überflüssig, die gleichzeitige Verträglichkeit von $\mathfrak{R}$ mit A und mit $\neg A$ zu fordern. Unverträglichkeit von $\mathfrak{R}$ mit $\neg A$ würde Ableitbarkeit von A aus $\mathfrak{R}$ bedeuten. Dann aber könnte nicht einerseits $\mathfrak{R}$ sowohl mit K als auch mit $\neg K$ verträglich sein, $\mathfrak{R}$ und A zusammen aber zu K, nicht jedoch zu $\neg K$ führen.

(α) die Richtigkeit von (β) zur Folge haben, vorausgesetzt, daß man keine allzu unplausiblen Zusatzannahmen macht. Dies kann man so einsehen:

Wir bezeichnen die zu (α) gehörende Klasse von relevanten Bedingungen mit $\Re(\alpha)$ und die zu (β) gehörende mit $\Re(\beta)$. Die Aussage (α) werde als wahr vorausgesetzt, so daß $\Re(\alpha)$ gegeben ist. $\Re(\beta)$ hingegen ist erst zu konstruieren. $\Re(\alpha)$ enthält sicherlich $\neg L$ („das Streichholz war trocken") als Bestandteil. Der restliche Teil von $\Re(\alpha)$ heiße $\Re^*$. $\Re(\alpha)$ ist also die Vereinigung von $\{\neg L\}$ und $\Re^*$. Wir beschließen nun, $\Re(\beta)$ so zu wählen, daß in $\Re(\alpha)$ einfach $\neg L$ mit $\neg K$ ausgetauscht, im übrigen aber alles unverändert gelassen wird; d. h. $\Re(\beta)$ soll die Vereinigung von $\{\neg K\}$ und $\Re^*$ sein. Zur Rechtfertigung dieser Wahl ist zu bedenken, daß K im Fall der von uns vorausgesetzten Wahrheit von (α) falsch, $\neg K$ („das Streichholz hat nicht gebrannt") also richtig ist. $\neg K$ wird außerdem im normalen Fall mit A verträglich sein (ansonsten könnte man ja von A allein, ohne Zuhilfenahme weiterer relevanter Bedingungen, auf K schließen, was im vorliegenden Fall ausgeschlossen ist). Lassen wir diesen Fall unberücksichtigt, so steht der Einbeziehung von $\neg K$ in $\Re(\beta)$ nichts im Wege: Dieser Satz ist wahr und mit A verträglich. Außerdem ist $\neg K$ mit dem Konsequens L von (β) wie mit dessen Negation $\neg L$ verträglich. Die ersten beiden Bedingungen unseres Kriteriums für $\Re(\beta)$ (mit L statt K) sind also erfüllt. Um zu erkennen, daß auch die dritte erfüllt ist, bedenken wir, daß wir jetzt die folgenden Prämissen zur Verfügung haben: erstens das Antecedens A („das Streichholz wurde an der Fläche gerieben"), zweitens $\neg K$ („das Streichholz hat nicht gebrannt") und drittens die bereits für die Begründung von (α) benützte Klasse $\Re^*$, die solche Aussagen enthält wie „das Streichholz war ordnungsmäßig hergestellt", „es befand sich genügend Sauerstoff in der Umgebung" etc. Aus diesen Prämissen aber läßt sich naturgesetzlich die Behauptung L erschließen: „das Streichholz war nicht trocken".

Der Leser verdeutliche sich den Sachverhalt durch Vergleich mit dem analogen Schluß, der zur Rechtfertigung von (α) diente: Die Klasse $\Re^*$ sowie die Prämisse A waren hier dieselben. Dagegen trat an die Stelle von $\neg K$ die Aussage $\neg L$ („das Streichholz war trocken"). Daraus wurde naturgesetzlich auf K („das Streichholz hat gebrannt") geschlossen. Der Übergang vom einen zum anderen Fall kam also durch eine Art von verallgemeinerter Kontraposition zustande: Bei der Begründung von (α) ging es darum, aus gewissen Prämissen (A und $\Re^*$) und der zusätzlichen Annahme $\neg L$ die Conclusio K zu gewinnen. Bei der Begründung von (β) wurde aus denselben Prämissen (A und $\Re^*$) und der zusätzlichen Annahme $\neg K$ auf L geschlossen.

Die Begründung von (β) ist allerdings noch nicht abgeschlossen. Dazu muß ja auch die zweite Hälfte der Definition erfüllt sein. Nun kann man sich aber im vorliegenden Fall kaum denken, wie eine Klasse von wahren Sätzen $\Re'$ aussehen sollte, die sowohl mit A als auch mit L und mit $\neg L$ verträglich ist und die außerdem den (logischen oder naturgesetzlichen) Schluß auf $\neg L$ gestattet.

Entgegen unserer Intention würde also neben (α) auch (β) wahr werden. Das neue Wahrheitskriterium für IKs würde somit gewisse irreale Konditionalsätze als wahr auszeichnen, die offenkundig falsch sind. Es ist somit inadäquat.

Was ist die Wurzel für diese neuerliche Schwierigkeit? Anscheinend die Tatsache, daß die Forderung der logischen und naturgesetzlichen Verträglichkeit noch immer nicht ausreicht: Für die Begründung von (β) wurde $\neg K$ in die Klasse der relevanten Bedingungen $\mathfrak{R}(\beta)$ einbezogen. $\neg K$ ist zwar richtig und mit A logisch wie naturgesetzlich verträglich. *Aber im Fall der Richtigkeit von (α) wäre $\neg K$ nicht wahr, falls A wahr wäre.* Man müßte also die Bestimmungen unseres Kriteriums, in denen von Verträglichkeit die Rede ist, durch andere ersetzen, in denen ein entsprechend schärferes Prädikat verwendet wird. Das negative Prädikat „ist nicht mithaltbar mit" (engl.: „is not cotenable with") treffe auf zwei Sätze (bzw. auf eine Satzklasse und einen Satz) S_1 und S_2 genau dann zu, wenn S_2 im Fall der Wahrheit von S_1 nicht wahr ist. Die Definition des positiven Prädikates lautet dann: S_1 ist *mithaltbar mit S_2,* wenn es nicht der Fall ist, daß S_1 nicht mithaltbar ist mit S_2. Die obige Begründung von Satz (β) wird dann unmöglich, wenn wir als *achten und letzten* Lösungsvorschlag die Formulierung des Wahrheitskriteriums aus dem siebten Lösungsvorschlag übernehmen, darin aber stets „verträglich" durch „mithaltbar mit" ersetzen. Der Schluß von der Wahrheit von (α) auf die Wahrheit von (β) ist jetzt nämlich nicht mehr möglich. Denn dazu müßten wir ja wieder $\neg K$ in $\mathfrak{R}(\beta)$ einbeziehen. $\neg K$ ist aber nicht mithaltbar mit A.

Gegen diesen Lösungsvorschlag läßt sich zwar anscheinend kein Gegenbeispiel konstruieren wie in den früheren Fällen. Doch sind wir jetzt in ein *Dilemma* hineingeraten. Das Definiens unseres neuen Prädikates ist nämlich nur mit Hilfe eines IK zu formulieren. Daß S_1 nicht mithaltbar ist mit S_2, beinhaltet nach Definition die Wahrheit von $S_1 \rightsquigarrow \neg S_2$; und entsprechend besagt die Mithaltbarkeit, daß $S_1 \rightsquigarrow \neg S_2$ unrichtig ist. Unsere Aufgabe war es, ein Wahrheitskriterium für IKs zu finden. Selbst unter der Voraussetzung, daß eine adäquate Charakterisierung der Gesetzesartigkeit verfügbar ist, konnten wir dieses Kriterium nur mit Hilfe eines Prädikates formulieren, für dessen Definition ein irrealer Konditionalsatz verwendet werden mußte. Um über das Zutreffen oder Nichtzutreffen dieses neuen Prädikates entscheiden zu können, müssen wir imstande sein, den Wahrheitswert des IK festzustellen, der das Definiens ausmacht. Wir sind also bei einem Zirkel angelangt: *Die allgemeine Bedingung dafür, daß ein IK wahr ist, können wir nur unter der Voraussetzung der Wahrheit eines bestimmten IK formulieren.* Statt von einem Zirkel könnten wir wahlweise auch von einem regressus ad infinitum sprechen. Dieser Regreß entsteht dann, wenn wir innerhalb unseres Wahrheitskriteriums die Bedingung „$\Re$ ist mithaltbar mit A" durch die explizite Formulierung ersetzen: „die Aussage ‚wenn A wahr wäre, dann wäre $\Re$ nicht wahr'[12] ist nicht wahr" und für die eben aufgestellte Unwahrheitsbehauptung *unser Kriterium* selbst verwenden — was wir tun müssen, da es sich ja um einen IK handelt.

Eine Lösung des ersten Problems wurde also nicht gefunden. Setzen wir umgekehrt voraus, daß diese Lösung geglückt wäre. Dann bliebe noch immer die Frage nach der Umgrenzung jener nichtlogischen Gesetze übrig, die für den Schluß von A und $\Re$ auf K verwendet werden. Wir müssen nur noch zeigen, daß es sich hierbei tatsächlich um ein ernsthaftes Problem handelt, daß also die Unterscheidung von gesetzesartigen und akzidentellen Aussagen ebenso wie bei der Erklärung und der induktiven Bestätigung auch für die Fassung des gesuchten Wahrheitskriteriums für IKs wesentlich ist. Dies ist keineswegs von vornherein klar. Es könnte ja der Fall sein, daß es für die Begründung von $A \leadsto K$ genügen würde, sich auf irgendwelche wahren Allsätze — seien es gesetzesartige, seien es akzidentelle — zu stützen, falls der Schluß von A und $\Re$ auf K nicht auf rein logischem Wege möglich ist.

Zunächst können wir die formale Struktur jenes Allsatzes beschreiben, auf den sich der Schluß zu stützen hat. Dazu denken wir uns $\Re$ wieder durch einen einzigen Satz R ersetzt. Wir bilden in einem ersten Schritt den singulären Satz $A \wedge R \to K$ und nehmen in einem zweiten Schritt eine Allgeneralisierung bezüglich der Individuenkonstanten vor, die in A und K vorkommen. Damit haben wir die benötigte Allbehauptung gewonnen. Im Fall unseres Ausgangsbeispiels würde es sich etwa um den Satz handeln: „Jedes Streichholz, das an einer Fläche von der hier gezeigten Art gerieben wird, das ferner richtig zubereitet und nicht feucht ist, das von einer hinreichenden Menge von Sauerstoff umgeben ist . . . etc., brennt." Vom betrachteten IK unterscheidet sich diese Aussage also in dreierlei Hinsicht: Sie ist erstens nicht im Konjunktiv, sondern im Indikativ formuliert, also selbst *kein* IK; sie enthält im Antecedens nicht nur A, sondern auch R; und sie ist schließlich keine singuläre Behauptung wie der IK, sondern eine in der geschilderten Weise gewonnene Allaussage.

Die Zulassung beliebiger wahrer Allaussagen von dieser Form führt zu absurden Resultaten, wie das folgende Beispiel zeigt. Nehmen wir an, wir hätten eine Information erhalten, die sich in der folgenden wahren Allbehauptung ausdrücken läßt: „Alle, die am 16. VIII. 1954 zwischen 14 h und 14 h 20′ die Hahnenkammbahn bei Kitzbühel benützten, waren englische Staatsbürger" (1). Wenn ich zu diesem Satz die falsche Prämisse „ich habe am 16. VIII. 1954 zwischen 14 h und 14 h 20′ die Hahnenkammbahn bei

---

[12] Unwahrheit dieser Satzklasse bedeutet Unwahrheit mindestens eines Elementes von ihr.

Kitzbühel benützt" (2) hinzufüge, so kann ich aus diesen beiden Sätzen logisch den Satz ableiten: „ich bin ein englischer Staatsbürger" (3). Gestützt auf diese Ableitung könnte ich dann die Wahrheit des folgenden IK behaupten: „Wenn ich am 16. VIII. 1954 zwischen 14 h und 14 h 20′ die Hahnenkammbahn benützt hätte, so wäre ich ein englischer Staatsbürger" (4), falls die zitierte Allaussage als Gesetzesaussage akzeptiert würde. Über die Umgrenzung der Klasse der relevanten Bedingungen braucht man sich diesmal den Kopf nicht zu zerbrechen; denn es werden keine benötigt. Unter normalen Umständen kann man aber natürlich diesen IK nicht akzeptieren, selbst wenn nicht der geringste Zweifel an der Richtigkeit jener Allaussage besteht, auf die sich die Begründung des Satzes stützte. Die Beispiele ließen sich beliebig vermehren. Eines sei noch erwähnt: Wenn sich gestern nur Silbermünzen in meiner Geldbörse befanden, so könnte ich, auf ein Pfennigstück zeigend, die Behauptung aufstellen: „wenn sich dieses Pfennigstück gestern in meiner Geldbörse befunden hätte, dann wäre es aus Silber", sofern ich die entsprechende wahre Allbehauptung für die Stützung eines solchen Satzes zulasse.

Was ist die Wurzel dieser Absurdität? Man könnte sagen: Sie liegt in der verkehrten Reaktion auf die Annahme der Wahrheit des Antecedens unseres IK. Wenn ich unterstelle, es sei wahr, daß ich am 16. VIII. 1954 zwischen 14 h und 14 h 20′ die Hahnenkammbahn benützte, so würde ich nicht trotzdem am Glauben an die Wahrheit von (1) festhalten, (3) ableiten und damit (4) erhärten. Vielmehr wäre die einzig vernünftige Reaktion die, unter solchen Umständen (1) für falsch zu erklären. Ebenso würde ich unter der Hypothese, daß sich dieses Pfennigstück gestern in meiner Geldbörse befand, die Aussage als falsch verwerfen, daß alle gestern in meiner Geldbörse befindlichen Objekte Silbermünzen waren. Diese Verwerfung der Allaussagen unter den genannten Bedingungen ist aber nur deshalb vernünftig, weil es sich dabei um *akzidentelle* Sätze handelt. Im Fall von *gesetzesartigen* Allbehauptungen würden wir nicht zögern, an der Aussage festzuhalten, den fraglichen Schluß vorzunehmen und auf diese Weise den IK zu stützen, so etwa in dem folgenden Beispiel (in dem übrigens ebenfalls die Klasse $\Re$ keine Rolle spielt): Ich zeige auf einen nicht Elektrizität leitenden Gegenstand und behaupte „wenn dieses Objekt aus Kupfer bestünde, so würde es Elektrizität leiten". Zur Rechtfertigung dieser Behauptung könnte ich mich auf das Gesetz berufen, daß alles Kupfer Elektrizität leitet.

Die Unterscheidung zwischen akzidentellen und gesetzesartigen Aussagen wird also auch für die Lösung des Problems vorausgesetzt, ein Wahrheitskriterium für Aussagen von der Gestalt $A \leadsto K$ aufzustellen. Eine noch so gut bestätigte akzidentelle Allaussage S, die im übrigen die früher geschilderte formale Struktur besitzt, ist für den Schluß von A auf K nicht benützbar, *da S der tatsachenwiderstreitenden Annahme A nicht standhält.*

Nur eine *Gesetzesaussage* von der entsprechenden Struktur ist so geartet, daß wir aus der Voraussetzung, die irreale Annahme A sei richtig, nicht auf ihre Falschheit zu schließen brauchen und sie daher für den Schluß auf K benützen können. Der Begriff der Gesetzesartigkeit muß somit explizit in das gesuchte Wahrheitskriterium eingehen.

Die zentrale erkenntnistheoretische Funktion des Gesetzesbegriffs dürfte damit klar geworden sein. Weder für das Induktionsproblem noch für die Aufgabe, eine Explikation des Erklärungsbegriffs zu liefern, noch für die Frage des Wahrheitskriteriums für IKs scheint eine befriedigende Antwort möglich zu sein, solange die Unterscheidung zwischen Kontingenz und Gesetzesartigkeit nicht präzisiert ist. Daß es sich dabei nicht nur um ein wichtiges, sondern auch um ein sehr schwieriges Problem handelt, wird erst erkennbar, wenn man die Inadäquatheit der traditionellen Lösungen durchschaut hat.

5. Diskussion einiger Lösungsversuche und Irrwege

Es sind verschiedene Versuche unternommen worden, den Begriff der Gesetzesartigkeit zu definieren. Einige dieser zwar naheliegenden, aber leider untauglichen Theorien sollen hier erörtert werden.

(I) Ursprünglich hatte man versucht, gesetzesartige Aussagen *rein syntaktisch* zu charakterisieren. Der Form eines Satzes sollte zu entnehmen sein, ob es sich um eine gesetzesartige oder um eine akzidentelle Aussage handelt. Gesetzesartige Aussagen wären danach *Allsätze*. Analog hätte man alle kombinierten All- und Existenzbehauptungen als theorienartige Sätze zu interpretieren. Nahegelegt wird diese Definition durch akzeptierte naturwissenschaftliche Aussagen von der Gestalt: „alle Gase dehnen sich aus, wenn sie bei konstantem Druck erwärmt werden"; „zu jedem Metall gibt es einen spezifischen Schmelzpunkt"; „alle Änderungen in den Erbanlagen werden durch Mutationen in den Genen hervorgerufen". Die bisherigen Erörterungen haben bereits ergeben, daß ein solches syntaktisches Kriterium nicht ausreicht. Wir können beliebig viele Aussagen von Allform oder von kombinierter All- und Existenzform bilden, die sicherlich weder gesetzesartig noch theorienartig sind, wie „alle gotischen Dome haben eine Mindesthöhe von 60 m"; „alle Kugeln in dieser Urne sind schwarz"; „alle Leute, die sich in diesem Raum aufhalten, leiden an einer Erkrankung der Atmungsorgane". Nur die gesetzes- bzw. die theorienartigen unter ihnen eignen sich nach GOODMANs These als induktiv bestätigungsfähige Aussagen; ferner sind nur sie als Mittel zur Stützung irrealer Konditionalsätze verwendbar sowie als nichtsinguläre Prämissen eines Systematisierungsargumentes, die zusammen mit geeigneten speziellen Daten die Erklärung von Tatsachen ermöglichen.

Hätten wir für einen dieser drei Fälle unabhängige Kriterien — also etwa ein vom Gesetzesbegriff unabhängiges adäquates Kriterium der empirischen Bestätigungsfähigkeit oder ein Wahrheitskriterium für irreale Konditionalsätze oder eine den Gesetzesbegriff nicht benützende adäquate Definition von „Explanans" —, so wäre es durchaus möglich, eine syntaktische Eigenschaft zusammen mit der Forderung, eine der erwähnten Leistungen zu erbringen, als Merkmal der Gesetzesartigkeit zu verwenden, also z. B. zu sagen, ein Gesetz sei ein wahrer bestätigungsfähiger Allsatz oder ein Allsatz, der geeignet sei, einen irrealen Konditionalsatz zu erhärten u. dgl. Tatsächlich ist es jedoch zwar nicht logisch ausgeschlossen, aber praktisch fast undenkbar, in einem dieser drei Fälle zu einer befriedigenden Lösung zu gelangen, ohne *vorher* den Gesetzesbegriff präzisiert zu haben. Darum muß der Gedanke an eine solche Ergänzung zum syntaktischen Kriterium vorläufig auch als eine müßige Spekulation betrachtet werden.

Nun könnte man allerdings daran denken, das rein syntaktische Kriterium durch Einbeziehung logischer Äquivalenzen zu retten. Der dabei maßgebende Gedanke ist der folgende: Eine Entscheidung darüber, ob eine Aussage gesetzesartig sei, darf sicherlich nicht von der zufälligen sprachlichen Gestalt abhängen, in der diese Aussage ausgedrückt ist. Vielmehr soll die Eigenschaft der Gesetzesartigkeit und ebenso die der Kontingenz von einer Aussage *auf alle mit ihr logisch bzw. analytisch äquivalenten Aussagen übertragen* werden. Zwei Alternativen stehen uns hier offen. Nach der ersten wäre eine Aussage als gesetzesartig anzusehen, wenn sie entweder selbst ein Allsatz ist oder eine mit ihr logisch (analytisch) äquivalente Aussage existiert, welche die Form eines Allsatzes hat. Diese Definition hätte die bemerkenswerte Konsequenz, daß es dann überhaupt nur gesetzesartige Aussagen gäbe, eine Feststellung, welche natürlich die völlige Unbrauchbarkeit dieses Vorschlages impliziert. Ein Hinweis auf die entsprechende Umformungsmöglichkeit von Atomsätzen möge genügen: Nach den Regeln der Identitätslogik läßt sich jede Aussage von der Gestalt Fa durch die logisch gleichwertige Allbehauptung $\wedge x(x{=}a{\rightarrow}Fx)$ wiedergeben. Statt „Sokrates ist sterblich" können wir also z. B. sagen „alle mit Sokrates identischen Gegenstände sind sterblich". Beide Aussagen wären nach dem eben aufgestellten Kriterium Gesetze.

Nach der zweiten Alternative wäre eine Aussage nur dann gesetzesartig, wenn alle mit ihr logisch (analytisch) äquivalenten Aussagen, insbesondere also auch sie selbst, Allform haben. Die intuitive Motivation für diesen Definitionsvorschlag könnte in der Überlegung bestehen, daß sich akzidentelle Allaussagen in Konjunktionen von endlich vielen Gliedern, also in Aussagen von anderer syntaktischer Struktur, umformen lassen, während gesetzesartige Hypothesen keine derartige Umformung gestatten,

weil sie sich stets auf potentiell unendlich viele Fälle beziehen. Da unter
einer Aussage von Allform aber nur eine solche verstanden werden kann,
bei der ein Allquantor die ganze Aussage regiert, ist die Bedingung von
keinem einzigen Satz erfüllbar. Eine Allaussage kann prinzipiell stets in eine
syntaktisch andersartige transformiert werden, z. B. in eine Adjunktion
(durch adjunktive Hinzufügung einer Kontradiktion $p \wedge \neg p$) oder in eine
Konjunktion (durch konjunktive Hinzufügung einer Tautologie $p \vee \neg p$).
Dabei bleibt natürlich die Frage offen, ob sich der Gedanke, der zur Rechtfertigung dieser zweiten Alternative benützt wurde — Endlichkeit der An-
wendungsbereiche im Kontingenzfall, potentielle Unendlichkeit im Gesetzes-
fall —, in anderer Weise verwerten läßt. Dies soll im nächsten Punkt zur
Sprache kommen.

(II) Plausibler als der erste Lösungsvorschlag scheint jedenfalls ein
anderer zu sein. Danach darf sich erstens eine gesetzesartige Aussage im
Gegensatz zu einer akzidentellen nicht *auf bestimmte Individuen* oder *auf bestimmte Raum-Zeit-Stellen* beziehen und zweitens darf sie nicht *nur endlich
viele Einzelfälle* besitzen. Diese Überlegung wird gewöhnlich als ein und
derselbe Gedanke vorgetragen. Doch sind diese beiden Aspekte methodisch zu trennen; denn das Vorkommen oder Nichtvorkommen von Namen
innerhalb eines Allsatzes ist z. B. unabhängig davon, ob der Allsatz einen
endlichen Anwendungsbereich hat oder nicht. Daher erscheint es als zweckmäßiger, von zwei verschiedenen Vorschlägen zu sprechen, die nicht simultan erfüllt zu sein brauchen, sondern die als *Alternativ*vorschläge aufzufassen sind.

Diskutieren wir zunächst den ersten Vorschlag! Wann „bezieht sich"
eine Aussage auf ein bestimmtes Objekt oder auf eine bestimmte Raum-
Zeit-Stelle? Offenbar nicht bereits dann, wenn in der Aussage eine entsprechende Individuenkonstante vorkommt. Ein solches Vorkommen kann
in dem Sinn *leer* sein, daß sich die Aussage in eine logisch äquivalente umformen läßt, welche diese Individuenkonstante nicht enthält. Besteht keine
derartige Umformungsmöglichkeit, so kommt die Individuenkonstante in
der Aussage wesentlich vor. Kontingenz von Aussagen wäre also durch *das
wesentliche Vorkommen von Individuenkonstanten* charakterisiert.

Gegen diesen Vorschlag kann man sofort den folgenden Einwand
vorbringen: Wie W. V. QUINE hervorgehoben hat, läßt sich die Verwendung von Namen oder Individuenkonstanten stets vermeiden. Wir können
uns im Prinzip mit solchen Sprachen begnügen, die außer logischen Zeichen nur Prädikate und (je nach Reichtum) evtl. Funktoren enthalten. Die
Umformung erfolgt durch zwei Schritte: In einem ersten Schritt beseitigen
wir alle Namen und führen statt dessen Prädikate ein, die ex hypothesi nur
auf jene Individuen zutreffen sollen, die ursprünglich durch Namen bezeichnet wurden, es sei denn, daß uns von vornherein Kennzeichnungen der

benannten Individuen zur Verfügung stehen. In diesem letzteren Fall erübrigt sich die Einführung *neuer* Prädikate. Hinter dieser Änderung der syntaktischen Struktur unserer Sprache steckt nichts Geheimnisvolles; sie ist stets möglich. Im Fall des Namens „Aristoteles" nehmen wir eine singuläre Kennzeichnung dieser Person, etwa „der Erzieher von Alexander dem Großen" oder „der Verfasser der ersten Metaphysik". Und wo keine solche andersartige Kennzeichnung zur Verfügung steht, z. B. im Fall von „Pegasus", beschließen wir einfach, statt dieses Namens das Prädikat „x ist Pegasus" einzuführen, das von genau demselben (tatsächlichen oder fiktiven) Ding gelten soll, dem zunächst ein Name gegeben worden war. In einem zweiten Schritt werden dann die an die Stelle von Namen tretenden Kennzeichnungen individueller Objekte (z. B. „dasjenige x, für welches gilt: x ist Pegasus") nach dem von B. Russell angegebenen Verfahren in eine rein prädikatenlogische Sprache übersetzt[13]. An einem Beispiel illustriert: Die Aussage „der Verfasser von Des Meeres Und Der Liebe Wellen war ein Dichter" wird ersetzt durch die Aussage „jemand schrieb Des Meeres Und Der Liebe Wellen und war ein Dichter und niemand sonst schrieb Des Meeres Und Der Liebe Wellen". Diese letztere Aussage enthält nur mehr Prädikate und logische Zeichen.

Für unsere Frage ist diese Übersetzungsmöglichkeit deshalb von Relevanz, weil sich zeigt, daß der Begriff des wesentlichen Vorkommens einer Individuenkonstanten *nur innerhalb einer ein für allemal gewählten Sprachform* eine Bedeutung hat. Prinzipiell kann jedoch stets zu einer neuen Sprachform von der geschilderten Art übergangen werden, in der es überhaupt keine Individuenkonstanten und damit natürlich auch keine wesentlich vorkommenden Individuenkonstanten gibt. Wenn ich eine Aussage über alle Kugeln in dieser Urne bilde, so kann ich die ausdrückliche Bezugnahme auf dieses Individuum dadurch vermeiden, daß ich ein neues Kunstprädikat, etwa „Kugilot", einführe, das auf alle und nur die Objekte anwendbar sein soll, die sich jetzt in dieser Urne befinden. Der Satz „alle Kugeln in dieser Urne sind schwarz" wird dadurch übersetzt in die Aussage „alle Kugiloten sind schwarz". Und da in dieser letzteren Aussage keine Individuenkonstante wesentlich vorkommt, wäre sie nach dem vorgeschlagenen Kriterium nicht akzidentell, sondern gesetzesartig, im Widerspruch zu unserer Intention. Gegen diese Kritik könnte, in formaler Analogie zu dem „Rettungsversuch" des ersten Lösungsvorschlages, eingewendet werden, das gesuchte Kriterium sei so zu verstehen, daß es sich nicht auf eine bestimmte Aussage, sondern auf eine Klasse analytisch äqui-

---

[13] Nach Quine hat diese Methode der Elimination von Namen überdies den Vorteil, jene logisch-philosophischen Schwierigkeiten zu vermeiden, die bei der Verwendung von *leeren* Namen — d. h. von Namen wie „Pegasus", zu denen das genannte Objekt nicht existiert — auftreten. Doch sind diese weiteren Probleme für uns im gegenwärtigen Zusammenhang ohne Relevanz.

valenter Aussagen beziehe. Doch leider nützt eine solche Erweiterung des Gesichtspunktes auch diesmal nichts.

Wir stehen nämlich abermals vor einer Alternative. Entweder wir erklären eine Aussage genau dann für gesetzesartig, wenn nicht nur sie selbst, sondern auch keine mit ihr äquivalente Aussage Eigennamen (Individuenkonstanten) enthält, d. h. also wir verweisen alle jene Aussagen in die Klasse der akzidentellen Sätze, zu denen es analytisch äquivalente Aussagen gibt, in denen Individuenkonstante vorkommen. *Dann gäbe es überhaupt keine Gesetze.* Denn ich kann zu *jedem* Satz, insbesondere auch zu jedem Gesetz, einen logisch äquivalenten konstruieren, der Namen enthält. „Alles Kupfer leitet Elektrizität" ist logisch äquivalent mit „alles Kupfer in München oder sonstwo im Universum leitet Elektrizität". Oder wir erklären eine Aussage genau dann für gesetzesartig, wenn es eine mit ihr analytisch äquivalente gibt, die keine Individuenkonstanten enthält, so daß wir diesmal sämtliche Aussagen in die Klasse der akzidentellen Sätze hineinwerfen, die so geartet sind, daß alle analytisch äquivalenten Aussagen Eigennamen enthalten. *Dann wären alle Sätze gesetzesartig.* Denn, wie die obigen Betrachtungen zeigten, ist die Klasse der Sätze, zu denen es keine analytisch äquivalenten ohne Eigennamen gibt, leer (vgl. dazu das Urnenbeispiel). Ausschluß von allem oder von nichts, also von zuviel oder von zuwenig, ist somit die Konsequenz dieses neuen Vorschlages, je nachdem, auf welche der beiden logisch möglichen Alternativen man sich dabei festlegt.

Wie steht es nun mit dem Vorschlag, die Zahl der möglichen Anwendungsfälle zu benützen? Eine Allaussage, für die es nur *endlich viele* Anwendungsfälle gibt, wäre als akzidentell zu bezeichnen, jede andere als gesetzesartig. Zu beachten ist hierbei, daß nur vom *Faktum* der Endlichkeit und nicht von der logischen Erschließbarkeit dieser Endlichkeit die Rede ist. (Diese letztere Möglichkeit soll noch an anderer Stelle erörtert werden.) Zunächst sieht man leicht, daß diese neue Forderung nicht gegenüber *allen* Gesetzen aufgestellt werden kann. Die Keplerschen Gesetze der Planetenbewegung werden von uns als Gesetze anerkannt, obwohl ihr Anwendungsbereich offenbar endlich ist. Wie HEMPEL hervorhebt, ist es oft sogar möglich, Gesetze abzuleiten, ohne überhaupt zu wissen, ob es Anwendungsfälle gibt. So kann man z. B. aus den Newtonschen Gesetzen (Gravitationsprinzip und Bewegungsgesetzen) statt des Fallgesetzes von GALILEI ein anderes Fallgesetz in der analogen Weise (approximativ) ableiten, das sich auf einen Himmelskörper bezieht, der dieselbe Dichte hat wie die Erde, jedoch einen genau dreimal größeren Radius. Oder man kann aus den Gesetzen der Himmelsmechanik ein Gesetz über die relative Bewegung der beiden Glieder eines Doppelsternes ableiten, welche beide genau dieselbe Masse besitzen. In solchen und ähnlichen Fällen wissen wir überhaupt nicht, ob es für diese Gesetze Anwendungsfälle gibt. Das Beispiel des Galileischen Gesetzes, für das die Bezugnahme auf die Erde wesentlich ist, zeigt übrigens, daß das generelle Verbot des Vorkommens von Namen in gesetzesartigen Aussagen nicht einmal jene Ausgangsplausibilität besitzt, die den obigen kritischen Betrachtungen zugrunde gelegt worden ist.

Aus diesem Grunde ist vorgeschlagen worden, einen Unterschied zu machen zwischen *Fundamentalgesetzen* und *abgeleiteten Gesetzen* und *nur für die ersteren die Endlichkeit des Anwendungsbereiches zu verbieten*. Ein abgeleitetes Gesetz hätte zwar mit einer akzidentellen Wahrheit die Endlichkeit des Anwendungsbereiches gemeinsam, würde sich jedoch von der letzteren durch seine (strenge oder approximative) Ableitbarkeit aus Fundamentalgesetzen unterscheiden. Gesetze, wie die Prinzipien von NEWTON oder die Grundgleichungen der Quantenphysik, wären danach Fundamentalgesetze; die Keplerschen Gesetze oder das Fallgesetz von GALILEI wären abgeleitete Gesetze. Eine unmittelbare Schwierigkeit ergibt sich für dieses vorgeschlagene Kriterium der Gesetzesartigkeit überall dort, wo der ganze zugrunde gelegte Individuenbereich offensichtlich endlich ist. Dies ist z. B. sicherlich bei allen biologischen Gesetzmäßigkeiten der Fall: Die einzelnen biologischen Species sind in einer bestimmten historischen Epoche entstanden und werden zu einer vielleicht nicht genau angebbaren, jedoch sicherlich eintretenden künftigen Zeit ausgestorben sein, so daß es insgesamt nur endlich viele Exemplare dieser Species gegeben hat. Aber auch im physikalischen Fall hängt die Brauchbarkeit dieses Kriteriums von der Wahrheit einer recht unplausiblen empirischen Hypothese ab, nämlich von der Annahme, daß die Endlichkeitshypothese des Universums falsch ist. Unter dieser *Endlichkeitshypothese* verstehen wir dabei die Aussage, daß das Universum eine endliche Zeitdauer besitzt, von endlicher räumlicher Erstreckung ist und eine endliche Anzahl von Elementarpartikeln enthält. Ist die auf Grund heutiger physikalischer Erkenntnisse als fundiert zu betrachtende Endlichkeitsannahme richtig, so gibt es nach diesem Kriterium keine Gesetze. Man braucht sich nun aber keineswegs auf eine Erörterung der durch rein philosophische Argumente sicherlich nicht entscheidbaren Endlichkeitshypothese einzulassen. *Denn die Tatsache allein, daß dieses Kriterium von der Wahrheit einer physikalischen Hypothese abhängt, spricht gegen das Kriterium.* Wir würden dadurch in einen unendlichen Regreß hineingeraten; denn das gesuchte Kriterium müßte ja auf *alle* Arten von Sätzen anwendbar sein, insbesondere auch auf jene Theorie, deren Richtigkeit eine conditio sine qua non dafür ist, daß das eben vorgeschlagene Kriterium nicht alle Aussagen in akzidentelle Sätze verwandelt. Dies würde z. B. von Wichtigkeit werden, wenn man die Frage der induktiven Bestätigungsfähigkeit der Endlichkeitshypothese aufwirft.

Die eben angestellten Überlegungen enthalten implizit einen weiteren Einwand gegen die vorgeschlagene Definition: Ob eine Aussage gesetzesartig ist oder nicht, würde selbst von einer zufälligen Tatsache abhängen, deren Vorliegen wir in den meisten Fällen nicht überprüfen könnten.

Genauer gesprochen: Wir würden zwar in einigen Fällen zu dem definitiven Resultat gelangen, daß eine Aussage nicht gesetzesartig ist, könnten jedoch in den meisten Fällen nicht entscheiden, wieviele Anwendungsfälle im Universum existieren. Von einem Kriterium der Gesetzesartigkeit kann dagegen sinnvollerweise nur dann gesprochen werden, wenn es die Gesetzesartigkeit zu einer *entscheidbaren* Eigenschaft macht, über deren Zutreffen oder Nichtzutreffen wir eine definitive Behauptung aufstellen können, ohne vorher das gesamte Universum durchforscht zu haben.

Schließlich darf bei all dem nicht übersehen werden, daß wir stets mit dem intuitiven und überhaupt nicht näher explizierten *Begriff des Anwendungsbereiches* operierten. Dessen Präzisierung dürfte nicht einfach sein, wie die folgenden Überlegungen zeigen[14]. Wir gehen von der Feststellung aus, daß die Zahl der Einzelfälle eines Allsatzes invariant sein muß gegenüber Transformationen dieses Satzes in logisch äquivalente Formulierungen. Dies macht selbst für Allsätze von der einfachsten Gestalt $\wedge x(Fx\rightarrow Gx)$ den naheliegendsten Definitionsvorschlag für den Begriff des Anwendungsfalles zunichte. Man würde nämlich meinen, daß ein Objekt c genau dann als Anwendungsfall dieses Gesetzes zu bezeichnen wäre, wenn es sowohl das Merkmal F wie das Merkmal G besitzt. Sollte es also keine Objekte von der Art F geben, so hätte der Allsatz keine Anwendungsfälle. Nun ist dieser Allsatz aber logisch äquivalent mit $\wedge x(\neg Gx\rightarrow\neg Fx)$. Und dieser letztere Satz kann nach der eben gegebenen Definition Anwendungsfälle, und zwar sogar unendlich viele, besitzen, selbst wenn es keine Gegenstände von der Art F gibt. Dann aber ist die Definition des Anwendungsfalles logisch unverträglich mit der eben aufgestellten Invarianzforderung. „Alle Einhörner fressen Klee" hat nach der gegebenen Definition keine Anwendungsfälle, die damit logisch äquivalente Aussage „alles, was nicht Klee frißt, ist kein Einhorn" dagegen besitzt deren viele.

Um eine logische Inkonsistenz zu vermeiden, müßte die Definition abgeändert werden: c ist ein Einzelfall von $\wedge x\,(Fx\rightarrow Gx)$ genau dann, wenn $\neg(Fc\wedge\neg Gc)$, d. h. wenn es nicht der Fall ist, daß c das Merkmal F, nicht jedoch das Merkmal G besitzt. Wenn man auf diese Weise alles, was eine einfache Allhypothese nicht falsifiziert, als Einzelfall dieser Hypothese deutet, gewinnt man dieselben Einzelfälle für alle mit dieser Hypothese logisch äquivalenten Aussagen. Dieses Verfahren versagt jedoch für Sätze von komplizierterer Struktur. Da wir aber gesehen haben, daß die Forderung, eine gesetzesartige Aussage müsse eine Mindestzahl von Einzelfällen aufweisen, ohnehin zu keinem brauchbaren Resultat führt, ist es nicht notwendig, weitere Überlegungen über Definitionsmöglichkeiten des Begriffs des Einzelfalles für Aussagen von beliebiger Form anzustellen.

(III) Bisweilen ist versucht worden, den im vorigen Punkt behandelten Definitionsvorschlag durch Benützung *intensionaler Begriffe* zu verbessern.

---

[14] Vergleiche dazu HEMPEL, [Aspects], S. 341.

Wir sprechen deshalb vom *Bedeutungskriterium der Gesetzesartigkeit*. Folgender Gedanke wird dabei benützt: Für ein Fundamentalgesetz G muß verlangt werden, daß *aus der Kenntnis der Bedeutungen der in G vorkommenden Ausdrücke*, ohne Hinzuziehung von Tatsachenwissen, weder folgen darf, daß sich G auf spezielle Objekte oder Raum-Zeit-Stellen bezieht, noch daß der Anwendungsbereich von G endlich ist. Kann man dagegen eine solche Folgerung aus dem Bedeutungswissen ziehen, so liegt entweder ein abgeleitetes Gesetz oder eine akzidentelle Aussage vor, je nachdem, ob eine Ableitbarkeit aus einem diesem Kriterium genügenden Fundamentalgesetz gegeben ist oder nicht. Wenn also z. B. das Universum *de facto* endlich sein sollte, so daß allen Naturgesetzen ein endlicher Gegenstandsbereich zugrundeliegt, so folgt dies nicht aus der *Bedeutung* dieser Gesetze; denn es wäre ja denkbar, daß der Anwendungsbereich unendlich ist. Demgegenüber folgt für einen Satz von der Gestalt „alle Äpfel im Korb k sind rot" die Endlichkeit aus der Bedeutung der darin verwendeten Ausdrücke „Korb" und „Apfel". Es wird keineswegs verlangt, daß diese Bedeutungen mit höchster Präzision angebbar sind. Vielmehr würde es im vorliegenden Fall genügen, Ober- und Untergrenzen für die Größen jener Gegenstände anzugeben, die sinnvollerweise so bezeichnet werden dürfen. Wir können dabei sehr großzügig verfahren und die Grenzen weit hinausschieben: Selbst wenn wir bloß feststellen, daß ein Korb sicherlich nicht größer sein kann als unser Planet und ein Apfel nicht kleiner als ein Molekül, so würde aus der Bedeutung dieser Ausdrücke analytisch folgen, daß ein Korb nur endlich viele Äpfel enthalten kann.

In analoger Weise wäre die früher geschilderte Eliminierbarkeit von Individuenkonstanten zugunsten von Prädikaten zu behandeln. Ein Vertreter des Bedeutungskriteriums würde darauf hinweisen, daß es zwar so aussieht, als sei die Bezugnahme auf *diese spezielle Urne* mittels des ad hoc eingeführten Prädikates „Kugilot" vermieden, daß aber diese Vermeidung nur eine scheinbare sei, da sie implizit in der Bedeutung von „Kugilot" drinstecke. In der Tat müßte ja im Definiens für dieses Prädikat eine Individuenkonstante oder singuläre Kennzeichnung, die sich auf diese spezielle Urne bezieht, vorkommen. Ebenso könnte von diesem Standpunkt aus argumentiert werden, daß das Goodmansche Beispiel „alle Smaragde sind grot" deshalb keine gesetzesartige Aussage darstelle, weil in der *Bedeutung* von „grot" die Bezugnahme auf den gegenwärtigen Zeitpunkt t_0 enthalten sei, wie aus der früher gegebenen Definition dieses Prädikates unmittelbar hervorgehe.

Das Problematische an diesem neuerlichen Lösungsvorschlag liegt darin, daß hier mit den vagen und möglicherweise nicht präzisierbaren Begriffen der *Bedeutung* und der *Folgerung aus Bedeutungen* operiert wird. Dies wird besonders deutlich, wenn wir einen auf CARNAP zurückgehenden Ver-

such, diesen Gedanken zu präzisieren[15], und die Erwiderung von N. Goodman auf diesen Vorschlag betrachten. Der Einfachheit halber beschränken
wir uns auf einstellige Prädikate. Ein wissenschaftliches Sprachsystem enthalte Grundprädikate und daneben weitere durch Definition eingeführte
Prädikate. Die letzteren können von dreierlei Art sein: Entweder bezeichnen sie *rein qualitative Eigenschaften*, d. h. solche, die sich mit Hilfe der Grundprädikate allein ausdrücken lassen, ohne daß man Individuenkonstante
verwenden müßte. Oder sie bezeichnen *rein positionale Eigenschaften*, d. h.
solche, für deren Definition nur Individuenkonstante, aber keine Grundprädikate benötigt werden. Oder die Designata dieser Prädikate bilden
schließlich *gemischte Eigenschaften*, wenn nämlich in der Definition dieser
Prädikate sowohl mindestens ein Grundprädikat als auch mindestens eine
Individuenkonstante vorkommt. Entsprechend der Klassifikation der
Eigenschaften sollen auch die Prädikate als rein qualitative, als rein positionale und als gemischte Prädikate charakterisiert werden. Beispiele von
Prädikaten der ersten Art wären: „rot", „grün", „hart", „flüssig", „ma-
gnetisch", „elektrisch geladen". Beispiele von positionalen oder gemischten
Prädikaten wären: „mittelalterlich", „gotisch", „arktisch", „griechisch",
„olympisch"[16].

Dem Leser dürfte es klar geworden sein, daß der intuitive Hintergrund
für die von Carnap vorgeschlagene Einteilung die Alternative bildet: Entweder es gehen spezielle Objekte bzw. spezielle Raum-Zeit-Stellen in die
Bedeutung eines Prädikates ein oder sie gehen nicht darin ein. Dementsprechend schlägt Carnap vor, auf die Frage N. Goodmans: „welche Prädikate sind induktiv projektierbar (von gegebenen Fällen auf nicht gegebene übertragbar)?" die Antwort zu geben: *„nur die qualitativen Prädikate"*.
Da allein projektierbare Prädikate für die Formulierung von Sätzen zugelassen werden sollen, wäre damit das Problem der Gesetzesartigkeit eindeutig beantwortet. Der Satz „alle Smaragde sind grün" wäre als gesetzesartige Aussage zulässig, da er nur qualitative Prädikate verwendet, der
Satz „alle Smaragde sind grot", der zu dem früher geschilderten Paradoxon
führt, wäre hingegen keine nomologische Aussage, da „grot" ein gemisch-
tes Prädikat ist, für dessen Definition neben den qualitativen Prädikaten
„grün" und „rot" auch noch ein Name für den Zeitpunkt t_0 benötigt wird.

---

[15] Vergleiche R. Carnap [Application].

[16] Der Einwand, daß man auch die Bedeutungen rein qualitativer Prädikate
nur durch beispielhafte Anführung *einzelner* Objekte erläutern kann und daß daher
in jedem Fall eine Bezugnahme auf konkrete Objekte vorausgesetzt sei, wäre nicht
stichhaltig. Entscheidend ist nämlich allein dies, ob ein Prädikat nur mit Hilfe von
Objekten, die von vornherein bestimmt sind, charakterisiert werden kann. Um
die Bedeutung von Prädikaten wie „blau" oder „kalt" zu erläutern, braucht man
hingegen nicht von vornherein bestimmte Gegenstände dieser Art zu wählen,
sondern kann die Erläuterung anhand *beliebiger* Objekte mit dieser Eigenschaft
vornehmen.

Auf die Frage einer weiteren Rechtfertigung dieses Vorschlages brauchen wir nicht einzugehen. Wie nämlich GOODMAN gezeigt hat[17], funktioniert auch dieser Lösungsvorschlag nicht. Bei der Unterscheidung in qualitative und nicht qualitative Prädikate muß man zwei verschiedene Möglichkeiten berücksichtigen. Die erste Möglichkeit ist die, daß man so wie früher mit dem Begriff der analytischen Äquivalenz operiert, wobei man allerdings jetzt diesen Begriff von Sätzen auf Prädikate zu übertragen hat. Dann kann man entweder nur jene Prädikate als rein qualitativ ansehen, zu denen kein analytisch äquivalentes Prädikat existiert, in dessen Definition oder Beschreibung eine Individuenkonstante vorkommt. Oder man betrachtet alle Prädikate als qualitativ, zu denen es ein analytisch äquivalentes Prädikat gibt, das keine Individuenkonstante enthält. Analog wie im Lösungsvorschlag (II) gäbe es im ersten Fall keine qualitativen Prädikate, da „rot" gleichwertig ist mit „rot und in München oder sonstwo befindlich". Und im zweiten Fall wären alle Prädikate qualitativ, da ja auch im Prädikat „grot" selbst keine Individuenkonstante enthalten ist.

Es bleibt daher nur die zweite Möglichkeit übrig, an die CARNAP tatsächlich gedacht hat: nämlich sich auf ein bestimmtes Sprachsystem mit einer scharfen Unterscheidung zwischen undefinierten Grundprädikaten und definierten Prädikaten zu beziehen. Alle Grundprädikate sind dann nach Voraussetzung rein qualitativ und für die durch Definition eingeführten Prädikate gilt die obige Unterscheidung. Damit aber wird der Begriff des projektierbaren Prädikates und daher auch der des Naturgesetzes vollkommen *relativiert*. Es ist zwar sicherlich richtig, daß „grot" nicht als qualitatives Prädikat bezeichnet werden kann, *wenn man ein solches Sprachsystem zugrunde legt, zu dessen Grundprädikaten „rot" und „grün" gehören*. Stattdessen aber kann man auch eine andere Sprache wählen, die „grot" als Grundprädikat enthält und daneben noch ein weiteres Prädikat, etwa mit „rün" (symbolisch R^*) bezeichnet, das so definiert ist: R^*x soll genau dann gelten, *wenn x entweder vor dem gegenwärtigen Zeitpunkt t_0 auf seine Farbe untersucht wurde und sich dabei als rot erwies oder wenn x nicht vor t_0 auf seine Farbe untersucht wurde und grün ist*. Wenn man in diese Sprache die Prädikate „rot" und „grün" einführt, so kann dies nur durch Definition geschehen, da diese Prädikate nach Voraussetzung keine Grundprädikate sein sollen. Wie man sich leicht überzeugen kann, würde die Definition von „rot" z. B. folgendermaßen zu lauten haben: *x ist rot* soll genau dann gelten, *wenn entweder x vor dem Zeitpunkt t_0 auf seine Farbe überprüft wurde und sich dabei als rün erwies, oder x nicht vor t_0 auf seine Farbe untersucht wurde und grot ist*. Wegen der Struktur dieses Definiens, welches die Individuenkonstante „t_0" enthält, müßte das Prädikat „rot" als gemischt und somit als für Gesetzesaussagen ungeeignet angesehen werden. Aus dem analogen Grunde wäre auch das Prädikat „grün", dessen

---

[17] [Forecast], S. 78 f.

Definition in der neuen Sprache dem Leser überlassen bleiben möge, zu eliminieren.

Damit ist gezeigt: Solange wir kein Kriterium dafür haben, welche Prädikate als Grundprädikate wählbar sind und welche nicht, gewinnen wir auf diesem Wege keine brauchbare Unterscheidung in Gesetze und Nichtgesetze. Wir könnten nur den *relativen* Begriff „Gesetz in bezug auf das Sprachsystem L" einführen. Und mit dem Übergang von L zu einem anderen System L' würde sich die Klasse der Sätze, von denen dieses Prädikat gilt, ändern. In der Praxis würden wir selbstverständlich so verfahren, daß wir das zweite System mit den Grundprädikaten „grot" und „rün" verwerfen würden. Wie aber lautet das Kriterium, auf das sich diese Verwerfung zu stützen hätte? Daß wir in jedem konkreten Fall (tatsächlich oder hoffentlich) wissen werden, wie zu verfahren sei, wäre natürlich keine Antwort. Man kann ein erkenntnistheoretisches Problem nicht in der Weise lösen, daß man betont, dieses Problem träte in der Praxis nicht auf, weil wir uns stets auf unseren nicht weiter rationalisierbaren „wissenschaftlichen Instinkt" verlassen könnten[18].

(IV) Wie CARNAP betonte[19], ist sein eben diskutierter Lösungsvorschlag nicht mit jenem identisch, den er für sein eigenes System der Induktiven Logik akzeptieren würde. Unter der Voraussetzung, daß sich ein adäquater quantitativer Begriff des Bestätigungsgrades C einführen lasse, könne der Begriff der projektierbaren Eigenschaft mit dessen Hilfe definiert werden, zumindest für jene Sprachen, auf die der Begriff C anwendbar sei. L sei eine derartige Sprache. $C(H,E) = r$ bedeute, daß der Grad, in dem H auf Grund von E bestätigt sei, den Wert r betrage. W sei eine bestimmte Eigenschaft, die durch ein Prädikat in L bezeichnet wird. Die Sätze E_0, $E_1, \ldots E_{100}$ mögen besagen, daß von 1000 gegebenen Individuen keines, 10, 20, 30, $\ldots$, alle 1000 die Eigenschaft W besitzen. Die Hypothese H besage, daß auch ein neues Individuum die Eigenschaft W besitze. Die 101 Paare von Sätzen (H, E_n) (n = 0, $\ldots$ 100) werden nun als Argumente der explizit definierten Funktion C verwendet. Falls dann der Wert von $C(H,E_n)$ mit wachsendem n steigt, also der Bestätigungsgrad mit wachsender Anzahl von beobachteten positiven Einzelfällen zunimmt, so sagt CARNAP, daß die Eigenschaft W in dieser Situation durch C *induktiv*

---

[18] Es würde offenbar nichts nützen, sich statt auf die Definierbarkeit im *formalen* Sinn auf sogenannte „Definitionen durch Hinweis" und auf das Erlernen der Prädikate zu beziehen. Wie sich der Leser leicht klarmachen kann, würde sich hier nur nochmals dasselbe Spiel wiederholen. Denn der den Gebrauch sprachlicher Ausdrücke Lehrende bzw. Lernende kann das Aufzeigen bestimmter farbiger Objekte entweder als ein Aufzeigen grüner und roter bzw. rüner und groter Gegenstände interpretieren. „Rot ist alles, was so aussieht wie dies da" kann entweder vom Lehrenden oder vom Lernenden verstanden werden im Sinn von „rün ist alles, was so aussieht wie dies da".

[19] [Application].

projektiert wurde. Wenn W so geartet ist, daß sich in *allen* analogen Situationen bestätigende Einzelfälle als positiv relevant für die Hypothese erweisen, so soll gesagt werden, daß W auf Grund von C *induktiv projektierbar* ist.

Dieser Begriff der induktiven Projektierbarkeit ist auf einen quantitativen Bestätigungsbegriff relativiert. Die Adäquatheit des ersteren hängt damit von der Adäquatheit des letzteren ab. Zu der Zeit, da CARNAP jenen Vorschlag machte, war er noch davon überzeugt, eine bestimmte Funktion C^* gefunden zu haben, die als adäquates Explikat für einen quantitativen Begriff der Bestätigung dienen könnte[20]. Inzwischen hat CARNAP den Gedanken fallengelassen, C^* als einziges mögliches Explikat der induktiven Wahrscheinlichkeit zu wählen. Auf Grund der inzwischen angestellten Untersuchungen ist es sehr zweifelhaft geworden, ob es möglich sei, so scharfe Rationalitätskriterien zu formulieren, daß nicht nur eine unendliche Klasse von zulässigen induktiven Methoden, sondern eine ganz bestimmte solche Methode ausgezeichnet wird. Es könnte sein, daß man sich für die sogenannte Rechtfertigung der Induktion mit der Begründung eines Axiomensystems der induktiven Logik zufriedengeben muß, welches von unendlich vielen voneinander abweichenden Bestätigungsfunktionen erfüllt wird[21]. Die Wahl einer *bestimmten* induktiven Methode müßte dann durch außerlogische Gründe erfolgen. Für die Präzisierung des Gesetzesbegriffs würde dies vermutlich die Konsequenz haben, daß überhaupt kein einheitlicher derartiger Begriff mehr zu gewinnen wäre; denn die in bezug auf eine quantitative Methode C_1 induktiv projektierbaren Eigenschaften brauchen nicht mit den in bezug auf eine andere quantitative induktive Methode C_2 induktiv projektierbaren Eigenschaften zusammenzufallen. Der Gesetzesbegriff wäre damit wieder zu einem relativen Begriff geworden.

Schließlich ist zu bedenken, daß im gegenwärtigen Stadium der Untersuchungen über den Zusammenhang zwischen induktiver Bestätigung und Projektierbarkeit nur spekuliert werden kann. Es könnte sich erweisen, daß N. GOODMAN mit seiner Vermutung recht behält, daß nämlich für die Aufstellung einer vollständigen Liste der Adäquatheitsbedingungen, die jede vernünftige Bestätigungsfunktion zu erfüllen hat, der Begriff der Gesetzesartigkeit bereits benötigt wird. Auf der anderen Seite zeigen die Bemerkungen CARNAPs, daß der umgekehrte Weg immerhin denkbar ist: statt der unabhängigen Formulierung eines Kriteriums der Gesetzesartigkeit die definitorische Zurückführung dieses Begriffs auf den der induktiven Bestätigung. Tatsächlich hat ja N. GOODMAN durch seine Überlegungen nur plausibel gemacht, daß der Begriff der Gesetzesartigkeit unabhängig von dem der Bestätigungsfähigkeit präzisiert werden müsse. Aber diese Plausi-

---

[20] Zu dieser Funktion vgl. den Anhang von R. CARNAP [Probability] sowie CARNAP-STEGMÜLLER, [Induktive Logik], S. 223f.

[21] Vgl. dazu R. CARNAP, [CARNAP], S. 966ff., insbesondere S. 978.

bilitätsbetrachtung ist natürlich kein Beweis dafür, daß nur so und nicht auch anders verfahren werden könne.

(V) N. GOODMAN diskutiert noch eine andere Definitionsmöglichkeit[22]. Sie beruht, grob gesprochen, auf einer *Umkehrung der üblichen Vorstellung über den Zusammenhang von Naturgesetzen und Prognosen*. Es ist dies eine Idee, die im Prinzip auf D. HUME zurückgeht. Gewöhnlich stützen wir uns auf einen Satz für Voraussagezwecke, weil es sich dabei um ein (tatsächliches oder von uns angenommenes) Gesetz handelt. Man könnte nun daran denken, den Spieß umzudrehen, und stattdessen behaupten, daß der Satz S deshalb ein Gesetz ist, weil S für Voraussagezwecke benützt wird. Dieses Kriterium ist zum Unterschied von den bisher diskutierten weder ein syntaktisches noch ein semantisches, sondern ein *pragmatisches*. Es wird darin nicht nur auf die Form des Satzes und auch nicht nur auf die Bedeutungen der darin vorkommenden Ausdrücke Bezug genommen, *sondern auf eine bestimmte Art des Gebrauches, den wir von diesem Satz machen*. Die Frage ist nur, wie dieser Gedanke zu präzisieren ist.

Eine notwendige Bedingung dafür, um einen Satz für Voraussagezwecke verwenden zu können, ist die, daß man diesen Satz *vor* der Prüfung aller unter ihn subsumierbaren Einzelfälle akzeptiert, daß es sich also bei diesem Satz nach der früheren Definition um eine nicht erschöpfte Hypothese handelt. Es dürfte jedoch klar sein, daß man diesen Gedanken nicht unmittelbar für die Definition des Gesetzesbegriffs verwenden kann. Denn erstens enthielte dieser Begriff eine historische Komponente, und zwar nicht nur deshalb, weil sich der Gebrauch ändern kann, sondern auch aus dem fundamentaleren Grund, daß ein Satz in dem Augenblick nicht mehr für Voraussagezwecke verwendbar ist, wo alle Einzelfälle überprüft wurden, so daß es keine unbestimmten Fälle mehr gibt. Eine bisher nomologische Aussage würde sich zum (möglicherweise unbekannten) Zeitpunkt ihrer Erschöpfung in eine akzidentelle Aussage verwandeln. Zweitens würde man auf diese Weise sicherlich zu keinem objektiven Kriterium gelangen; der Gebrauch kann ja von Person zu Person ein anderer sein. Und warum sollten schließlich nicht Gesetze zufälligerweise noch niemals für Prognosen verwendet worden sein, während umgekehrt akzidentelle Aussagen fälschlich für Voraussagen benützt worden sind?

Das, worauf es ankommt, kann also nicht die *tatsächliche* Verwendung für Voraussagezwecke sein, sondern nur die prognostische *Verwendbarkeit* eines Satzes. Das Kriterium der Gesetzesartigkeit wäre also *die Akzeptierbarkeit* einer Aussage vor Überprüfung aller ihrer Einzelfälle. Wenn man in dieser Weise das manifeste Prädikat des tatsächlichen Akzeptierens durch das Dispositionsprädikat der Akzeptierbarkeit ersetzt, so entsteht allerdings sofort ein neues Problem. Im Gegensatz zum Fall des manifesten Prädikates, bei dem der feststellbare tatsächliche Gebrauch herangezogen wird,

---

[22] [Forecast], S. 20f.

bleibt dieses neue Kriterium so lange inhaltslos, als nicht gesagt wird, worin die Verwendbarkeit, genauer: die *rechtmäßige* Verwendung für Voraussagezwecke bestehen soll. Unabhängig davon, wie diese Frage beantwortet wird, kann man sich klar machen, daß auch diese Definition auf alle Fälle verbesserungsbedürftig ist. Es sei „B" die symbolische Abkürzung für das Prädikat „Rubin", „R" die für „rot" und „U" sei ein Prädikat, das auf Dinge genau dann zutrifft, wenn sie sich in einer vorgegebenen Urne befinden. Wir setzen voraus, daß „rot" kein Definitionsmerkmal des Begriffs des Rubins ist. Aus dem Gesetz:

$$(1) \qquad \bigwedge x\,(Bx \to Rx) \quad \text{(„alle Rubine sind rot")}$$

und der akzidentellen Aussage:

$$(2) \qquad \bigwedge x\,(Ux \to Rx) \quad \text{(„alle Gegenstände in dieser Urne sind rot")}$$

erhält man die mit der Konjunktion von (1) und (2) logisch äquivalente Aussage:

$$(3) \qquad \bigwedge x\,(Bx \lor Ux \to Rx) \quad \text{(„alles, was entweder ein Rubin ist oder sich in}$$
$$\text{dieser Urne befindet, ist rot")}$$

(3) werden wir sicherlich nicht als gesetzesartig betrachten wollen[23]. Nehmen wir nun an, der Begriff der Akzeptierbarkeit sei so eingeführt worden, daß entsprechend unserer Intention (1) als akzeptierbar vor Überprüfung sämtlicher Einzelfälle und damit als nomologisch anzusehen ist, (2) hingegen nicht als akzeptierbar vor Überprüfung sämtlicher Einzelfälle und damit als akzidentell. Dann müßten wir auf Grund dieses Kriteriums, im Widerspruch zu unserer Intention, auch (3) als gesetzesartig betrachten; denn (3) ist nach Überprüfung eines Teiles der Fälle, auf die $Bx \lor Ux$ zutrifft — nämlich einiger Fälle, welche die Bedingung B, und sämtlicher Fälle, welche die Bedingung U erfüllen —, akzeptierbar, sofern diese Überprüfungen positive Ergebnisse liefern.

Die verbesserte Definition müßte also etwa so lauten: *Eine Aussage ist gesetzesartig, wenn sie vor Überprüfung aller ihrer Einzelfälle akzeptierbar ist und wenn außerdem ihre Annahme nicht von der Überprüfung von Einzelfällen, die von vornherein bestimmt sind, abhängt.* Die zweite Hälfte dieser Bestimmung würde (3) ausschließen, da die Objekte, welche sich in dieser Urne befinden, eine

---

[23] Daß die Annahme von (3) als Gesetzeshypothese zu paradoxen Resultaten führen würde, kann man z. B. mit Hilfe eines geeigneten irrealen Konditionalsatzes zeigen. Es sei a ein Smaragd. Der Satz $Ua \rightsquigarrow Ra$ („wenn der Smaragd a sich in dieser Urne befände, so wäre er rot") ist offenbar falsch. Mit Hilfe von (3) ließe sich dieser irreale Konditionalsatz aber begründen; denn aus Ua folgt durch Abschwächung $Ua \lor Ba$ und daraus mit Hilfe von (3): Ra. Wir hätten also das Konsequens aus dem Antecedens, und zwar sogar ohne Heranziehung weiterer relevanter Bedingungen, mit Hilfe von (3) deduziert.

von vornherein fest umrissene Gesamtheit bilden, die untersucht worden sein müßte, bevor (3) annehmbar wird.

Die Bewältigung der Aufgabe einer positiven Charakterisierung des Prädikates „akzeptierbar vor Überprüfung sämtlicher Einzelfälle" aber steht noch aus. Da eine für Prognosen benützbare Aussage aus dem verfügbaren Beobachtungsmaterial nicht *logisch* ableitbar ist, kann der Schluß, der zur Annahme der Hypothese führt, nur ein *induktiver* Schluß sein. Dann aber fällt der Unterschied zwischen den Aussagen, die vor Überprüfung aller Einzelfälle akzeptierbar sind, und jenen, bei denen diese Akzeptierbarkeit nicht besteht, zusammen mit dem Unterschied zwischen den induktiv bestätigungsfähigen und den nicht induktiv bestätigungsfähigen Aussagen. Damit aber sind wir wieder auf den Ausgangspunkt zurückgekehrt: *das Problem der induktiven Bestätigungsfähigkeit*. Damit ist nur von neuem gezeigt worden, daß unser Kernproblem, die Gesetzesartigkeit durch präzise Merkmale zu charakterisieren, vermutlich in die Frage der induktiven Bestätigungsfähigkeit transformierbar ist. Und diese Frage ist, wie N. GOODMAN gezeigt hat, äquivalent mit dem Problem der übertragbaren oder projektierbaren Prädikate.

Überlegungen von der in (V) angestellten Art sind nicht gänzlich nutzlos, da sie die Äquivalenz zwischen unserem Problem und anderen verdeutlichen und daher die heuristische Funktion haben können, uns zur Entdeckung des geeigneten Ansatzpunktes für eine Lösung zu verhelfen. Fehlerhaft werden solche Betrachtungen erst dann, wenn ihr heuristischer Charakter verkannt wird und etwas irrtümlich als Lösung ausgegeben wird, was in Wahrheit bestenfalls eine intuitive Vorgeschichte für eine solche Lösung bilden kann.

6. Über notwendige Bedingungen der Gesetzesartigkeit N. Goodmans Theorie

6.a Solange ein befriedigendes Kriterium der Gesetzesartigkeit nicht zur Verfügung steht, wird man sich entweder damit begnügen müssen, von Fall zu Fall intuitive Plausibilitätsbetrachtungen anzustellen oder zu untersuchen, ob wenigstens gewisse Minimalbedingungen der Gesetzesartigkeit angebbar sind. Beide Verfahren brauchen in konkreten Fällen zu keiner eindeutigen positiven Antwort zu führen, können aber doch für die Elimination untauglicher Anwärter auf Naturgesetzlichkeit von Wichtigkeit werden. Zu den Plausibilitätsbetrachtungen gehören insbesondere Gedankenexperimente darüber, ob die fragliche Aussage zur Stützung irrealer Konditionalsätze, als Gesetzesprämisse einer Erklärung oder als induktiv bestätigungsfähige Hypothese verwendbar ist. In dieser Weise sind wir an früherer Stelle wiederholt vorgegangen, um das Problem selbst zu verdeutlichen und um die Inadäquatheit bestimmter Lösungsvorschläge aufzuzeigen.

Hierbei ist allerdings Vorsicht geboten. Wir haben bisher stets die stillschweigende Annahme gemacht, *daß das Problem der Gesetzesartigkeit in den drei angeführten Bereichen dasselbe ist*. Diese schematische Annahme könnte sich als fehlerhaft erweisen. Es ist keineswegs evident, daß wir zu einem für alle diese Fälle *einheitlichen* Gesetzesbegriff gelangen. Es bestehen sogar, wie wir noch sehen werden, gewisse positive Anzeichen dafür, daß dies nicht der Fall ist.

Sicherlich aber wäre es zweckmäßig, wenn uns zur Unterstützung von Plausibilitätsbetrachtungen mit Hilfe von Gedankenexperimenten gewisse *notwendige* Bedingungen der Gesetzesartigkeit zur Verfügung stünden, bei deren Nichterfüllung wir unmittelbar auf die Kontingenz der zu überprüfenden Aussagen schließen können. Eine solche notwendige Bedingung besteht in der Forderung, daß die Aussage *wesentlich generell* sein muß, daß sie also nicht logisch äquivalent sein darf mit einer Konjunktion von singulären Sätzen. Jeder Satz, der in die logisch äquivalente Form $P_1 a_1 \wedge \ldots \wedge P_n a_n$ transformiert werden kann, wobei die Prädikate P_i Atom- oder Molekularprädikate darstellen, ist aus der Klasse der Gesetzesanwärter auszuschließen. Die inhaltliche Rechtfertigung für diese Bedingung ist klar: Besteht eine derartige logische Umformungsmöglichkeit, so weiß man *aus rein logischen Gründen*, daß der betreffende Satz nur einen endlichen Anwendungsbereich besitzt.

Die Wirksamkeit dieser Bedingungen für den Zweck der Verwerfung einer vermeintlichen Gesetzeshypothese darf allerdings nicht überschätzt werden. Sätze wie „alle Kugeln in dieser Urne sind schwarz" oder „alle noch lebenden Glieder des Abiturientenjahrganges 1912 der Schule S. sind kahlköpfig" würden durch dieses Kriterium nicht eliminiert werden. Denn da man nicht weiß, *welche speziellen Kugeln* sich in der Urne befinden bzw. *wer* die noch lebenden Mitglieder jenes Abiturientenjahrganges sind, gelingt in diesen Fällen nicht die Überführung in eine logisch äquivalente endliche Konjunktion, obwohl man natürlich auf Grund von inhaltlichen Überlegungen weiß, daß der fragliche Allsatz mit einer geeigneten, wenn auch unbekannten Konjunktion äquivalent sein muß.

6.b Will man einerseits den Begriff „wesentlich generell" so verschärfen, daß auch Fälle von der zuletzt erwähnten Art eliminiert werden, andererseits verhindern, daß aus den früher geschilderten Gründen alle Aussagen als akzidentell charakterisiert werden — da vermutlich alle synthetischen Sätze nur einen endlichen Anwendungsbereich haben —, so scheint nichts anderes übrig zu bleiben, als *intensionale* Begriffe zu verwenden. Wie bereits in Abschn. 5 (III) hervorgehoben wurde, braucht der Begriff der Bedeutung in vielen Fällen nur so weit festzuliegen, daß ein apriorischer Schluß auf gewisse Grenzen in bezug auf die Größe oder auf die räumliche bzw.

zeitliche Erstreckung möglich wird. Akzeptiert man einen solchen „schwachen" Begriff der Bedeutung im intensionalen Sinn, so könnte man z. B. in den beiden angeführten Fällen trotz der fehlenden logischen Äquivalenz mit einer endlichen Konjunktion die Kontingenz daraus erschließen, daß die Endlichkeit der Anzahl der Kugeln bzw. der Abiturienten eines Jahrganges durch die betreffenden Allsätze *analytisch impliziert* wird. Zur Gewinnung dieser bedeutungsmäßigen Folgerung wäre es hinreichend, gewisse quantitative Höchst- und Mindestgrenzen für das anzunehmen, was sinnvollerweise „Urne", „Kugel", „Schulklasse" usw. genannt werden darf. Würden wir es nicht mit alltagssprachlichen Wendungen, sondern mit Sätzen einer formalen Sprache zu tun haben, so müßten diese Grenzen in entsprechenden Bedeutungspostulaten festgehalten werden. Wer den Bedeutungsbegriff selbst in dieser abgeschwächten Form für zu vage oder aus prinzipiellen Gründen für zu problematisch hält und sich auf den rein extensionalen Standpunkt zurückzieht, der muß auf diese Erweiterung einer notwendigen Bedingung der Gesetzesartigkeit verzichten.

Läßt man dagegen eine solche Erweiterung zu, so würde man trotzdem noch immer nicht alle Fälle akzidenteller Aussagen eliminieren können, wie die Goodmanschen Beispiele mit den Prädikaten „grot" und „rün" beweisen. Wollte man auch diesen Fällen mit einem Bedeutungskriterium der Gesetzesartigkeit zu Leibe rücken, *so müßte man wesentlich schärfere Forderungen an den Bedeutungsbegriff stellen* und etwa sagen: die Bedeutungen von „grot" und „rün" enthalten die Bezugnahme auf bestimmte Zeitpunkte, die Bedeutungen von „rot" und „grün" nicht. Daß dies eine höchst problematische Auffassung ist, hat die Diskussion zwischen N. Goodman und R. Carnap gezeigt.

6.c Goodman selbst hat einen, von den herkömmlichen Versuchen stark abweichenden Weg eingeschlagen, um den Gesetzesbegriff zu definieren. Es ist hier nicht der Ort, um die Goodmansche Theorie im Detail zu schildern. Denn diese komplexe Theorie ist so eng mit den Problemen der Induktion verwoben, daß sie auch nur im Rahmen einer systematischen Untersuchung des Induktionsproblems untersucht werden sollte. Wir begnügen uns daher mit einer kurzen Andeutung, aus welcher der Charakter der Goodmanschen Überlegungen deutlich werden dürfte[24]. Das Merkwürdige und Besondere an Goodmans Theorie ist dies, daß darin die Begriffe der induktiven Bestätigungsfähigkeit und der Gesetzesartigkeit *auf linguistische Praktiken* relativiert werden. Nach seiner *pragmatischen* Theorie müssen wir für die Frage der Gesetzesartigkeit vergangene Projektionen, d. h. induktive Übertragungen von bekannten auf unbekannte Fälle, mitberücksichtigen.

---

[24] N. Goodman, [Forecast], S. 84 ff. Für eine detailliertere Skizze des Goodmanschen Lösungsversuches vgl. W. Stegmüller, [Conditio irrealis], insbesondere S. 380 ff.

Wurde ein Prädikat in der Vergangenheit häufiger als ein anderes für Schlüsse von gegebenen auf nicht gegebene Fälle oder für die Formulierung hypothetischer Allgeneralisationen benützt, so sagt GOODMAN, daß das erste Prädikat in der Sprache *besser eingegraben* oder *besser verankert* sei als das zweite. So ist z. B. „rot" wegen seiner eindrucksvolleren induktiven Biographie besser verankert denn „grot". Nun besteht aber GOODMANs Theorie keineswegs darin, die Verwendung schlecht verankerter Prädikate für Gesetzesaussagen einfach zu verbieten. Ein solches Vorgehen wäre unvernünftig, da in der Wissenschaft immer wieder neue Prädikate eingeführt werden, die per definitionem noch keine Verankerung in der Sprache besitzen und sich dennoch in der Zukunft als außerordentlich wichtig für die Formulierung von Gesetzeshypothesen, also für Projektionen im Goodmanschen Sinn, erweisen können. Der Begriff der Verankerung wird vielmehr für die Formulierung von *Eliminationsregeln* benützt, durch die sukzessive Aussagen von nicht gesetzesartigem Charakter ausgeschaltet werden. Der Satz „alle Smaragde sind grot" würde z. B. deshalb ausgeschaltet, weil er unverträglich ist mit der gleich gut bestätigten und unerschütterten Hypothese „alle Smaragde sind grün", die dasselbe Antecedensprädikat, aber ein viel besser verankertes Konsequensprädikat enthält. Die Wirksamkeit solcher Regeln wird verstärkt durch den Umstand, daß ein Prädikat neben seiner selbst erworbenen Verankerung auch eine von einem Elternprädikat ererbte Verankerung besitzen kann. Außerdem ermöglicht es die Mitberücksichtigung der Hierarchie von Hypothesen geringerer und größerer Allgemeinheitsstufe, einen komparativen Begriff des Projektierbarkeitsgrades einzuführen.

6.d Unter Bezugnahme auf diese Goodmansche Theorie macht HEMPEL eine interessante Bemerkung[25], die auf *die Problematik der Verwendung eines einheitlichen Gesetzesbegriffs* in den behandelten Problembereichen hinweist. Wie GOODMAN, a. a. O. S. 95 f., ausdrücklich hervorhebt, rührt die (selbsterworbene) Verankerung eines Prädikates nicht nur von den mit dem Prädikat selbst vorgenommenen Projektionen her; vielmehr sind auch die Verankerungen aller mit diesem Prädikat extensionsgleichen Prädikate dazuzurechnen. Es ist nach GOODMAN „nicht das Wort, sondern die durch dieses Wort ausgewählte Klasse", welche verankert wird. Aus dieser Bemerkung folgt, *daß die Ersetzung von Prädikaten durch extensionsgleiche in bezug auf die Frage der Gesetzesartigkeit nichts ändern kann:* sie muß nomologische wieder in gesetzesartige und akzidentelle wieder in kontingente Sätze überführen.

Für den Problemkomplex der induktiven Bestätigung mag dies vielleicht tatsächlich zu einem adäquaten Resultat führen. Für den Fall der Erklärung hingegen liefert dieses Verfahren einen zu umfassenden Begriff des Gesetzes. Denn wie leicht zu sehen ist, schließt der Goodmansche Begriff der Gesetzesartigkeit auch Sätze von Molekularform, also singuläre

---

[25] [Aspects], S. 343.

Sätze, ein. Für die Extensionsgleichheit ist ja nur dasjenige maßgebend, was im Universum tatsächlich der Fall ist. Und da kann es sich ergeben, daß auf Grund der endlichen Extension eines Prädikates eine gesetzesartige Aussage mit einer einfachen Konjunktion äquivalent ist. Wenn z. B. $\wedge x\,(Fx \rightarrow Gx)$ gesetzesartig ist und die durch „F" ausgezeichnete Klasse aus den zwei Objekten a und b besteht, so ist „Fx" extensionsgleich mit dem Prädikat „$x = a \vee x = b$". Nach der Goodmanschen Bemerkung könnte die Ersetzung des ersteren Prädikates durch das letztere den Gesetzescharakter der Aussage nicht tangieren. Bei dieser Ersetzung erhalten wir jedoch den Satz: $\wedge x\,(x = a \vee x = b \rightarrow Gx)$ und dieser Satz ist L-äquivalent mit $Ga \wedge Gb$. Eine solche Aussage ist aber sicherlich nicht als Gesetzesprämisse für Erklärungszwecke verwendbar.

Entweder also muß die Forderung, wesentlich generalisiert zu sein, zu den Goodmanschen Kriterien hinzugefügt werden, oder wir gelangen mindestens zu zwei verschiedenen Begriffen der Gesetzesartigkeit: *Gesetzesartigkeit im induktiven Sinn* und *Gesetzesartigkeit im Erklärungssinn.*

Die Goodmansche Theorie ist, wenn sie nicht überhaupt falsch verstanden wurde, häufig auf Ablehnung gestoßen. Eine derart enge Verquikkung von Bestätigungstheorie und Linguistik erscheint vielen als sehr unplausibel. Außerdem ist nicht zu übersehen, daß GOODMANNs Überlegungen vorläufig wegen der Beschränkung auf Sätze von einer gewissen elementaren Struktur nur einen skizzenhaften Anstrich haben und noch nicht zu einer alle Aussageformen umfassenden Theorie ausgebaut worden sind. Wenn man nicht, wie eben angedeutet, verschiedene Arten von Gesetzesartigkeit unterscheiden will, sondern zu einem einheitlichen Gesetzesbegriff gelangen möchte, so wird man zum gegenwärtigen Zeitpunkt die Goodmanschen Regeln am besten als Formulierungen *von weiteren notwendigen Bedingungen der Gesetzesartigkeit* auffassen. Bei dieser weniger anspruchsvollen Deutung der Goodmanschen Theorie ist es eine Voraussetzung für das Vorliegen von Gesetzesartigkeit, daß die betreffende Aussage nicht durch Eliminationsregeln von der erwähnten Art ausgeschaltet wird. Und je höher der Projektierbarkeitsgrad, desto größer die Anwartschaft auf Gesetzesartigkeit. Auch wem die Goodmanschen Gedankengänge im Prinzip als akzeptierbar erscheinen, der wird doch zumindest für den Bereich der wissenschaftlichen Erklärung weitere notwendige Bedingungen der Gesetzesartigkeit hinzuzufügen haben, insbesondere die angeführte Bedingung, daß es sich um wesentlich generalisierte Aussagen handeln müsse.

6.e Wie die Erörterungen dieses Abschnittes gezeigt haben, sind wir von einer vollständigen Lösung des Problems der Gesetzesartigkeit noch weit entfernt. Diese Lösung wird weitgehend davon abhängen, wie die Beantwortung anderer wissenschaftstheoretischer Fragen aussehen wird. Dreierlei ist hier von Relevanz: Erstens ist es von Wichtigkeit, ob und in welchem Maße man *intensionale Begriffe* zuzulassen bereit ist. Wie wir gesehen haben, ist der Intensionalist in einer besseren Lage als der Vertreter einer streng extensionalistischen Betrachtungsweise; denn der erstere vermag zusätzliche Bedingungen der Gesetzesartigkeit zu formulieren, die zwar sicherlich nicht ausreichen, die aber zusammen mit der bereits vorhandenen Liste der notwendigen Bedingungen zu einer besseren Approximation der Gesetzesartigkeit führen. Zu solchen nur auf der problematischen intensionalen Grundlage verwendbaren Gedanken gehören die Forderungen, daß die Endlichkeit des Anwendungsbereiches nicht aus dem Sinn der Aussage logisch erschließbar sein dürfe und daß bei Fundamentalgesetzen die *Bedeutungen* der darin vorkommenden Terme frei sein müssen von der Bezugnahme auf konkrete Individuen und Raum-Zeit-Stellen. Zweitens wird viel von der künftigen Entwicklung der *Bestätigungstheorie* abhängen. Denn hier wird es sich entscheiden müssen, ob sich N. GOODMANS These von der Notwendigkeit einer vom Bestätigungsbegriff unabhängigen Charakterisierung des Gesetzesbegriffs bewahrheitet oder ob es möglich ist, einen solchen Bestätigungsbegriff einzuführen, der zugleich notwendige oder hinreichende Kriterien der Gesetzesartigkeit liefert oder beides. Drittens könnte sich für unser Problem der Umstand als bedeutsam erweisen, daß wissenschaftliche Annahmen sich zu ganzen Hierarchien von Hypothesen zusammenschließen. Was wir gewöhnlich eine wissenschaftliche Theorie nennen, ist ein derartiges Netz eng miteinander verstrickter Gesetzeshypothesen verschiedenster Allgemeinheitsstufe. Für die bisherigen Reflexionen zum Thema „Naturgesetz" ist demgegenüber *die isolierte Betrachtung einzelner Aussagen* charakteristisch: Es wird nach einem Kriterium gesucht, um für beliebige vorgelegte *Einzel*aussagen entscheiden zu können, ob es sich dabei um gesetzesartige Behauptungen oder um akzidentelle Sätze handle. Die Idee, statt dessen ganze Hierarchien von Gesetzeshypothesen in Betracht zu ziehen, dürfte erstmals F. P. RAMSEY gekommen sein[26], dessen Gedanke darauf hinausläuft, alles als Gesetz zu bezeichnen, was sich aus einer Theorie ableiten läßt. Dieser Hinweis könnte sich in der Zukunft als fruchtbar erweisen, obwohl er als solcher natürlich keine Lösung des Problems liefert. Denn zunächst ist die Frage damit ja nur auf die andere zurückgeschoben: Wodurch unterscheidet sich eine Theorie von einer Nichttheorie? Auch wäre es illusorisch zu meinen, daß man auf diese Weise wenigstens den Goodmanschen Paradoxien entkommen könne. Wie GOODMAN angedeutet hat[27], läßt sich das Verfahren, nichtprojektierbare Prädikate einzuführen und für scheinbar gesetzesartige Aussagen zu verwenden, auf ganze Systeme von Hypothesen und Oberhypothesen ausdehnen.

---

[26] [Foundations], Kap. IX, A, S. 212ff.
[27] In seiner Erwiderung auf die Kritik von J. C. COOLEY in [Reply], S. 534.

7. Auf dem Wege zu einer Lösung des Problems der irrealen Konditionalsätze
Die Theorie des hypothetischen Räsonierens von N. Rescher

7.a In [Hypothetical Reasoning] hat N. RESCHER zu zeigen versucht, daß das Problem der irrealen Konditionalsätze in einem gewissen Sinne lösbar sei. Diese Lösung sieht allerdings etwas anders aus als die früheren Versuche, z. B. als die von N. GOODMAN diskutierten. Die Gedanken RESCHERs sollen im folgenden kurz geschildert werden, wobei wir aber in verschiedenen Hinsichten von RESCHERs Vorgehen mehr oder weniger stark abweichen werden.

Eine Problemstellung kann deshalb verfehlt sein, weil das Problem selbst ungenau formuliert worden ist. Dies ist RESCHERs Auffassung: Die Untersuchungen über das Problem der irrealen Konditionalsätze zielten darauf ab, ein Wahrheitskriterium für derartige Aussagen zu formulieren. *Dies setzt voraus, daß es sich dabei um vollständige Aussagen handle. Eine solche Voraussetzung ist jedoch anfechtbar.*

Wie die Erfahrung lehrt, läßt sich eine theoretische Schwierigkeit bisweilen dadurch beheben, daß man sie zunächst in eine andere Form transformiert. Dies soll auch hier versucht werden. Statt von *Wenn-Dann-Sätzen* auszugehen, betrachten wir *Schlüsse*. Dieser Übergang wird durch die Überlegungen in Abschn. 4 nahegelegt: Den Gegenstand der Betrachtung bildeten zwar Sätze von der Gestalt $A \leadsto K$; doch mußten wir bereits dort davon reden, daß K aus A in gewisser Weise erschlossen wurde. Während wir von logischen Schlüssen gewöhnlich dann einen praktischen Gebrauch machen, wenn wir davon überzeugt sind, daß die benützten Prämissen alle richtig sind, betrifft das *hypothetische Räsonieren* alle jene Schlußfolgerungen, bei denen die Prämissen entweder nicht als wahr anerkannt sind oder ausdrücklich als falsch angenommen werden. Wendet man auf einen solchen Schluß das Deduktionstheorem an, so erhält man gerade eine Aussage von der Gestalt $A \leadsto K$, sofern man durch diese Symbolik nicht nur irreale Konditionalsätze i. e. S., sondern auch subjunktive Konditionalsätze ausdrückt. Vom rein logischen Standpunkt spielt es keine Rolle, ob die Prämissen einer Deduktion richtig sind oder nicht. Für das Problem der IKs wird dies dagegen von größter Wichtigkeit werden.

Wir unterscheiden nun drei Klassen von *pragmatischen* Fällen: erstens die Schlüsse aus *problematischen Annahmen*, d. h. aus Prämissen mit unbekanntem Wahrheitswert; zweitens die Schlüsse aus *glaubenswiderstreitenden Annahmen*, d. h. aus Prämissen, welche mit unseren Überzeugungen im Widerspruch stehen; und drittens die Schlüsse aus *tatsachenwiderstreitenden Annahmen*. Irreale Konditionalsätze i. e. S. betreffen nur den letzteren Fall. Doch werden wir uns wegen der formalen Analogie auch mit dem zweiten Fall der logischen Ableitungen aus glaubenswiderstreitenden Annahmen beschäftigen.

Als einheitlichen Bezugspunkt für alle folgenden Betrachtungen wählen wir das ideale Modell einer rationalen Person X, die keine Inkonsistenzen im System der von ihr geglaubten Propositionen zuläßt. Was bedeutet es, wenn X eine glaubenswiderstreitende Annahme H macht? Es bedeutet, daß X etwas annimmt, was *in einem deduktiven oder induktiven Konflikt* steht mit der Gesamtheit K der von X akzeptierten Propositionen. Diese Klasse K nennen wir das *rationale Corpus RC* von X. Nach Voraussetzung soll K konsistent sein. Die glaubenswiderstreitende Annahme H kann im Grenzfall die Negation einer ausdrücklich für wahr gehaltenen Proposition bilden. H kann auch logisch unverträglich sein mit K, ohne die Negation eines Elementes von K darzustellen. Eine solche logische Unverträglichkeit liegt dann vor, wenn man durch Hinzunahme von H zu K einander widersprechende Aussagen ableiten kann. Zum Unterschied von diesem Fall eines logischen Konfliktes sprechen wir von einer induktiven Unverträglichkeit, wenn H auf der Grundlage der für richtig gehaltenen Sätze, d. h. also auf Grund von K höchst unwahrscheinlich ist, so daß der Person X die Annahme H als unmöglich erscheint, wenn nicht zugleich K geändert wird. Es ist für das Folgende nicht erforderlich, den hierbei verwendeten Begriff der induktiven Wahrscheinlichkeit näher zu präzisieren. Es genügt zu bedenken, daß es sich dabei um eine subjektive, d. h. auf die Person X relativierte Wahrscheinlichkeit handelt, die gewisse Rationalitätsbedingungen erfüllt. Logische wie induktive Unverträglichkeit fassen wir unter dem Obergriff der Unverträglichkeit zusammen. Unsere Rationalitätsvoraussetzung bezüglich X ist so weit gefaßt, daß X logisch wie induktiv rational ist, also weder logische noch induktive Unverträglichkeiten für sein RC zuläßt.

7.b Angenommen, X entschließe sich, eine neue Hypothese H zu akzeptieren. Es möge dabei keine Rolle spielen, ob X wirklich an H glaubt, oder „nur so tut", als halte sie H für richtig. Das Festhalten an H soll nur den Zweck haben zu untersuchen, was H für Konsequenzen hat. H sei mit dem zum Zeitpunkt seiner Annahme bestehenden RC von X nicht verträglich. Dann ist die Einbeziehung von H in das RC von X nicht ohne weiteres möglich; denn gemäß Voraussetzung läßt X keine Inkonsistenzen im System seiner Überzeugungen zu. Da es im allgemeinen Fall kein mechanisches Entscheidungsverfahren für logische oder induktive Unverträglichkeit gibt, können wir auch für unsere rationale Person nicht voraussetzen, daß sie jederzeit *wisse*, ob Konsistenz vorliege oder nicht. Von praktischer Relevanz werden die folgenden Betrachtungen daher nur in jenen Fällen, in denen X tatsächlich um die Inkonsistenz weiß.

Der rationalen Person X ist es also nicht möglich, K einfach durch Einbeziehung von H zu erweitern. Soll an H festgehalten werden, so ist K

in der einen oder anderen Weise zu modifizieren. In dem Umstand, daß es nicht von vornherein vorgezeichnet ist, wie dieser Umbau erfolgen soll, liegt die Wurzel für scheinbare Paradoxien und letzten Endes auch die Wurzel für einen wichtigen Aspekt des Problems der IKs. Wenn es mindestens zwei verschiedene Möglichkeiten gibt, K so umzubauen, daß H in das neue rationale Corpus einbezogen werden kann, so sagen wir mit RESCHER, daß H mit einer *Kontextmehrdeutigkeit* behaftet ist. H braucht dabei nicht im üblichen Sinn mehrdeutig zu sein. Mit diesem Ausdruck soll nur angedeutet werden, daß aus der Formulierung von H nicht zu ersehen ist, welcher Kurs bei der Modifikation von K einzuschlagen ist. Im allgemeinen werden wir auch nicht imstande sein, eine plausible Regel zu formulieren, die angibt, welche Möglichkeiten des Umbaues unseres Wissens vorzuziehen sind.

Einer der einfachsten Fälle der Kontextmehrdeutigkeit kann schematisch so charakterisiert werden: K sei das konsistente RC von X; H sei eine Hypothese von solcher Art, daß die Vereinigung $K \cup \{H\}$ inkonsistent ist. An H soll festgehalten werden. Die Inkonsistenz beruhe darauf, daß es in K zwei Propositionen S_1 und S_2 gibt, deren jede für sich mit H verträglich ist, während zwischen H und der Konjunktion $S_1 \wedge S_2$ eine Unverträglichkeit besteht. Verstehen wir unter K_1 das RC nach Wegnahme von S_2 und unter K_2 das RC nach Wegnahme von S_1, so kann als neues RC entweder das um H erweiterte K_1 oder das um H erweiterte K_2 genommen werden. Welche der beiden Möglichkeiten gewählt werden sollen, ist aus H und der Konsistenzforderung nicht zu entnehmen.

7.c Diese abstrakten Begriffe seien an einfachen Beispielen veranschaulicht. Die glaubenswiderstreitende Hypothese H laute im ersten Fall: „Angenommen, alle Wale sind Fische." Wir behaupten, daß diese Aussage im obigen Sinn kontextmehrdeutig ist, sofern das System K der von unserer rationalen Person X für wahr gehaltenen Propositionen die folgenden vier plausiblen Elemente enthält:

(1) Es gibt Wale;
(2) alle Wale sind Säugetiere;
(3) kein Wal ist ein Fisch;
(4) keine Säugetiere sind Fische.

Offenbar haben wir es hier mit dem engeren Fall des logischen Konfliktes zu tun; denn H ist mit der Überzeugung (3) logisch unverträglich. Die Einbeziehung von H in das System der Überzeugungen würde somit implizieren, (3) zu verwerfen. Damit aber ist es nicht getan. Da wir voraussetzten, daß X um die Existenz von Walen weiß, können die folgenden Sätze nicht akzeptiert werden, sofern logische Widersprüche vermieden werden sollen: H, (1), (2), (4). Eine rationale Person kann nicht zugleich glauben, daß es Wale gibt, daß alle Wale Fische sind, daß alle Wale Säugetiere sind und daß

Säugetiere niemals Fische sind; denn diese Annahmen zusammen sind logisch unverträglich. Die Kontextmehrdeutigkeit der glaubenswiderstreitenden Annahme „Wale sind Fische" zeigt sich darin, daß aus dieser Aussage nicht hervorgeht, ob (2) fallengelassen werden soll oder ob (4) preiszugeben ist. (Die Verwerfung von (1) soll nicht in Erwägung gezogen werden.) Im ersten Fall würde es sich darum handeln, den Begriff des Säugetieres anders abzugrenzen als dies in der heutigen Biologie üblich ist, etwa so, daß darunter nur mehr Landsäugetiere verstanden werden. Die Revision von (4) könnte so zustandekommen, daß man den Begriff des Fisches anders abgrenzt, also etwa in stärkerer Anlehnung an den alltagssprachlichen Gebrauch alle Tiere Fische nennt, die sich während der Dauer ihres Lebens im Wasser aufhalten.

Die Kontextmehrdeutigkeit der Annahme, Wale seien Fische, äußert sich somit im Fehlen einer Strategie dafür, welcher Weg einzuschlagen ist. Wie dieses Beispiel übrigens zeigt, kann eine Kontextmehrdeutigkeit auch mit einer echten Mehrdeutigkeit oder Vagheit verknüpft sein. Wenn wir keine Inkonsistenz begehen wollen, so müssen wir entweder die Bedeutung von „Säugetier" oder die von „Fisch" ändern, ohne zunächst zu wissen, wie diese Änderung auszusehen hat. Daß in unserer Annahme auch eine potientielle Mehrdeutigkeit von „Wal" steckt, wird deutlich, wenn man bedenkt, daß H auch so verstanden werden könnte, daß man annehmen solle, Wale atmeten durch Kiemen. Wenn wir uns an den heute üblichen Sprachgebrauch halten, so würden wir Tiere, die aussehen wie Wale und auch alle übrigen Merkmale von Walen besitzen, ausgenommen dieses, daß sie durch Kiemen atmen, vermutlich nicht als Wale bezeichnen.

7.d Daß die Konsistenz nicht in allen Fällen nur dadurch wiederhergestellt werden kann, daß man Wortbedeutungen ändert, möge das folgende Beispiel zeigen: Es sei A der Satz: „Hans hat die Übersetzung rechtzeitig fertiggestellt", B der Satz: „Hans wird der Vertrag gekündigt werden" und C der Satz: „Hans war krank". Zum RC mögen die folgenden drei Propositionen gehören:

(1) $A \lor B$
(2) $C \to B$
(3) $A \lor C$

Die glaubenswiderstreitende Annahme H besage, daß (1) falsch ist: $H \leftrightarrow \neg A \land \neg B$. Es ist klar, daß zwecks Erhaltung der Konsistenz von RC bei Hinzunahme von H die Aussage (1) preisgegeben werden muß. H ist außerdem mit (2) verträglich; ebenso ist sie mit (3) verträglich. Dagegen ist H logisch unverträglich mit der Konjunktion von (2) und (3) und daher mit jeder Satzklasse, die sowohl (2) als auch (3) enthält. Denn $H \land$ (2) impliziert logisch:

$$\neg A \wedge \neg B \wedge \neg C$$

$H \wedge (3)$ impliziert logisch:

$$\neg A \wedge \neg B \wedge C$$

Aus H, (2) und (3) zusammen folgt somit der Satz: $C \wedge \neg C$. Wiederum zeigt sich, daß wir bei Hinzufügung einer irrealen Annahme H zu unserem RC nicht nur jene ursprünglich geglaubte Proposition preisgeben müssen, die dieser irrealen Annahme unmittelbar widerspricht, sondern daß wir wegen der logischen Verbindungen von H mit anderen geglaubten Propositionen genötigt sind, auch die prima facie untangierten übrigen Überzeugungen zu ändern, es sei denn, wir nehmen einen logischen Widerspruch in Kauf. Die Konsistenz kann auf verschiedene Weise wiederhergestellt werden; die Annahme H läßt uns aber über den dabei einzuschlagenden Weg völlig im dunkeln. Wir müssen uns entschließen, entweder (2) oder (3) zu verwerfen. Was immer wir tun, wir brauchen keine Wortbedeutungen zu ändern, sondern nur den Glauben an die Wahrheit synthetischer Sätze preiszugeben.

Schon früher haben verschiedene Denker ihre Skepsis gegenüber allen Versuchen geäußert, ein Wahrheitskriterium für IKs zu finden. Die bisherigen Überlegungen haben diese Skepsis in gewissem Sinne gerechtfertigt: Solange wir keine schlüssige Antwort auf die Frage erhalten haben, welche zusätzlichen Prämissen wir bei der Ableitung einer Konsequenz K aus einer glaubenswiderstreitenden Annahme H verwenden dürfen, werden wir im Normalfall, d. h. wenn die Ableitung keine rein logische aus H allein ist, auch nicht sagen können, ob wir durch Anwendung des Deduktionstheorems zu $H \leadsto K$ übergehen dürfen. Die Frage: „welche zusätzlichen Prämissen sind zulässig?" ist aber nicht beantwortbar, solange wir nicht wissen, wie das *neue* RC nach Hinzunahme von H aussieht, d. h. in welcher Weise das alte RC umzubauen ist.

7.e Ein drittes Beispiel, das unsere Ratlosigkeit angesichts konträrer IKs demonstrieren und dementsprechend die Skepsis gegenüber den Chancen auf die Formulierung eines adäquaten Wahrheitskriteriums rechtfertigen sollte, stammt von W. V. QUINE. Er stellte die folgenden beiden IKs einander gegenüber:

(a) Wenn Verdi und Bizet Landsleute gewesen wären, so wäre Bizet ein Italiener gewesen;

(b) Wenn Verdi und Bizet Landsleute gewesen wären, so wäre Verdi ein Franzose gewesen.

Beide Sätze können nicht zusammen wahr sein. Und trotzdem haben wir den deutlichen Eindruck, daß kein wie immer geartetes logisches Raffinement imstande wäre, eine Entscheidung zugunsten der einen und gegen die andere Alternative zu ermöglichen. Wir können genausogut das eine wie das andere behaupten. Die Entscheidung scheint nur durch reine Willkür möglich zu sein. Transformiert man das Beispiel in die Sprache des hypothetischen Räsonierens, so können wir als Grund für unsere Ratlosigkeit wieder eine Kontextmehrdeutigkeit anführen. Zu den tatsächlich für richtig gehaltenen Sätzen mögen die folgenden gehören:

(1) Bizet war Franzose;
(2) Verdi war Italiener;
(3) Landsleute sind Personen von gleicher Nationalität;
(4) Italiener und Franzosen haben verschiedene Nationalität.

Die Begriffe der Landsleute sowie der Nationalität seien dabei so gefaßt, daß (3) und (4) analytische Sätze sind, so daß insbesondere niemand gleichzeitig zwei Nationalitäten haben kann. Die glaubenswiderstreitende und überdies tatsachenwiderstreitende Annahme H besteht in der Behauptung, daß Bizet und Verdi Landsleute gewesen sind. Die Hinzufügung von H zu RC erzeugt eine Inkonsistenz. (3) und (4) kommen wegen ihrer Analytizität für die erforderliche Revision nicht in Frage. H ist mit jedem einzelnen der Sätze (1) und (2) verträglich, nicht aber mit beiden. Entschließen wir uns für eine solche Modifikation des RC, daß (2) beibehalten und (1) preisgegeben wird, so ermöglichen H und (2) zusammen den Schluß auf die Behauptung: „Bizet war Italiener" und liefern somit eine Begründung von (a). Wird dagegen in das neue RC neben H auch (1) einbezogen, (2) dagegen fallengelassen, so gelangen wir in einer analogen Weise zu einer Begründung von (b).

7.f In den bisherigen Fällen konnten wir uns stets einen prinzipiellen Überblick über die zulässigen Alternativen zur Revision des rationalen Corpus K verschaffen. Diese Möglichkeiten können durch Listen beschrieben werden, die zwei Spalten enthalten, jeweils eine für die beizubehaltenden und eine für die zu verwerfenden Hypothesen. In dem Beispiel aus 7.d z. B. erhalten wir die beiden Listen

<table>
<tr><td colspan="2" align="center">1. Alternative</td><td colspan="2" align="center">2. Alternative</td></tr>
<tr><td>beizubehalten</td><td>zu verwerfen</td><td>beizubehalten</td><td>zu verwerfen</td></tr>
<tr><td>$C \to B$</td><td>$A \vee B$
$A \vee C$</td><td>$A \vee C$</td><td>$A \vee B$
$C \to B$</td></tr>
</table>

Meist wird uns jedoch eine solche einfache tabellarische Übersicht nicht gelingen, und zwar insbesondere dann nicht, wenn die glaubenswiderstreitende Hypothese mit dem Rest der geglaubten Sätze nur in einem induktiven Konflikt steht. In den bisherigen Beispielen hatten wir es ja stets mit dem schärferen Fall der logischen Inkonsistenz zu tun gehabt. Ein Beispiel für eine bloß induktive Inkonsistenz wäre die folgende: Die glaubenswiderstreitende Hypothese H bestehe in der Annahme, daß Napoleon die Schlacht bei Waterloo gewonnen habe. Zum RC mögen die folgenden Sätze gehören:

(1) Napoleon verlor die Schlacht bei Waterloo;

(2) Napoleon versuchte, 14 Tage nach der Schlacht bei Waterloo aus Frankreich zu fliehen;

(3) Etwa einen Monat nach der Schlacht bei Waterloo wurde Napoleon von den Engländern gefangen genommen und nach St. Helena gebracht.

(1) muß bei Annahme von H natürlich preisgegeben werden. (2) und (3) hingegen könnten vom rein logischen Standpunkt aus beibehalten werden, da sie sowohl einzeln wie zusammen mit H logisch verträglich sind. Diese beiden Sätze sind jedoch unter der Voraussetzung der Wahrheit von H höchst unwahrscheinlich, so daß es als sehr plausibel erscheinen muß, zu verlangen, ein rational Glaubender könne (2) und (3) bei Annahme von H nicht beibehalten. Man kann sich zwar vielerlei tatsachenwiderstreitende Geschichtsabläufe ausdenken, die sowohl H als auch (2) und (3) wahr machen. Doch müßte man dann eine andersartige mehr oder weniger starke Änderung von RC in Kauf nehmen. Auch die glaubenswiderstreitende Hypothese unseres vierten Beispiels führt somit zu einer Kontextmehrdeutigkeit. Die denkbaren Revisionsmöglichkeiten des ursprünglichen RC sind hier außerordentlich groß.

Um ein mögliches Mißverständnis zu vermeiden, sei ausdrücklich darauf hingewiesen, *daß es auch glaubenswiderstreitende Hypothesen geben kann, die mit keiner Kontextmehrdeutigkeit behaftet sind.* Es sind dies solche Propositionen, deren Negationen zwar in RC vorkommen, die aber im übrigen eine isolierte Stellung einnehmen und daher zu den anderen geglaubten Sätzen in keinen deduktiven oder induktiven Relationen stehen. Ich möge etwa auf Grund der letzten Berichte über den Planeten Venus glauben, auf diesem Planeten gäbe es kein Leben. Ich soll nun die dieser Überzeugung widerstreitende Annahme machen: angenommen, auf der Venus gibt es Mikroorganismen. In einem solchen Fall werde ich, abgesehen von diesem einen Satz, keine oder nur geringfügige Änderungen im System meiner Überzeugungen vornehmen müssen, um die Konsistenz wiederherzustellen. Andere Fälle isolierter Propositionen erhalten wir, wenn wir glaubenswiderstreitende Sätze betrachten, welche sich auf sprachliche Äußerungen beziehen, die in keinem relevanten kausalen Zusammenhang mit anderen Handlungen stehen. Ein Beispiel wäre etwa die Hypothese: „Angenommen, ich hätte gestern gesagt ‚morgen wird es regnen'". Daraus ziehe ich z. B. die Schlußfolgerung: „dann hätte ich recht behalten".

Damit dürfte die Situation hinreichend verdeutlicht worden sein. Der häufig begangene Fehler besteht darin, sich von glaubenswiderstreitenden

Hypothesen ein viel zu einfaches Bild zu machen, das man schematisch etwa so schildern könnte: „Wir schlagen in das System unserer Überzeugungen ein Loch, indem wir eine geglaubte Proposition aus diesem System herauswerfen; in einem zweiten Schritt ersetzen wir diese Proposition durch eine mit ihr unverträgliche, lassen jedoch im übrigen alles unverändert." Die tatsächliche Sachlage ist wesentlich komplizierter. Die Hinzufügung einer glaubenswiderstreitenden Annahme H zum rationalen Corpus K führt zu einer Inkonsistenz. Gewöhnlich wird bereits die Negation von H in K vorkommen. Dasjenige, was man *die Paradoxie der glaubenswiderstreitenden Annahmen* nennen könnte, entsteht dadurch, daß es zur Behebung dieser Inkonsistenz fast niemals genügt, $\neg H$ aus K herauszunehmen und durch H zu ersetzen. Der Grund dafür liegt darin, daß H wegen des Bestehens deduktiver und induktiver Zusammenhänge zwischen den Gliedern von RC auch mit zahlreichen anderen Elementen von K in logischem oder induktivem Konflikt steht. Wie die Beispiele zeigten, existiert kein logisches Verfahren, welches angibt, wie das ursprüngliche RC K durch ein neues RC K^* zu ersetzen ist, das die glaubenswiderstreitende Hypothese H enthält und außerdem logisch wie induktiv konsistent ist.

Schematisch kann die Sachlage so geschildert werden: (a) *Ausgangspunkt:* das Gegebensein des rationalen Corpus K. (b) *Erster Schritt:* Hinzufügung einer glaubenswiderstreitenden Hypothese H. Feststellung, daß $K \cup \{H\}$ inkonsistent ist. (c) *Zweiter Schritt:* Es sei K' jener Teil von K, der durch Wegnahme von $\neg H$ aus K entsteht. Betrachtet wird $K' \cup \{H\}$. Hier ergeben sich zwei Möglichkeiten: Entweder diese Klasse ist konsistent, dann entsteht kein weiteres Problem (vgl. das Venus-Beispiel). Oder aber auch diese Klasse ist inkonsistent, zumindest in einem (hier nicht weiter zu präzisierenden) induktiven Sinn. Dann wird es notwendig, K' weiter zu modifizieren. (d) *Dritter Schritt:* Konstruktion eines RC K^*, welches H enthält und dessen übrige Elemente mit H logisch wie induktiv verträglich sind. Hier ergibt sich eine Mehrdeutigkeit dadurch, daß kein logisches Verfahren existiert, welches zur Konstruktion einer eindeutig bestimmten Klasse K^* führt.

Das Problem der glaubenswiderstreitenden Hypothesen hat somit seine Wurzel in einer Unvollständigkeit: Wir sollen uns die Konsequenzen einer irrealen Annahme überlegen, sind aber nicht hinreichend darüber informiert, welche weiteren Annahmen für solche deduktiven oder induktiven Schlüsse verwendet werden dürfen.

7.g Für die Behebung der Unvollständigkeit ist es von Relevanz, in welchem Kontext die glaubenswiderstreitende Hypothese formuliert wird. Zwei Hauptfälle sind hier zu unterscheiden. Entweder es liegt ein *pragmatischer Dialogzusammenhang* vor oder aber es handelt sich um eine *rein theoretische Überlegung*. Der erste Fall ist gegeben, wenn eine Person Y von einer anderen Person X aufgefordert wird, die glaubenswiderstreitende Annahme H zu machen und daraus Folgerungen zu ziehen. Wir setzen voraus, daß X

und Y beide rationale Personen sind und nehmen außerdem der Einfachheit halber an, daß das rationale Corpus K für beide identisch ist. Falls H keine im geschilderten Sinn isolierte Proposition ist, so daß also die wechselseitige Ersetzung von H durch ihre Negation aus K nicht wieder ein konsistentes RC erzeugt, so besteht die einzige sinnvolle Reaktion von Y darin, bei X zurückzufragen, wie er diese glaubenswiderstreitende Hypothese H verstanden haben wolle. Entweder X beantwortet diese Rückfrage mit einer genauen Angabe darüber, in welcher Weise das durch Einbeziehung von H inkonsistent gewordene RC „in Ordnung gebracht" werden solle, d. h. welche übrigen Annahmen fallengelassen und welche neu aufgenommen werden sollen, so daß ein RC $K*$ entsteht, welches logisch und induktiv konsistent ist. Dann verschwindet die Paradoxie. Denn Y kann nun darangehen, Folgerungen aus H und anderen Elementen von $K*$ zu ziehen. Oder aber X stellt diese zusätzliche Information nicht zur Verfügung. Dann bleibt die Paradoxie bestehen und Y kann vernünftigerweise nichts anderes tun als die Hypothese H wegen ihrer Unbestimmtheit, d. h. wegen der nichtbehobenen Kontextmehrdeutigkeit zurückzuweisen.

Handelt es sich dagegen um eine rein theoretische Überlegung, so fehlt der Diskussionspartner, von dem die erforderliche Information zu erhalten ist. Hier kann nur entweder eine willkürliche Festsetzung getroffen werden oder aber man muß sich auf *ein Prinzip der Beibehaltung und der Verwerfung von Überzeugungen* stützen, welches genau angibt, wie unsere glaubenswiderstreitenden Hypothesen mit dem Rest unserer Überzeugungen zu versöhnen sind. Sicherlich könnte ein derartiges Prinzip nicht die Gestalt einer eineinfachen, mechanisch anwendbaren Regel haben, welche etwa besagt, daß jenes konsistente RC $K*$ zu wählen sei, das durch die schwächste Modifikation des ursprünglichen, um H erweiterten RC zustande kommt (wobei H selbst von dieser Modifikation natürlich unberührt bleiben müßte). Abgesehen davon, daß man für die Verwendbarkeit einer derartigen Regel ein noch ausstehendes klares Kriterium dafür haben müßte, worin eine *minimale* Änderung eines RC, die zur Konsistenz führt, bestehen solle, wäre eine derartige Regel bestenfalls für die Wiederherstellung der streng logischen Konsistenz ausreichend, nicht aber für die Beseitigung induktiver Inkonsistenzen, wie diese etwa im Napoleon-Beispiel illustriert wurden.

7.h Zu einem akzeptablen Prinzip der Beibehaltung und der Verwerfung würden wir nur gelangen können, wenn es möglich wäre, eine *Vorzugsordnung* in das System der Überzeugungen eines rationalen Wesens X einzuführen. Eine derartige Vorzugsordnung müßte es X ermöglichen zu entscheiden, ob in einem gegebenen Fall eher eine Aussage p als eine Aussage q preiszugeben ist bzw. allgemeiner: eher eine Gesamtheit P geglaubter Propositionen als eine andere solche Gesamtheit Q. Dazu müßte das System RC unserer Überzeugungen in *Schichten* gegliedert werden. Wir nennen diese Schichten *Modalschichten*. Zur Basisschicht M_0 wären jene Sätze zu rechnen, die wir keinesfalls preiszugeben gewillt wären. Dazu würde auf jeden Fall die Aussage H gehören, an der ja nach Voraussetzung festgehalten werden soll. Ferner würden wir hierher einerseits die an der Peripherie unseres Wissens liegenden und für sicher gehaltenen Sätze: das sogenannte Beobachtungswissen, zu rechnen haben, andererseits die im Zentrum gelegenen Propositionen: logische und analytische Wahrheiten. Die Folge der weiteren Schichten M_1, M_2, ... würde eine abnehmende Zuverlässigkeit der zugehörigen Propositionen repräsentieren, wobei der Glaubhaftigkeitsgrad der zu ein und derselben Schicht gehörenden Propositionen, relativ auf die der vorangehenden Schichten, derselbe wäre. Wie diese Andeutungen zeigen, ließe sich eine derartige Konstruktion nur unter Zugrundelegung eines hinlänglich ausgebauten Systems der induktiven Logik oder einer Theorie des vernünftigen Glaubens präzise durchführen. Beginnend mit dem H enthaltenden M_0 hätten wir danach zu trachten, eine maximale konsistente Erweiterung zu erzielen. Dies könnte vermutlich nur unter zwei Voraussetzungen geschehen: Erstens müßten wir, da es sich ja nicht nur um logische Konsistenz handelt, ein scharfes Kriterium dafür haben, wann eine induktive Inkonsistenz vorliegt. Da nur in den seltensten Fällen die „Konsistenzgrenze" für ein gegebenes i mit der Grenze zwischen M_i und M_{i+1} zusammenfiele, würde es sich meist als erforderlich erweisen, die Elemente eines M_i oder Konjunktionen von solchen durch deren Adjunktion zu ersetzen, immer dann nämlich, wenn zwar die Hinzufügung einiger, nicht aber die Hinzufügung aller Elemente aus M_{i+1} mit der Konsistenzforderung verträglich wäre. Zweitens würden wir wieder *eine Lösung des Problems der Gesetzesartigkeit* voraussetzen müssen, da wir akzidentelle Aussagen eher preiszugeben geneigt sind als nomologische.

Angenommen, wir gelangten auf diesem Wege zu dem gesuchten Prinzip der Annahme und Verwerfung. Besteht das ursprüngliche RC K aus den Sätzen S_1, ... S_n, so gewinnen wir also die Klasse der beizubehaltenden Sätze:

(α) $S_{i_1}, \ldots, S_{i_k}$

sowie der zu verwerfenden Sätze:

(β) $S_{i_{k+1}}, \ldots, S_{i_n}$,

wobei (α) durch die Methode der maximalen konsistenten Erweiterung gewonnen worden ist. Fügen wir zu (α) die neu hinzutretende Proposition H hinzu, so haben wir jene Prämissenklasse gewonnen, aus der Folgerungen gezogen werden dürfen. Was aus der glaubenswiderstreitenden Annahme H folgt, ist genau das, was aus H und anderen Elementen der Klasse (α) folgt. Ebenso kann H zusammen mit anderen Elementen aus (α) als Basis für einen induktiven Schluß genommen werden. Ist H überdies eine tatsachenwiderstreitende Annahme, so können wir jetzt, falls C eine deduktive oder induktive Folgerung aus H und (α) ist, behaupten:

$$H \leadsto C$$

In dieser Weise wäre also ein bestimmter irrealer Konditionalsatz zu begründen.

7.i Wir müssen auf eine Zweideutigkeit im Begriff des IK hinweisen, die wir früher nicht berücksichtigt haben. Der eine Fall besteht darin, daß in $A \leadsto K$ sowohl A wie K falsch sind. Da Antecedens wie Konsequens im grammatikalischen Konjunktiv ausgedrückt sind, ist der Behauptende außerdem von dieser Unrichtigkeit überzeugt. Wir nennen dies den *reinen Fall* eines IK. Der zweite Fall liegt vor, wenn nur diese Überzeugung von der Unrichtigkeit seitens der behauptenden Person besteht, während A und K nicht falsch sind. Ein Beispiel hierfür wäre das folgende: Ich bin davon überzeugt, daß in einer bestimmten Gegend im vergangenen Winter kein Lawinenunglück passiert ist. Auf Grund einer Kenntnis der Situation sage ich: „Wenn im vergangenen Winter an der und der Stelle eine Lawine heruntergekommen wäre, dann wäre der Bauernhof Z zerstört worden". Meine erste Überzeugung ist jedoch unrichtig; die Lawine *ist* heruntergekommen und der Bauernhof wurde tatsächlich zerstört.

Wir beschränken uns auf den *reinen* Fall, einerseits weil dies der Normalfall ist, andererseits weil dadurch ein Unterschied gegenüber dem hypothetischen Räsonieren zutage treten wird. Der prinzipielle Zusammenhang dürfte auf Grund der bisherigen Überlegungen bereits klargeworden sein: Man geht von einer glaubenswiderstreitenden Hypothese A aus, folgert daraus den Satz K und geht mittels Anwendung des Deduktionstheorems zur Aussage $A \leadsto K$ über. Die für die Ableitung erforderlichen zusätzlichen Prämissen müssen dann in der geschilderten Weise entweder durch Festsetzung oder mit Hilfe eines Prinzips der Annahme und Verwerfung bestimmt werden. Auf diese Weise ist das Problem der IKs auf das des hypothetischen Räsonierens zurückzuführen. Im reinen Fall kommt außerdem noch hinzu, daß A tatsachenwiderstreitend zu sein hat.

Dadurch tritt gegenüber dem bisherigen eine gewisse Verschiebung ein. Entscheidend ist nicht dies, daß eine Annahme gemacht wird, die der *Überzeugung* des einen IK Behauptenden widerspricht, *sondern daß in der Hypothese ein Weltzustand angenommen wird, der nicht realisiert war*[28]. Cum grano salis können die früheren Bemerkungen über die Kontextmehrdeutigkeit übernommen werden, nur daß überall „glaubenswiderstreitend" durch „tatsachenwiderstreitend" zu ersetzen ist. Während wir früher sagten, daß sich die *unvollständige Information*, die in einer *glaubenswiderstreitenden* Hypothe-

---

[28] Dieser Unterschied wird in dem zitierten Buch von N. RESCHER nicht hinreichend berücksichtigt.

se enthalten ist, darin äußert, keine ausreichende Anleitung dafür zu haben, wie das inkonsistent gewordene RC durch ein neues und konsistentes zu ersetzen ist, können wir jetzt sagen: *Die unvollständige Information*, die in der *tatsachenwiderstreitenden* Hypothese beschlossen liegt, besteht in unserer Unkenntnis darüber, welcher Weltzustand als der wahre Weltzustand gesetzt werden soll. Solange diese Unklarheit nicht beseitigt ist, überträgt sich die Kontextmehrdeutigkeit von der tatsachenwiderstreitenden Hypothese auf den ganzen IK.

Machen wir uns dies nochmals an einem früheren Beispiel klar: Eine der tatsachenwiderstreitenden Annahmen lautete: „Bizet und Verdi waren Landsleute". Die Kontextmehrdeutigkeit dieser Annahme tritt explizit hervor, sowie wir die Frage stellen: „Wie soll denn die Welt aussehen, für welche diese Annahme zutrifft? Soll darin Bizet ein Italiener sein oder Verdi ein Franzose oder soll etwas Drittes gelten?" (Denn auch das letztere wäre ja möglich, z. B. daß in dieser Welt beide Spanier sind).

Die Kontextmehrdeutigkeit kann durch hinreichend phantastische Annahmen beliebig groß gemacht werden, wie etwa das Reichenbachsche Beispiel zeigt: *Angenommen, Plato hätte im 19. Jhd. gelebt.* Wie soll die Welt, in der diese Hypothese gilt, beschaffen sein? Soll man angesichts der Tatsache, daß Plato dem Prozeß gegen Sokrates beiwohnte, auch annehmen, daß die gesamte reale und kulturelle Umgebung Platos „ins 19. Jhd. transferiert" werden soll? Oder soll dieser Satz als eine stillschweigende Aufforderung interpretiert werden, eine Theorie der Seeleninkarnation anzunehmen und voraussetzen, daß die Seele Platos im 19. Jhd. in einem anderen Menschen verkörpert war? Oder sollen wir die Berichte über den angeblichen Tod des Plato für falsch halten und annehmen, es handle sich um einen dem gegenwärtigen biologischen Wissen widersprechenden Fall eines Menschen, der Jahrtausende überlebte?

7.j RESCHERs Grundgedanke dürfte durch die bisherigen Erörterungen hinreichend geklärt worden sein. Das Problem der IKs ist danach kein Problem, für das durch Formulierung eines Wahrheitskriteriums eine theoretische Lösung gefunden werden müßte, sondern das nur *aufgelöst* werden kann. Um einen Überblick über die Auflösungsmöglichkeiten zu gewinnen, unterscheiden wir drei Arten von IKs:

(I) *Nomologische IKs.* Hier sind wieder zwei Fälle zu unterscheiden. Der einfachere Fall ist wie folgt zu charakterisieren: Wir gehen von einem Gesetz G aus, *halten an seiner Gültigkeit fest* und ziehen weiterhin eine tatsachenwiderstreitende Spezialisierung dieses Gesetzes in Betracht. G habe etwa die Gestalt: $\bigwedge x (Fx \rightarrow Kx)$, c sei ein Individuum, dem das Prädikat F nicht zukommt. Fc ist daher eine tatsachenwiderstreitende Annahme. Daraus kann Kc erschlossen werden. Der Übergang vom Schluß zu dem entsprechenden Wenn-Dann-Satz liefert die Behauptung $Fc \leadsto Kc$.

Das einfache Gesetz besage z. B. bei inhaltlicher Deutung: „Alle Fische atmen durch Kiemen". c sei Julius Cäsar. Die geschilderte Ableitung begründet den IK:

„Wenn Julius Cäsar ein Fisch gewesen wäre, so hätte er durch Kiemen geatmet".

Wie dieses Beispiel zeigt, können auch nomologische IKs, bei denen an der Gültigkeit eines Gesetzes festgehalten wird, einen etwas „verrückten" Eindruck machen. Daneben wäre es aber auch denkmöglich, anders zu reagieren und im vorliegenden Fall folgendes zu behaupten:

„Wenn Julius Cäsar ein Fisch gewesen wäre, dann gäbe es Fische, die nicht durch Kiemen atmen" (denn Julius Cäsar atmete nicht durch Kiemen).

Diese zweite Möglichkeit soll im Fall eines nomologischen IK *kraft Konvention* ausgeschlossen bleiben. Hier würde es sich ja nicht mehr um die tatsachenwiderstreitende Spezialisierung eines gültigen Gesetzes handeln, sondern *um die Preisgabe des Gesetzes*. Die Kontextmehrdeutigkeit würde in der Weise behoben werden, daß das in unserer Welt gültige Gesetz „alle Fische atmen durch Kiemen" als nicht mehr geltend angenommen wird. Demgegenüber soll in einem nomologischen IK das relevante Gesetz beibehalten werden auf Kosten anderer nichtgesetzesartiger Annahmen, die jetzt geändert werden müssen, um den Einklang mit dem Gesetz herzustellen. Wie diese Bemerkung zeigt, braucht man den Begriff des Gesetzes hier nicht für die „*Lösung*" des Problems der IKs, sondern nur für die *Abgrenzung* nomologischer IKs von anderen: In nomologischen IKs werden Gesetze als nicht zu variierende *Fixpunkte* genommen: Akzidentelles darf nicht auf Kosten von Gesetzesartigem variiert werden.

Einen komplizierteren Fall nomologischer IKs erhalten wir, wenn für die Anwendung eines Gesetzes weitere Randbedingungen herangezogen werden müssen. Dazu gehört das Goodmansche Streichholzbeispiel. Es mögen etwa in der Welt die folgenden fünf Sätze wahr sein:

Gesetz G: „Alle trockenen Streichhölzer, die in einem Sauerstoff enthaltenden Medium an einer A-Fläche gerieben werden, brennen"[29].

A_1: „s ist ein trockenes Streichholz" (erste Hilfshypothese)

A_2: „s befindet sich in einem Sauerstoff enthaltenen Medium" (zweite Hilfshypothese)

A_3: „s ist nicht an einer A-Fläche gerieben worden".

A_4: „s hat nicht gebrannt".

Die tatsachenwiderstreitende Hypothese H laute: „s wurde an einer (oder: an dieser) A-Fläche gerieben". A_3 muß preisgegeben werden. Da ein

---

[29] Die Erfüllung gewisser physikalisch-chemischer Bedingungen sei bereits in die Definition von „Streichholz" bzw. „A-Fläche" (Fläche mit den genau charakterisierbaren Eigenschaften an einer Streichholzschachtel) einbezogen worden.

nomologischer IK konstruiert werden soll, ist das Gesetz G beizubehalten. Dann ergeben sich aber noch immer drei mögliche IKs, nämlich:

$$(1) \quad H \rightsquigarrow \neg A_1$$
$$(2) \quad H \rightsquigarrow \neg A_2$$
$$(3) \quad H \rightsquigarrow \neg A_4,$$

je nachdem, welchen der drei restlichen Sätze man preiszugeben beschließt. Nur die letzte Wahl liefert die Aussage: „wenn s an dieser A-Fläche gerieben worden wäre, dann hätte s gebrannt." Auch die beiden anderen Fälle aber wären *nomologische* IKs. *Dies zeigt, daß der Beschluß, die Gesetze nicht zu ändern, noch keineswegs dafür hinreicht, um die als gültig anzusehenden IKs auszuzeichnen.* In gewissem Sinn entspricht dies der Goodmanschen Überlegung, daß mit der Lösung des Problems der Gesetzesartigkeit das Problem der relevanten Bedingungen noch nicht mitgelöst worden ist. Der Unterschied ist nur der, daß wir die Suche nach einem Wahrheitskriterium aufgegeben haben und stattdessen die Beantwortung der Frage: „welcher IK ist gültig?" davon abhängig machen, *in welcher Weise wir die in der tatsachenwiderstreitenden Annahme enthaltene unvollständige Information zu vervollständigen beschließen.*

Bei der Schilderung von N. GOODMANs Diskussion des Problems ergab sich, daß auch die scheinbar beste nichtzirkuläre Fassung eines Wahrheitskriteriums gleichzeitig (1) und (3) wahr macht, obwohl offenbar nicht beide wahr sein können. Die „Lösung" dieses Problems lautet: Man kann nicht schlechthin von der Wahrheit oder Falschheit eines IK sprechen. Man muß zunächst die Kontextmehrdeutigkeit beheben durch Anwendung eines Prinzips, welches „die Ordnung wieder herstellt". Für den vorliegenden Fall haben wir angenommen, das Prinzip laute so, daß sowohl das Gesetz als auch die ersten beiden genannten Hilfshypothesen für die vorgesehene Verwendungsart des Gesetzes beizubehalten sind. Dieses Prinzip ist nicht weiter begründbar; seine Annahme ist Sache eines Beschlusses. Dabei ist nicht zu übersehen, daß ein derartiger Beschluß außerdem relativ ist auf eine bestimmte Anwendungsart des Gesetzes. Auch (1) und (2) ergäben sich ja als Anwendungen desselben Gesetzes, nur in etwas anderer sprachlicher Formulierung unter Benützung jeweils anderer Hilfshypothesen.

(II) *Antinomologische IKs.* Hier wird eine radikalere Abweichung vom wahren Zustand beschlossen: Es wird ausdrücklich entweder ein geltendes Gesetz als ungültig oder umgekehrt ein nichtgeltendes Gesetzesprinzip als gültig angenommen. Die Kontextmehrdeutigkeit einer tatsachenwiderstreitenden Annahme wird also auf diese Weise behoben (vgl. die zweite Alternative im Cäsar-Fisch-Beispiel). Es ist also gar nicht notwendig, an Gesetzen festzuhalten, um einen IK behaupten zu können. Daß Überlegungen von dieser Art eine praktische Bedeutung bekommen können, wird klar, wenn man bedenkt, daß wir ja die wahren Gesetze nicht kennen, sondern diese in den Naturwissenschaften nur hypothetisch angenommen werden können.

Es ist daher sinnvoll und oft zweckmäßig, die Frage zu stellen, *was der Fall wäre, wenn die und die Gesetze keine Gültigkeit besäßen*. Angenommen etwa, ein Vertreter der klassischen Physik hätte noch kein Verfahren zur Messung der Lichtgeschwindigkeit gekannt. Es wäre ihm die spezielle Relativitätstheorie vorgelegt worden. Er hätte seine Überzeugung von der Unrichtigkeit dieser Theorie so ausdrücken können: „Könnte man die Lichtgeschwindigkeit messen, so würde sich ergeben, daß sich das von einer irdischen Quelle ausgesandte Licht nicht nach allen Richtungen mit derselben Geschwindigkeit fortpflanzt". Dies wäre ein antinomologischer IK. Er würde zwar nicht der Überzeugung des betreffenden Physikers bezüglich der geltenden Gesetze widersprechen, jedoch — wie wir annehmen wollen — einem tatsächlich geltenden Gesetz. Um ihn als einen *reinen Fall* eines IK im früheren Sinn konstruieren zu können, müßte man ihn von jemandem aussprechen lassen, der die klassische Auffassung *nicht* vertritt.

(III) *Rein spekulative IKs.* In diesem Fall handelt es sich weder darum, tatsachenwiderstreitende Spezialisierungen von Gesetzen vorzunehmen, noch darum, gesetzeswiderstreitende Annahmen zu machen. Hierher gehören das Verdi-Bizet-Beispiel, das Plato-Beispiel sowie die beiden Sätze: „Wenn München in Schleswig-Holstein läge, dann läge Schleswig-Holstein im Süden von Deutschland" und: „wenn München in Schleswig-Holstein läge, dann läge München im Norden von Deutschland". Wir haben früher auf die Problematik eines „Prinzips der Beibehaltung und Verwerfung" hingewiesen. Bei den rein spekulativen IKs läßt sich ein solches Prinzip nicht einmal *formulieren*. Es muß ad hoc entschieden werden, wie die Welt bzw. der Weltzustand geändert zu denken ist. Durch geeignete Wahl kann dann stets ein Satz aus einer Liste miteinander konkurrierender IKs wahr gemacht werden. Die Richtigkeit ist hier sozusagen im wahrsten Sinn des Wortes Sache freier Willkür. Solange man das nicht erkennt, bilden spekulative IKs einen Prototyp gedanklicher Fangstricke.

Dieser Abschnitt war betitelt: „Auf dem Wege zur Lösung des Problems der irrealen Konditionalsätze". Wie aus den darin angestellten Überlegungen klargeworden ist, kann von einer vollständigen Lösung bzw. Auflösung dieses Problems nicht gesprochen werden. Denn an verschiedenen Stellen mußten wir weiterhin an den Unterschied zwischen nomologischen und akzidentellen Sätzen appellieren, so daß die Lösung des Problems der Gesetzesartigkeit unabhängig von all den Betrachtungen dieses Abschnittes weiterhin vorausgesetzt werden muß und nicht etwa überflüssig geworden ist. Diese dringend benötigte Problemlösung bildet auch nicht etwa ein Nebenprodukt der Rescherschen Gedankengänge.

Anhang I
Eine Alternative zu Reschers Theorie des hypothetischen Räsonierens: Minimale Überzeugungsänderungen und epistemische Wichtigkeit nach P. Gärdenfors

Es sei K eine Menge von Überzeugungen („belief set"), aufgefaßt als Satzmenge, die erstens konsistent und zweitens abgeschlossen bezüglich logischer Folgerung ist. Die Betrachtungen RESCHERS haben gezeigt, daß die Behebung der Kontextmehrdeutigkeit im Sinn von S. 368 eine Beantwortung der folgenden Frage erzwingt: Wie kann man aus K für einen gegebenen Satz A eine neue Menge von Überzeugungen $K-A$ (lies: „K minus A") produzieren, genannt *Kontraktion von K bezüglich A*, die A nicht mehr enthält? (Denn dort sollte ja $\neg A$ hinzugefügt werden. Das eben formulierte Problem läßt sich jedoch *ohne* diesen Zusammenhang mit der Problematik der irrealen Konditionalsätze erörtern.)

Diese Frage erzeugt insofern eine Schwierigkeit, als man nicht einfach $K-A$ mit der Differenzmenge $K \setminus \{A\}$, also dem Durchschnitt von K und $\overline{\{A\}}$, identifizieren kann. Diese Menge wäre nämlich erstens nicht abgeschlossen bezüglich logischer Folgerung; und zweitens bliebe es im normalen Fall nicht eindeutig bestimmt, was für weitere Sätze man aus K entfernen muß, damit wieder eine Menge von Überzeugungen herauskommt. Wir schildern den Grundgedanken der von GÄRDENFORS vorgeschlagenen Lösung.

K sei vorgegeben. Eine Menge von Überzeugungen K', so daß $K' \subseteq K$, heißt *maximal konsistent mit $\neg A$ bezüglich K* gdw K' konsistent (logisch verträglich) ist mit $\neg A$ und keine mit $\neg A$ konsistente Menge von Überzeugungen K'' existiert, für die gilt:

$$K' \subset K'' \subseteq K.$$

Die erste Überlegung von GÄRDENFORS geht dahin, daß nur mit $\neg A$ maximal konsistente Mengen von Überzeugungen als potentielle Kandidaten für $K-A$ in Frage kommen. Leider gibt es in der Regel viele mit $\neg A$ maximal konsistente Teilmengen von K. Es muß daher aus ihnen eine *Auswahl* getroffen werden. Dabei wird die Suche nach einer Auswahlregel durch den

Nachweis dafür erleichtert, daß es zu jeder Überzeugungsmenge K' einen *repräsentativen Satz* $S_{K'}$ gibt, aus dem die Sätze von K' folgen.

In seinen weiteren Überlegungen geht GÄRDENFORS davon aus, daß man auf der Menge aller Sätze eine Ordnungsrelation der *epistemischen Wichtigkeit* annehmen kann. Als Kontraktion von K bezüglich A läßt sich nun dasjenige K' wählen, dessen repräsentativer Satz die größte epistemische Wichtigkeit hat. Diese größte epistemische Wichtigkeit wird dann der Menge K' selbst zugeordnet. Leider gibt es nicht immer ein solches K', wie das Bizet-Verdi-Beispiel von QUINE zeigt. (Die Unmöglichkeit, zwischen den beiden irrealen Konditionalsätzen zu differenzieren:

> „Wenn Bizet und Verdi Landsleute gewesen wären, dann wäre Bizet ein Italiener gewesen"

und

> „Wenn Bizet und Verdi Landsleute gewesen wären, dann wäre Verdi ein Franzose gewesen",

beruht darauf, daß „Bizet war Franzose" und „Verdi war Italiener" dieselbe epistemische Wichtigkeit haben.)

Es dürfte hoffnungslos sein, ein zweites zusätzliches Auswahlverfahren zu suchen. Deshalb definiert GÄRDENFORS $K - A$ als den *Durchschnitt* aller Überzeugungsmengen $K' \subseteq K$, die erstens maximal konsistent mit $\neg A$ und zweitens von maximaler epistemischer Wichtigkeit sind.

Eine gewisse formale Ähnlichkeit der Gedanken von GÄRDENFORS mit den geschilderten Untersuchungen von RESCHER darf nicht darüber hinwegtäuschen, daß die von RESCHER benützten Modalkategorien mit dem hier verwendeten, sicherlich weiterer Präzisierung bedürftigen und fähigen Begriff der epistemischen Wichtigkeit nur schwer vergleichbar sind.

Anhang II
Quines naturalistische Auflösung des Goodman-Paradoxons: Projektierbarkeit, natürliche Arten und Evolution[1]

Die Überlegungen von GOODMAN haben ergeben, daß das Problem der Gesetzesartigkeit von Sätzen gleichwertig ist mit dem der Projektierbarkeit von Prädikaten. (Durch eine terminologische Festsetzung hat GOODMAN

---

[1] Für ein richtiges Verständnis bestimmter Positionen ist es bei QUINE mehr als bei anderen heutigen Denkern erforderlich, diese Positionen im Kontext seiner Gesamtphilosophie zu sehen. Einen Einblick in das System seiner Philosophie habe ich zu geben versucht in Bd. II von *Hauptströmungen der Gegenwartsphilosophie,* sechste Aufl. Stuttgart 1979, S. 221—311.

später den Projektierbarkeitsbegriff auch auf Hypothesen ausgedehnt.) Für einen Lösungsansatz kann man daher wahlweise an das erste oder an das zweite Merkmal anknüpfen. Zwecks Vereinfachung der Sprechweise benützen wir das einheitliche Prädikat „pathologisch", bezeichnen also nicht-gesetzesartige Sätze ebenso wie nicht-projektierbare Prädikate als pathologisch.

Als erstes muß man sich Klarheit darüber verschaffen, was man unter einer *Lösung* des Problems verstehen will. Die Aufstellung von Eliminationsregeln – sei es zur Ausschaltung nicht-gesetzesartiger Sätze, sei es zur Ausschaltung nicht-projektierbarer Prädikate –, wie dies GOODMAN tat, legt den Gedanken nahe, daß eine *epistemische* Lösung bezweckt ist. (Auf die Frage, ob dies wirklich eine korrekte Interpretation der Gedanken von GOODMAN ist, kommen wir weiter unten zurück.) Darunter ist folgendes zu verstehen: Die in den Regeln vorkommenden Ausdrücke können alle erlernt werden. Ist dieses Erlernen einmal erfolgt, so sind die Regeln in dem Sinn *praktikabel*, als sie ohne Herbeiziehung bloß hypothetischen Wissens anwendbar werden. Die korrekte Anwendung der Regeln gewährleistet, daß nur Pathologisches ausgeschaltet und Nichtpathologisches beibehalten wird. Der Regelbenützer hat dann am Ende die Gewißheit oder zumindest die begründete Hoffnung, keine Hypothesen zur Diskussion zu stellen, die einer Bestätigung überhaupt nicht fähig sind, da ihnen das Merkmal der Gesetzesartigkeit fehlt.

QUINE hat sich, zum Unterschied von diesem epistemischen Programm, ein bescheideneres Ziel gesetzt. Er beansprucht nicht, Prinzipien zu formulieren, *die uns darüber informieren, wie wir es anzustellen haben,* pathologische Prädikate und Sätze zu vermeiden. Vielmehr begnügt er sich in „Natural Kinds" damit, eine Erklärung dafür zu liefern, warum bei Induktionen – und dies heißt bei ihm nicht mehr als: bei der Ausbildung von Gewohnheiten, einschließlich tierischer Erwartungen – gewöhnlich Pathologisches im Goodmanschen Sinn vermieden wird. Die von ihm angestrebte Lösung ist keine epistemische, sondern eine *ontologische*.

Um diese genauer zu schildern, müssen wir zunächst die Problemstellung im Rahmen der Quineschen Denkweise schärfer zu formulieren versuchen. QUINE unterscheidet zwischen zwei Arten von menschlichen Induktionen, nämlich vorsprachlichen und sprachlichen. *Vorsprachliche* Induktionen sind z. B. erforderlich, um den Gebrauch allgemeiner Prädikate, wie „grün" oder „Hund", zu erlernen. Der Lernende muß hier, wenn er zum Erfolg kommen will, ein allgemeines Gesetz deutschen Sprachverhaltens erfassen; denn aufgrund von endlich vielen Beispielen muß er schließlich imstande sein, zu beurteilen, in welchen Fällen z. B. ein deutscher Sprecher „grün" anwendet und in welchen nicht. (Übrigens bildet dies zugleich ein elementares Beispiel dafür, in welchem Sinn Spracherwerb Wissenserwerb ist.)

Anmerkung. Wendungen wie „Induktionen vornehmen" werden von QUINE ähnlich gebraucht wie „zu Verallgemeinerungen gelangen". Seine Gedanken über Induktion nageln ihn daher nicht auf eine bestimmte Theorie des induktiven Schließens fest. Man kann sogar noch weiter gehen und behaupten, daß die Quinesche Verwendung von „Induktion" im Prinzip durchaus verträglich ist mit der häufig als anti-induktivistisch bezeichneten Methodologie von KARL POPPER.

Für das korrekte Erlernen von etwas genügt nicht ein wildes Herumraten. Vielmehr stützt sich das Raten auf *angeborene Ähnlichkeitsmaßstäbe*. Daß derartige Maßstäbe als *gemeinsame* Maßstäbe vorliegen, ist nicht verwunderlich; denn es ist plausibel, anzunehmen, daß die Qualitätengliederungen des Lernenden denen seiner Mitmenschen gleichen, sind sie doch Wesen derselben Art mit derselben entwicklungsgeschichtlichen Vergangenheit.

Einen Anstrich von Rätselhaftigkeit bekommt die Sache nach QUINE erst, wenn wir *mit Hilfe der Sprache* Induktionen vornehmen, um Naturgesetze zu formulieren. Damit es auch hier zum Erfolg kommt, genügt es nicht, daß sich die Qualitätengliederungen der Menschen untereinander gleichen. Vielmehr muß man voraussetzen, daß die Qualitätengliederung des *Menschen* der Qualitätengliederung des *Kosmos,* oder anders formuliert: der Gliederung in *natürliche Arten,* entspricht. Damit sind wir am entscheidenden Punkt angelangt. Es ist die Frage zu beantworten, warum die uns angeborene Gliederung der Qualitäten mit den funktionell relevanten Gruppierungen der Natur so gut harmonieren, daß die meisten unserer Induktionen richtig sind.

Die Berufung auf eine prästabilierte Harmonie wäre natürlich lächerlich. QUINE meint, daß in dieser Frage „DARWIN ein wenig Licht ins Dunkel wirft". Man könnte die Gedankengänge von QUINE als einen *evolutionstheoretischen Versuch* bezeichnen, die Qualitätengliederungen als in den Genen verankerte Wesenszüge zu erklären, und zwar auf solche Weise, daß die Richtigkeit der folgenden ontologischen Aussage verständlich wird: *Projektierbar sind genau diejenigen Prädikate, welche auf die Dinge einer natürlichen Art zutreffen.*

Diese Erklärung geht mit einer anderen konform, welche er für die Tatsache zu geben versucht, daß sich die Natur unserem subjektiven Einfachheitsstandard zu unterwerfen scheint. Die spezifisch Darwinsche Überlegung verläuft hier so: Angeborene Ähnlichkeitsmaßstäbe haben für ihren Träger Überlebenswert, wenn sie zur Bevorzugung solcher Hypothesen führen, die erfolgreiche Voraussagen erzeugen. Diejenigen Wesen, welche mittels ihrer angeborenen Ähnlichkeitsmaßstäbe die besten Voraussagen machen, haben die größten Chancen, ihre Art zu reproduzieren, so daß ihr Ähnlichkeitsmaßstab vererbt wird. Die Ähnlichkeitsmaßstäbe von Wesen, die erfolglose Voraussagen machen, verschwinden hingegen aus dem einfachen Grunde, daß die Träger dieser Maßstäbe sterben, bevor sie Gelegenheit zur Reproduktion hatten, d. h. daß diese Träger aussterben.

Derartige Gedanken sind dem prinzipiellen Einwand ausgesetzt, daß man doch für die Rechtfertigung der Induktion nicht auf naturwissenschaftliche Theorien zurückgreifen könne, die ihrerseits auf induktiven Verallgemeinerungen beruhen. QUINE formuliert selbst diesen potentiellen Einwand, um sogleich zu begründen, warum er ihn nicht gelten läßt: Als Vertreter eines epistemologischen Naturalismus anerkennt er keinen prinzipiellen Unterschied zwischen Philosophie und Einzelwissenschaft. Ganz unabhängig von dieser Argumentation könnte man darauf hinweisen, daß QUINE mit seiner Überlegung nicht beansprucht, die Induktion epistemologisch zu *rechtfertigen*, sondern bloß, ihr tatsächliches Funktionieren zu *erklären*.

Ernster zu nehmen ist ein Einwand von GOODMAN. Das Prädikat „grot" sei analog definiert wie auf S. 325 dieses Buches, mit dem einzigen Unterschied, daß t_0 nicht der gegenwärtige Zeitpunkt, sondern der Beginn des Jahres 2000 sei. H_1 sei die Hypothese: „alle Smaragde sind grün" und H_2 die Hypothese: „alle Smaragde sind grot". Keine Berufung auf das „Überleben des Tüchtigsten" könne, so GOODMAN, erklären, warum H_1 und nicht H_2 projektierbar ist. Beide Hypothesen haben bisher genau denselben Nutzen gestiftet und werden dies auch bis zum Jahre 2000 tun.

Hier kommt ein Unterschied in der Zielsetzung zur Geltung. QUINE will eine naturalistische Erklärungsskizze liefern, GOODMAN möchte vermutlich mehr erreichen, nämlich praktikable Regeln im oben erwähnten Sinn formulieren. Nennen wir eine einfache Allhypothese, die gemäß den Bestimmungen auf S. 324 unerschöpft und unerschüttert ist und positive Einzelfälle besitzt, eine *zulässige* Hypothese. Und machen wir weiter Gebrauch von dem auf S. 363 eingeführten Begriff der *Verankerung* eines Prädikates. Dann kann man in einem ersten Schritt den Begriff der besseren Verankerung von Prädikaten auf Hypothesen der erwähnten Art übertragen und in einem zweiten Schritt eine Eliminationsregel formulieren:

Eine zulässige Hypothese H_i *setzt* eine zulässige Hypothese H_k zur Zeit t *außer Kraft* gdw H_i mit H_k in Konflikt steht und H_i zu t besser verankert ist als H_k und wenn außerdem H_i mit keiner Hypothese in Konflikt steht, die zu t besser verankert ist als H_i.

Die jetzt auf Hypothesen angewendete Definition der Projektierbarkeit lautet: Eine zulässige Hypothese H ist *projektierbar zu t* gdw alle mit H in Konflikt stehenden Hypothesen außer Kraft gesetzt sind. Ferner kann man hinzufügen: H ist *unprojektierbar zu t* gdw H zu t außer Kraft gesetzt ist. H ist *nichtprojektierbar zu t* gdw es eine zulässige Hypothese H' gibt, die mit H in Konflikt steht, wobei jedoch zu t weder H noch H' außer Kraft gesetzt ist.

(Für eine bündige und vollständige Wiedergabe dieser letzten Fassung der Goodmanschen Theorie vgl. v. KUTSCHERA, [GOODMAN], S. 194/195.)

Der von manchen Autoren, z. B. VON KAHANE und v. KUTSCHERA, als problematisch empfundene Begriff, der hierbei von GOODMAN verwendet wird, ist der des Konfliktes: Zwei Hypothesen $\bigwedge x(F_1 x \to G_1 x)$ und $\bigwedge x(F_2 x \to G_2 x)$ stehen miteinander in Konflikt, wenn es ein Objekt a gibt, auf das sowohl F_1 als auch F_2 zutrifft, während nicht sowohl G_1 als auch G_2 auf a zutrifft. Nun kann es durchaus der Fall sein, *daß erst die Zukunft lehren wird, ob es ein derartiges Objekt gibt.* Um jetzt zu beurteilen, ob zwei Hypothesen miteinander in Konflikt stehen, müßte man also bereits über ein Zukunftswissen verfügen.

Doch GOODMAN läßt den in diesem Hinweis enthaltenen Vorwurf der Zirkularität nicht gelten. In „Replies", S. 282, bemerkt er ausdrücklich, daß die Beurteilung der Projektierbarkeit einer Hypothese auf einer Annahme oder auf einem Verdacht beruhen könne und daß für die Verwendung der Eliminationsregel nicht vorausgesetzt werden müsse, daß diese Annahme (dieser Verdacht) zutreffend sei. Regeln für die Projektierbarkeit beanspruchen nicht, eine Garantie dafür zu liefern, daß die mit ihnen im Einklang stehenden Entscheidungen korrekt sind.

Diese Erwiderung von GOODMAN kann man akzeptieren. Sie läßt sich durch die folgende Überlegung zusätzlich stützen: Bezüglich der Erfolgschancen unserer Projektionen sind wir keine Hellseher und werden niemals welche sein, d. h. wir werden immer auf Vermutungen angewiesen bleiben. Sollte man unter einer epistemischen Lösung des Goodman-Paradoxons eine solche verstehen, die sich nur auf mechanisch anwendbare *und einsichtige* Regeln stützt, so liefe diese Lösung auf eine metaphysische Einsicht in die Korrektheit unserer Induktionen hinaus. So etwas aber kann nach HUME keine Theorie der induktiven Verallgemeinerungen auch nur intendieren. Die Lösung des Goodman-Paradoxons in Gestalt formulierbarer Regeln darf also nicht so gedeutet werden, als gewähre sie einen definitiven Einblick in künftiges Geschehen.

Die Erwartungen an das, was wir die Praktikabilität der Eliminationsregel(n) nannten, müssen somit zurückgeschraubt werden. Dies zeigt zugleich, daß das Vorgehen von GOODMAN von demjenigen QUINES nicht so weit entfernt ist, als es zunächst den Anschein hatte. Ein wesentlicher Unterschied besteht allerdings: Der Begriff der sprachlichen Verankerung eines Prädikates kann mit einfachen Worten beschrieben und in einfacher Weise beurteilt werden. Der molekularbiologische Begriff der Verankerung in den Genen läßt sich hingegen *beim heutigen Erkenntnisstand* noch nicht genau formulieren. Doch dies könnte sich ändern. Genauso wie es denkbar ist, daß einmal in der Zukunft der genetische Code selbst höherer Species von Lebewesen entschlüsselt sein wird, ist es denkbar, daß man an Hand von molekularbiologisch definierbaren Verankerungsgraden der Mechanismen, welche die angeborenen Maßstäbe für Wahrnehmungsähnlichkeit festlegen, zwischen den beiden von GOODMAN betrachteten Hypothesen H_1 und H_2 wird differenzieren können.

Für dieses konkrete Beispiel, in welchem der Differenzierungszeitpunkt t_0 in der Zukunft liegt (Beginn des Jahres 2000), muß allerdings noch ein anderer Aspekt berücksichtigt werden. Für uns *hic et nunc* Lebende ist die Evolution und damit der sogenannte „Kampf ums Dasein" nicht zu Ende. Daher ist es *heute* noch gar nicht ausgemacht, welche der beiden Hypothesen H_1 und H_2, evolutionstheoretisch gesehen, bevorzugt werden sollte. Angenommen,

Farbunterscheidungen seien für den Menschen von vitaler Bedeutung (was sie sicherlich nicht sind); und angenommen weiter, in der Nacht zum Jahresbeginn 2000 findet eine geeignete kosmische Änderung statt (was sicherlich nicht der Fall sein wird). Dann könnte es sich erweisen, daß die grot-rün-Unterscheidung, nicht jedoch die rot-grün-Unterscheidung für die dann lebenden Menschen einen positiven Überlebenswert hat. Könnten wir korrekte Prophezeiungen machen, so dürften wir behaupten, die Evolution habe bereits heute die Normalsprecher, lange vor deren effektivem Aussterben, ausradiert, den Benützern bestimmter pathologischer Farbwörter hingegen eine Überlebenschance eingeräumt. (Ein Gedankenmodell von dieser Art habe ich im Verlauf der Schilderung und Diskussion der Philosophie QUINES benützt in: *Hauptströmungen der Gegenwartsphilosophie*, Bd. II, 6. Aufl. 1979, S. 284 f.)

Abschließend sei die Bedenklichkeit einer Quineschen Überlegung zum Thema „Paradoxien der Bestätigung" erwähnt, einer Überlegung allerdings, die gewissermaßen auf einem Nebengeleise liegt. QUINE schlägt zu Beginn seiner Betrachtungen vor, das Goodman-Paradoxon mit dem von HEMPEL stammenden Raben-Paradoxon zusammenzufassen und beide Probleme analog zu behandeln. Das Rabenparadoxon verläuft folgendermaßen: Die Hypothese „alle Raben sind schwarz" wird durch jeden schwarzen Raben bestätigt. Diese Hypothese ist aber logisch äquivalent mit „alle nichtschwarzen Dinge sind Nichtraben" und diese wird z. B. durch jedes weiße Blatt Papier bestätigt, ist es doch ein nichtschwarzer Nichtrabe. Wir empfinden es aber als absurd, daß ein weißes Blatt Papier das Gesetz bestätigen soll, daß alle Raben schwarz sind. Die Angleichung dieses Hempelschen Paradoxons an das von GOODMAN soll nach QUINE in der Weise erfolgen, daß zwar „Rabe" und „schwarz", nicht jedoch „Nichtrabe" und „nichtschwarz" projektierbare Prädikate sind.

Problematisch ist dieser Vorschlag aus folgendem Grund: Nicht wenige Wissenschaftstheoretiker, darunter z. B. B. GAIFMAN und L. GIBSON, sind der Auffassung, daß das Hempelsche Paradoxon, zum Unterschied vom Goodman-Paradoxon, einer epistemischen Lösung im engeren Sinn des Wortes zugeführt werden kann. Vermutlich haben diese Philosophen recht. Dann aber erscheint es nicht als tunlich, der Quineschen Empfehlung Folge zu leisten; denn dadurch würde dem Raben-Paradoxon ein höherer Schwierigkeitsgrad zugesprochen, als ihm tatsächlich zukommt.

Bibliographie

Zu Anhang I

GÄRDENFORS, P., "Epistemic Importance and Minimal Changes of Belief", Manuskript, Lund 1980.

Zu Anhang II

GAIFMAN, B., "Subjective Probability, Natural Predicates and Hempel's Ravens", *Erkenntnis* Bd. 14 (1979), S. 105—147.

GIBSON, L., "On 'Ravens and Relevance' and a Likelihood Solution of the Paradox of Confirmation", *The British Journal for the Philosophy of Science* Bd. 20 (1969), S. 75—80.

GOODMAN, N., *Fact, Fiction and Forecast,* 2. Aufl. Indianapolis 1965.

GOODMAN, N., *Problems and Projects,* Indianapolis 1972.

GOODMAN, N., "Replies", *Erkenntnis* Bd. 12 (1978), S. 281—291.

KAHANE, H., "NELSON GOODMAN's Entrenchment Theory", *Philosophy of Science* Bd. 32 (1965), S. 377—383.

KAHANE, H., "A Difficulty on Conflict and Confirmation", *Journal of Philosophy* Bd. 68 (1971), S. 488—489.

v. KUTSCHERA, F. [GOODMAN], "GOODMAN on Induction", *Erkenntnis* Bd. 12 (1978), S. 189—207.

QUINE, W. V., "Natural Kinds", in: W. V. QUINE, *Ontological Relativity and other Essays,* New York – London 1969 (Deutsche Übersetzung von W. SPOHN: *Ontologische Relativität und andere Schriften,* Stuttgart 1975).